D. BOIS

ASSISTANT DE LA CHAIRE DE CULTURE AU MUSÉUM D'HISTOIRE
NATURELLE

LE
PETIT JARDIN

MANUEL PRATIQUE D'HORTICULTURE

TROISIÈME ÉDITION

Revue et considérablement augmentée

AVEC 206 FIGURES INTERCALÉES DANS LE TEXTE

CRÉATION ET ENTRETIEN DU PETIT JARDIN
LES INSTRUMENTS — LE SOL — LES ENGRAIS
L'EAU — LA MULTIPLICATION — LES SEMIS — LE GREFFAGE
LE BOUTURAGE — LA TAILLE DES ARBRES
LE JARDIN D'AGRÉMENT
LE POTAGER FRUITIER
LES TRAVAUX MOIS PAR MOIS
LES MALADIES DES PLANTES ET LES ANIMAUX NUISIBLES

PARIS

LIBRAIRIE J.-B. BAILLIÈRE et FILS
19, RUE HAUTEFEUILLE, 19

1908

LE PETIT JARDIN

MANUEL PRATIQUE D'HORTICULTURE

D. Bois. — *Le Petit jardin*, 3ᵉ édition.　　1

D. BOIS

ASSISTANT DE LA CHAIRE DE CULTURE AU MUSÉUM D'HISTOIRE NATURELLE

LE
PETIT JARDIN

MANUEL PRATIQUE D'HORTICULTURE

TROISIÈME ÉDITION

Revue et considérablement augmentée

AVEC 206 FIGURES INTERCALÉES DANS LE TEXTE

CRÉATION ET ENTRETIEN DU PETIT JARDIN
LES INSTRUMENTS — LE SOL — LES ENGRAIS
L'EAU — LA MULTIPLICATION — LES SEMIS — LE GREFFAGE
LE BOUTURAGE — LA TAILLE DES ARBRES
LE JARDIN D'AGRÉMENT
LE POTAGER FRUITIER
LES TRAVAUX MOIS PAR MOIS
LES MALADIES DES PLANTES ET LES ANIMAUX NUISIBLES

PARIS

LIBRAIRIE J.-B. BAILLIÈRE ET FILS
19, RUE HAUTEFEUILLE, 19

1908

PRÉFACE

De tout temps, l'homme s'est plu à aménager un jardin pour en faire son lieu de promenade, de récréation ou de repos. Le sentiment des beautés naturelles l'a conduit à l'embellir par l'introduction des plantes ornementales. Mais la famille ne demande pas seulement des fleurs au jardin ; la culture des légumes et des fruits lui donne un caractère plus utilitaire.

A la campagne comme à la ville, le jardin offre des récréations saines en rapport avec les préceptes de l'hygiène et le bonheur de la vie de famille ; mais il est surtout précieux pour le citadin dont la vie est toute d'activité dévorante, car il y trouve le calme, le repos et l'exercice physique au grand air, si précieux pour ceux qui souffrent de surmenage.

La mère ne saurait trouver de milieu plus favorable pour élever ses enfants. Quant au chef de famille, la récompense de son labeur est dans le plaisir qu'il éprouve à jouir du fruit de travaux qui le tiennent momentanément éloigné des bruits de la ville, l'œil distrait des soucis de la lutte pour l'existence, en fournissant une part d'hygiène précieuse pour la santé des siens.

En écrivant le *Petit Jardin*, notre but a été d'en faire un guide pratique, donnant sous une forme condensée les notions de jardinage les plus indispensables, et les indications nécessaires pour le choix et la culture des fleurs le plus propres à orner les parterres, des meilleures variétés d'arbres fruitiers et de légumes cultivables en pleine terre, sans abri, sous notre climat.

La deuxième édition du *Petit Jardin*, aujourd'hui épuisée, a été si favorablement accueillie, que nous n'hésitons pas à en publier une nouvelle, espérant contribuer ainsi à la propagation du goût de l'Horticulture.

Comme le lecteur pourra s'en rendre compte, cette troisième édition présente de nombreuses modifications.

Le nombre des figures a été sensiblement augmenté, le meilleur moyen de faire connaître les plantes étant d'en donner des images, qui sont toujours mieux comprises que les descriptions même les meilleures.

La première partie du livre est consacrée à la *création* et à l'*entretien du petit jardin*. Nous y passons en revue : la constitution du sol ; les opérations culturales : multiplication des plantes, plantation, taille des arbres et arbrisseaux, etc.

Dans la deuxième partie, nous traitons du *jardin d'agrément*, en indiquant la culture et les emplois des plantes et arbrisseaux le plus généralement cultivés.

Le *Potager-Fruitier* est le sujet de la troisième partie. Nous y traitons tour à tour : de la création du potager-fruitier ; de la taille et de la culture des diverses sortes d'arbres et des principales formes auxquelles on peut les soumettre. On y trouvera également un choix des variétés les plus recommandables classées par ordre de maturité.

Les légumes usuels font l'objet d'un chapitre étendu, dans lequel nous donnons l'indication des meilleures variétés et leur culture.

La quatrième partie, que nous pourrions appeler le *Calendrier du petit jardin*, énumère les travaux à exécuter dans chaque mois de l'année.

Enfin, dans la cinquième partie, nous traitons des *maladies des plantes* et des *animaux nuisibles*, en indiquant les moyens de les combattre.

Nous sommes heureux d'avoir pu joindre aux dessins originaux exécutés pour ce livre un certain nombre de figures cédées par MM. Vilmorin-Andrieux et Cie.

D. Bois.

LE
PETIT JARDIN

MANUEL PRATIQUE D'HORTICULTURE

PREMIÈRE PARTIE

LA CRÉATION ET L'ENTRETIEN DU PETIT JARDIN

La création d'un jardin exige des connaissances spéciales très étendues et qui sont tout à fait du domaine de l'horticulture pratique. Il ne s'agit pas seulement, pour cela, de faire exécuter un plan plus ou moins agréable à l'œil ; ce qu'il faut surtout, c'est savoir mettre à profit les avantages que présente le terrain et tirer parti de ses défectuosités.

Nous recommandons de confier ces sortes de travaux à des jardiniers habiles qui les exécuteront en mettant à profit toutes les données de l'expérience acquise.

Lorsqu'il s'agit de grandes propriétés, on a l'habitude de séparer le jardin en trois parties distinctes : 1° *jardin d'agrément*, qui environne la maison d'habitation ; 2° *jardin potager* ; 3° *jardin fruitier*.

Pour ce qui est de la partie ornementale, elle ne peut avoir véritablement ce nom qu'à la condition d'être séparée des deux autres. La séparation des plantes potagères et des arbres fruitiers a aussi sa raison d'être.

Pour prospérer, les légumes ont besoin de recevoir le plus de lumière possible ; sans quoi, ils s'étiolent et ne donnent que des produits de qualité inférieure ; si l'on cultive des arbres dans le potager, l'ombre qu'ils projetteront sera préjudiciable aux plantes environnantes. D'autre part, le jardin potager exige des labours profonds et souvent répétés ; aussi, malgré toutes les précautions que l'on pourrait prendre, aurait-on beaucoup de peine à ne pas endommager les racines des arbres qui s'y trouveraient plantés.

Dans les petites propriétés, on se contente d'un jardin mixte, le *potager fruitier* (voir 3me partie, *La Disposition du Potager-Fruitier*) que l'on divise en carrés destinés à la culture des légumes, bordés par de larges plates-bandes que l'on consacre aux arbres fruitiers auxquels on évite de donner des formes atteignant de trop grandes dimensions.

Si l'on ne dispose que d'un espace limité, on pourra se servir de cet arrangement en ménageant des plates-bandes et des corbeilles pour les fleurs, suivant ses goûts et aussi suivant l'importance que l'on veut donner à chaque chose.

Dans les jardinets, on peut donc réunir les fleurs, les légumes et les arbres fruitiers, à la condition de placer les uns et les autres dans des conditions telles qu'ils ne puissent se nuire mutuellement dans leur développement.

Enfin, pour être à l'abri des déprédations, un jardin doit être clos à l'aide de treillages, de haies vives ou de murs.

Ce dernier mode de clôture est plus coûteux que les précédents, mais il présente sur eux de tels avantages qu'on devra toujours le préférer. Lorsque nous parlerons des arbres fruitiers, nous verrons comment on peut utiliser les murs pour y établir des espaliers qui, dans ces conditions, donnent des fruits aussi parfaits que possible.

Ce n'est pas une économie d'acheter à bon marché des plantes malades, mal développées, fatiguées par un long séjour hors du sol ou dont on n'est pas sûr de la détermination. Nous engageons les amateurs à s'adresser à des horticulteurs consciencieux, et à ne pas hésiter à faire une dépense suffisante pour avoir des produits de premier choix.

CHAPITRE PREMIER

LES INSTRUMENTS DE JARDINAGE

Les principaux objets qui constituent le matériel nécessaire pour le jardinage sont :

1º La *bêche*. C'est l'instrument le plus indispensable. Il
en existe un grand nombre de formes. La
bêche doit être bien trempée et solidement
emmanchée ; elle sert pour les labours ;

2º Le *cordeau*, qui sert à tracer les planches et les rayons pour faire les semis et les
plantations ;

3º La *fourche*, qui sert surtout à la ma-
nipulation du fumier ;

4º Le *plantoir*, qui sert à pratiquer le
trou dans lequel on dépose le plant ;

5º La *houlette* (fig. 1), qui sert à arracher
et à replanter les plantes de petites dimensions ;

6º La *pelle* ;

7º Le *râteau* ;

8º La *ratissoire à pousser* (fig.
2), qui se compose d'une lame de
fer acérée, fixée sur un long manche ; elle sert, à arracher les herbes dans les allées et à biner les
plates-bandes ;

9º L'*arrosoir* ;

10º La *brouette* ;

11º La *pioche* ;

12º Le *sécateur*, outil de dimensions variables, qui sert à tailler
les arbres et les arbrisseaux. Il
doit être muni d'un bon ressort et ajusté de façon telle
qu'il donne une section aussi nette que possible ;

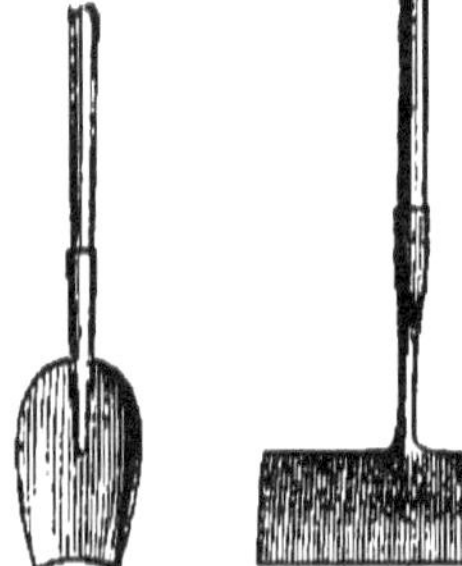

Fig. 1.
Houlette.

Fig. 2. — Ra-
tissoire à pousser.

D. Bois. — *Le Petit jardin*, 3º édit.   1.

13° La *serpette*, d'un maniement plus difficile que le sécateur, mais qui a sur celui-ci l'avantage de donner des sections bien nettes ;

Fig. 3. — Tondeuse de William.

14° Le *greffoir à spatule*, très bon outil pour faire la greffe en écusson ;

15° Les *cisailles*, pour tondre les bordures de buis et les charmilles ;

16° La *tondeuse* (fig. 3), instrument très commode et qui remplace avantageusement la faux pour tondre les gazons ;

17° La *cloche maraîchère*, en verre, qui sert à abriter les plantes ;

18° Le *coffre vitré* ou *châssis* (Voy. p. 21, fig. 4) ;

19° Les *paillassons* ou couvertures en paille de seigle, destinés à abriter les plantes contre la gelée. On peut les acheter tout faits.

CHAPITRE II

LE SOL, LES ENGRAIS, L'EAU

Art. I. — *Sol, amendements, engrais, paillis.*

La composition du sol a la plus grande influence sur le développement des plantes ; aussi les personnes qui veulent créer un jardin doivent-elles faire des sondages profonds dans le terrain qu'elles se proposent de mettre en culture, afin d'arriver à connaître la nature de la terre végétale, ses qualités physiques, sa richesse en éléments minéraux et en humus, son épaisseur et la constitution du sous-sol.

Si le sol est peu profond, si le sous-sol est crayeux, argileux ou formé de roches, il sera tout à fait impropre à la culture des arbres.

Dans la pratique, on divise généralement les terres en quatre catégories principales :

Les *terres argileuses*, qui contiennent au moins 25 à 40 p. 100 d'argile ; elles sont imperméables, ont l'inconvénient de retenir l'humidité, de se durcir et de se fendiller par la sécheresse.

Elles sont froides, très difficiles à travailler et peu favorables à la culture. La décomposition des fumiers s'y opère lentement et d'une manière irrégulière. On les améliore en les drainant et en leur donnant de copieuses fumures, des marnages et des chaulages.

Les *terres siliceuses* (sableuses), qui sont faciles à travailler, mais qui redoutent la sécheresse ; les engrais que l'on y met se trouvent rapidement entraînés par les eaux pluviales ou d'arrosages, qu'elles laissent trop facilement écouler. Elles sont brûlantes l'été, froides l'hiver ; elles sont généralement peu fertiles et doivent être améliorées par d'abondantes fumures. La chaux est l'élément minéral qu'il convient généralement de leur ajouter.

Les *terres calcaires*, qui ont pour base la chaux (carbonate de chaux). Les terrains où la chaux domine ne conviennent qu'à un très petit nombre de plantes, que, pour cette raison, on qualifie de *calcicoles;* on appelle, au contraire, plantes *calcifuges* celles qui ne peuvent croître ou qui se développent mal dans ces sortes de sols : il importe donc de ne planter dans les terrains calcaires que des plantes qui puissent y prospérer. Froides et boueuses en hiver, elles sont brûlantes et sèches en été. Mélangée dans des proportions suffisantes avec du sable et de l'argile, la chaux forme un sol qui convient parfaitement à la culture ; elle est très soluble et contribue puissamment à activer la végétation, si on la mêle à une terre plus forte. Les terres calcaires ne renferment en général qu'une proportion insuffisante d'azote et de potasse.

Comme on vient de le voir, ces diverses sortes de terres ont chacune leurs qualités et leurs défauts. Pour un jardin, le sol le plus convenable devrait être formé de leur mélange, de manière que ces qualités et ces défauts se compensent réciproquement (*amendements*).

La *terre franche* peut être considérée comme représentant l'association la plus parfaite.

Après avoir été convenablement travaillée, amendée et fumée, la terre de jardin devient moins compacte ; on lui donne alors le nom de *terre meuble*; sa fertilité est très grande.

Terrains humifères. — L'*humus naturel* constitue la partie organique du sol; c'est une matière brune résultant de la décomposition spontanée des êtres organisés qui, après leur mort, rendent à la terre des matériaux que s'assimilent les plantes. La composition de l'humus est variable, car, sous l'influence des agents atmosphériques et de l'eau, il va se décomposant de plus en plus, quand il ne se renouvelle pas par l'adjonction de nouvelles matières organiques : c'est un mélange de composés hydrocarbonés à divers états d'oxydation et dans lequel les proportions de carbone, d'hydrogène, d'oxygène et d'azote sont variables. Il est peu abondant dans la nature à l'état pur, mais la terre végétale en contient toujours une certaine quantité : le terreau de nos jardins n'est pas autre chose que de l'humus mélangé avec des matières argileuses, calcaires, siliceuses, etc. Son rôle est des plus importants, car il est le principal agent actif de la végétation. C'est lui qui constitue la base de la *terre de bruyère*, de la terre tourbeuse et du terreau de feuilles, où il se trouve sous forme d'une sorte de terreau résultant de la décomposition des détritus de plantes à la surface du sol.

La *terre de bruyère* a des emplois nombreux en jardinage ; elle se décompose lentement et laisse facilement écouler l'eau : aussi convient-elle à un grand nombre de plantes. La terre de bruyère siliceuse, dans laquelle le sable domine, est, au point de vue horticole, supérieure aux terres de bruyères silico-argileuses ou tourbeuses.

La *terre tourbeuse* a pour principaux inconvénients d'être compacte et peu perméable. On l'améliore par l'addition de sable ; elle peut alors remplacer la terre de bruyère dans les régions où celle-ci est rare ou d'un prix trop élevé.

Le *terreau de feuilles* se forme dans les bois ; il est constitué par le produit de la décomposition des feuilles des arbres associé à d'autres débris organiques et à la couche superficielle du sol. Sa composition chimique varie selon la nature des feuilles qui le produisent ; il est riche en humus, très perméable et de plus en plus recherché par les horticulteurs, à cause de ses propriétés physiques et chimiques.

Engrais organiques. — Les *engrais organiques* sont formés de débris de toutes sortes, d'origine animale ou végétale, qui, par leur décomposition, donnent naissance à des principes fertilisants assimilables par les plantes, dont les principaux sont l'azote, l'acide phosphorique et la potasse.

Le *fumier de ferme* est un mélange des déjections, des litières des animaux et des résidus d'une exploitation ; sa richesse en éléments fertilisants est très grande, mais elle varie avec le genre d'animaux qui le produit. D'après Muntz et Girard, sa composition moyenne serait la suivante :

Azote.	0,47 p. 100.
Acide phosphorique	0,30 —
Potasse	0,52 —

Le *fumier frais de cheval* et *d'âne* convient parfaitement pour les terres fortes et froides qu'il divise et échauffe ; lorsqu'il commence à se décomposer et qu'il devient plus onctueux, *plus gras*, il est préférable pour les terres légères. C'est le fumier de cheval qui sert à faire les couches dont il sera question dans un autre chapitre et que les horticulteurs utilisent comme source de chaleur. Ce fumier, mis en tas, entre en fermentation et produit une élévation de température considérable.

Le *fumier de vache*, froid et gras, convient surtout aux terres légères, auxquelles il donne la compacité qui leur manque.

Le *fumier de mouton* a les qualités physiques du fumier de cheval, mais il est plus riche en éléments fertilisants.

Le *fumier de porc* est froid comme le fumier de vache, mais est beaucoup plus riche en principes fertilisants.

Le *fumier de volailles et de lapins* est très chaud.

On emploie encore comme engrais : les *excréments humains*, qui entrent dans la fabrication de beaucoup d'engrais commerciaux, notamment de la *poudrette* et du *noir animalisé* ; le *guano* ou matières fécales d'oiseaux, dont l'action est puissante, mais qui est souvent sophistiqué (1), etc.

Il est nécessaire de ne rien laisser perdre de ce qui peut concourir à former du fumier ; pour cela, on accumulera dans une fosse à fumier, disposée à cet effet, et masquée par une rangée d'arbrisseaux, tous les détritus de maison, os, chiffons, cendres, etc., ainsi que les feuilles d'arbres, les herbes qui ne portent pas de graines, etc. Il faut éviter d'y mettre des plantes atteintes par des maladies dues à des champignons parasites, dont les spores se trouveraient par ce fait répandues dans toutes les parties du jardin qu'elles contamineraient.

Dans un grand nombre de cas, les fumiers n'ont pas toute la valeur qu'ils devraient posséder parce qu'on néglige généralement trop les soins nécessaires pour leur bonne préparation.

Le sol des écuries et des étables doit être pavé et incliné, de manière à permettre l'écoulement des liquides dans la *fosse à purin*.

(1) Voy. Goupil, Tableaux synoptiques pour l'analyse des engrais.

Le tas de fumier doit être placé sur une plate-forme ou dans une fosse pavée ou cimentée, à proximité de la fosse à purin, où devront être recueillies les eaux pluviales qui ont traversé le tas et entraîné une forte proportion de matières fertilisantes qu'on laisse perdre trop souvent.

Le fumier doit être autant que possible soustrait à l'action de la pluie et du soleil. Pour éviter que la fermentation s'y produise trop activement et détermine une perte sensible des sels ammoniacaux, il faut l'arroser fréquemment, mais sans excès, avec le purin pris dans la fosse, et au besoin avec de l'eau ordinaire. Il doit être tassé fortement et régulièrement pour empêcher la dessiccation de la masse et éviter la circulation de l'oxygène à l'intérieur.

Les *matières de vidanges* sont d'un emploi dangereux en raison des nombreux germes de maladies qu'elles peuvent renfermer. On peut les désinfecter en y ajoutant des matières absorbantes et un désinfectant. Muntz et Girard (1) donnent la formule suivante, se rapportant à 1 hectolitre de matières fécales : plâtre, 2 kil.; sulfate de fer, 1 kil.; matières absorbantes quelconques (tourbe, sciure, tannée, paille hachée, terre sèche, etc.), 5 à 10 kil. Il faut éviter l'emploi des sels de cuivre et de plomb, le savon, le goudron et l'huile, qui pourraient être nuisibles aux plantes.

Terreau. — Le terreau est le produit résiduaire de la décomposition du fumier ; il a toutes les propriétés de l'humus et est d'une richesse extrême en éléments fertilisants.

Dans un échantillon de terreau de couches, prélevé à l'Ecole nationale d'horticulture de Versailles, M. Petit a trouvé les proportions suivantes de ces éléments fertilisants :

Azote	14,7 p 1000	
Acide phosphorique .	18,2	—
Potasse	14,2	— (2)

(1) Voy. Muntz et Girard, Les Engrais ; — Garola, Engrais, 2e édition, 1906.

(2) *Journal de la Société nationale d'horticulture de France,* 1901, p. 320.

Mais le terreau n'est pas seulement un engrais complet très précieux : comme le fumier, il influe très favorablement sur les propriétés physiques du sol dont il détermine l'*ameublissement*. Les praticiens disent *qu'il donne du corps aux terres trop légères et qu'il rend légères les terres trop fortes.*

L'une de ses propriétés précieuses c'est qu'il permet au sol de retenir une proportion d'eau relativement élevée qu'il ne cède ensuite que lentement par évaporation. Le terreau jouit en effet d'une grande faculté d'imbibition.

Engrais chimiques. — Les engrais chimiques sont constitués en général par des composés définis, dont chacun renferme l'un des éléments de la fertilité à l'exclusion des autres. On peut ainsi donner à la terre ce qui précisément lui fait défaut, sans être obligé, comme avec le fumier de ferme, de donner à la fois les autres, ce qui est un gaspillage et parfois un danger. De plus, ce sont des engrais concentrés qui, sous un petit volume, renferment une dose élevée de principes fertilisants. C'est ainsi que 100 kil. de sulfate d'ammoniaque contiennent autant d'azote que 4000 kil. de fumier. Leur maniement, leur transport sont donc beaucoup plus commodes.

Dans leur ouvrage, Muntz et Girard classent les engrais chimiques en cinq catégories :

1° Les *engrais azotés*, comprenant les nitrates, les sels ammoniacaux, les débris d'animaux, les guanos. Leur action sur la plupart des récoltes est énergique. Ils sont considérés comme les plus importants ;

2° Les *engrais phosphatés*, comprenant les phosphates minéraux, phosphates d'os, guanos, superphosphates, phosphates précipités, scories de déphosphoration. Ils procurent au sol l'acide phosphorique qui n'y existe en général qu'en proportion insuffisante ;

3° Les *engrais potassiques*, comprenant les sels potassiques divers extraits de l'eau de mer, des cendres végétales et des gisements salins. La présence de la potasse dans le sol est indispensable au bon développement des plantes ;

4° Les *engrais calcaires*, comprenant les chaux, marnes, tangues, cendres, plâtres, qui sont des amendements plutôt que des engrais ;

5° Les *engrais divers*, comprenant les composés magnésiens, les sels de soude, les sels de fer, etc.

Le premier soin, lorsqu'on veut faire usage des engrais chimiques, doit être de s'enquérir des ressources naturelles du sol à mettre en culture.

On arrive à cette notion préliminaire d'une importance capitale, soit par l'analyse chimique, soit par l'expérimentation directe.

Il faut ensuite se préoccuper des exigences particulières des plantes que l'on veut cultiver. A ce point de vue, les documents sont encore peu nombreux, en horticulture ; mais il est possible d'avoir, par analogie, des indications générales. On sait, par exemple, que les plantes de la famille des Légumineuses sont sensibles à l'action des engrais azotés ; que les plantes à racines ou tubercules sont en général exigeantes en engrais phosphatés rapidement assimilables ; que les plantes à feuillage comestible sont favorisées dans leur développement par les engrais azotés, etc.

Nous dirons avec M. Petit (1) que, d'une manière générale, les engrais chimiques sont indispensables là où le sol est pauvre en principes alimentaires et le fumier rare. Mais il ne faut pas croire qu'ils remplacent complètement ce dernier et que la substitution est complète, puisque leur rôle ne concerne que l'alimentation de la plante, alors que le fumier et le terreau modifient en outre les propriétés physiques du sol.

Paillis, terreautage. — Le *paillis* est un fumier pailleux à demi décomposé, que l'on étend sur le sol, en couche peu épaisse, afin de maintenir sa fraîcheur en mettant obstacle à l'évaporation de l'eau qu'il contient, et à empêcher le tassement de la terre par l'eau des arrosages. On se sert également du paillis pour préserver certains

____

(1) *Journal de la Société nationale d'horticulture de France*, 1901, p. 320.

fruits, Fraises, Melons, etc., contre la souillure du sol.

Le paillis est quelquefois remplacé par des débris végétaux : feuilles, paille, etc.

Le terreau appliqué en couverture remplit le même rôle ; il contribue en outre à l'enrichissement du sol en principes fertilisants.

La couche de paillis ou de terreau doit être plus ou moins épaisse, selon qu'il s'agit de recouvrir un semis de graines fines, une plantation de végétaux jeunes ou adultes. En moyenne, son épaisseur varie de 2 à 3 centimètres.

D'une série d'expériences entreprises par M. A. Petit (1), il résulte que la terre couverte d'un centimètre de terreau, de paillis ou de paille hachée, perd par évaporation 4 à 5 fois moins d'eau que la terre nue.

Mais, si le *paillage* et le *terreautage* exercent généralement une influence favorable sur la végétation, il convient d'en régler judicieusement l'emploi. Ils peuvent présenter des inconvénients avec des pluies abondantes ou des arrosages excessifs, en entretenant dans les couches superficielles du sol un excès d'humidité nuisible aux végétaux.

Si toutes les couvertures du sol sont utiles pendant l'été, il est préférable d'attendre que la température se soit suffisamment élevée pour les appliquer au printemps. En cette saison, la couverture de terreau est la seule qu'il faille employer.

Art. II. — *Eau, arrosements*

L'eau est nécessaire aux plantes : elle leur fournit leur eau de végétation et sert de véhicule aux éléments nutritifs dont elles ont besoin pour se développer. Sa composition chimique est variable. Sans elle, pas de culture possible ; aussi est-il indispensable qu'on puisse se la procurer facilement.

La meilleure eau pour les arrosements est l'*eau de pluie*,

____

(1) A. Petit, *Bulletin mensuel de l'Office de renseignements agricoles*, octobre 1902.

à cause des principes dont elle se sature en traversant l'atmosphère. Elle est très peu chargée de sels minéraux et doit être par conséquent préférée à toute autre pour arroser les plantes qui ne peuvent tolérer le calcaire : Bruyères, plantes épiphytes, etc. On devra l'employer lorsqu'on pourra en recueillir en assez grande abondance dans des réservoirs placés à cet effet sous les toits.

Les *eaux courantes*, *de ruisseaux* ou *de rivières* sont généralement bonnes ; elles contiennent des matières organiques en proportion avec la quantité d'immondices qu'elles reçoivent, et des matières minérales en rapport avec la nature du lit dans lequel elles coulent.

Les *eaux de mares*, corrompues par la décomposition des animaux et des plantes qui les peuplent, conviennent également pour les arrosages.

Les *eaux de puits* sont les plus mauvaises, quoique les plus employées ; elles sont généralement froides, plus ou moins chargées de sels minéraux nuisibles aux plantes ; enfin elles ne sont pas assez aérées ou oxygénées. Lorsqu'on n'aura pas d'autre eau à sa disposition, on pourra remédier à ce dernier inconvénient en la laissant exposée à l'air quelque temps avant de s'en servir.

Lorsque les pluies font défaut, les plantes doivent être, non seulement arrosées, mais *bassinées*.

Le bassinage consiste à projeter sur les plantes, à l'aide de pulvérisateurs ou d'arrosoirs à pomme fine, de l'eau qui, non seulement lave les feuilles et facilite les fonctions respiratoires et transpiratoires en désobstruant les *stomates* (petites ouvertures ménagées dans les parties aériennes et par lesquelles se font les échanges de gaz entre l'atmosphère et les plantes), mais leur restitue en outre l'humidité qui leur est indispensable après une transpiration excessive.

Toutes les causes qui activent cette fonction déterminent une absorption d'eau beaucoup plus forte.

Les plantes à feuilles larges et molles transpirent beaucoup plus que celles qui sont adaptées à des climats arides, caractérisées par des tiges et des feuilles charnues (plantes grasses), par des feuilles ou petites, coriaces ou laineuses.

On a observé que les plantes souffrent dès que la terre ne contient plus d'eau que dans la proportion de 10 0/0 de son poids. Il ne faut pas attendre ce moment, car lorsque les plantes commencent à se flétrir, elles ont déjà subi un commencement d'altération dont elles se remettent difficilement.

Il importe d'arroser les plantes proportionnellement à leur degré d'activité végétative. Pendant la période du repos de la végétation, qui est surtout très accentuée pour les plantes bulbeuses ou tubéreuses, les arrosements doivent être, sinon complètement suspendus, du moins très modérés.

Les arrosages en plein soleil et par la grande chaleur sont suivis d'une évaporation rapide et ils profitent peu aux plantes. Ils peuvent même leur être nuisibles à cause du refroidissement brusque que cette évaporation détermine et qui est d'autant plus considérable qu'elle est plus prompte. En arrosant le matin et le soir, l'eau séjourne plus longtemps sur le sol et le pénètre lentement.

Lorsque les nuits sont froides, il est préférable, au contraire, d'arroser au milieu du jour.

CHAPITRE III

LES COUCHES, LES CHASSIS, LES COTIÈRES, LES ADOS

La culture des plantes sous coffre vitré est rarement pratiquée dans les petits jardins.

Cependant, il est facile de fabriquer soi-même un châssis, et les services que l'on peut en attendre pour faire germer certaines graines, pour bouturer certaines plantes et même pour conserver des espèces un peu délicates pendant l'hiver nous autorisent à en parler.

Le *châssis* ou *coffre vitré* (fig. 4) est une sorte de caisse sans fond, généralement de 1^m,30 de long et d'une largeur en rapport avec le nombre de cadres vitrés qu'il est destiné àporter, chaque cadre vitré n'excédant pas un mètre de large. Un des côtés du coffre est plus élevé que l'autre. Grâce aux différences de hauteur des côtés du coffre, les vitrages ont une inclinaison destinée à laisser pénétrer plus facilement les rayons du soleil et à faciliter l'écoulement des eaux pluviales.

La *couche* est un amas de fumier de cheval, bien tassé, qui dégage de la chaleur en entrant en fermentation et sur lequel on dispose des châssis ou des cloches.

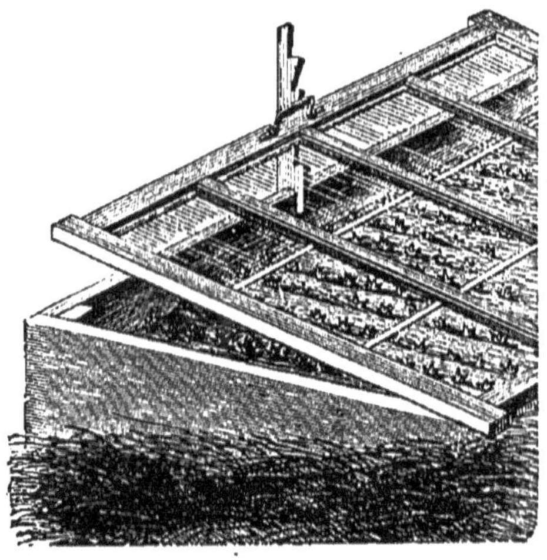

Fig. 4. — Châssis avec plants repiqués.

Le fumier neuf sortant de l'écurie ne doit pas être employé seul, il donnerait trop de chaleur ; on le mêle ordinairement avec du fumier conservé en tas ou ayant déjà servi. Les proportions à employer varient selon les cas : il ne faut pas, pour celui qui nous occupe, que la chaleur dépasse 25 à 30 degrés centigrades. Lorsque le thermomètre accuse un nombre de degrés supérieur, il faut attendre que la couche ait *jeté son feu*.

Fig. 5. — Côtière.

L'épaisseur de fumier employé est ordinairement de 60 centimètres sur une surface un peu plus grande que celle du coffre qui doit être posé dessus.

On ménage autour de la couche des sentiers que l'on remplit de fumier semblable à celui qui a été employé dans le premier cas; c'est ce qu'on appelle un *réchaud*. Au bout de trois semaines environ, on enlève ce réchaud pour le remplacer par un nouveau destiné à raviver la chaleur de la couche qui est à peu près refroidie. On peut ainsi renouveler plusieurs fois les réchauds.

Lorsqu'on n'a à sa disposition ni châssis ni couches, on peut activer la germination des graines et le développement des plantes en tirant parti de la chaleur du soleil à l'aide de cloches, ou en disposant des plates-bandes le long de murs exposés au midi et peints en blanc pour qu'ils réfléchissent la chaleur; on a donné à ces plates-bandes le nom de *côtières* (fig. 5). On peut abriter contre le froid à l'aide de paillassons, de claies ou de toiles, les plantes cultivées dans ces conditions.

Les *ados* sont des plates-bandes surélevées d'un côté, pour qu'elles présentent une inclinaison à l'exposition du midi.

Dans les petits jardins, les côtières et les ados rendent de très grands services en permettant d'obtenir les premières récoltes avec une avance de deux à trois semaines sur les récoltes ordinaires (Pommes de terre hâtives, Pois, salades, etc.). Les cultures se trouvent ainsi abritées du vent du nord et reçoivent la bienfaisante influence du soleil pendant un temps aussi long que possible. En outre, grâce à l'inclinaison du sol, l'eau glacée qui provient de la fonte des neiges s'écoule au lieu de pénétrer dans le sol et de le refroidir. On construit les ados et les côtières en octobre-novembre.

CHAPITRE IV

LES OPÉRATIONS CULTURALES

Art. I. — *Défoncement du sol, labours.*

Lorsqu'on veut mettre un terrain en culture, le premier travail à faire après le sondage est de le *défoncer*, c'est-à-dire de remuer le sol sur une épaisseur de 0^m,40 ou 0^m,80, selon que l'on veut y cultiver des plantes herbacées ou des arbres.

Pour défoncer un terrain, on ouvre à l'une de ses extrémités une tranchée de la profondeur voulue et large de 0^m,70 à 1 mètre, en transportant la terre extraite à l'endroit où doit se terminer l'opération. Il ne reste plus qu'à élargir successivement cette tranchée, en rejetant derrière soi la terre que l'on retire, de telle manière que celle qui provient de la superficie du sol se trouve plus enterrée et *vice-versa*. On a également le soin d'enlever les pierres et les racines que l'on rencontre. On arrive ainsi à la terre mise en dépôt et l'on s'en sert pour combler la dernière tranchée.

Le labour a pour objet : d'ameublir la terre arable, c'est-à-dire de la rendre plus perméable à l'air ainsi qu'aux eaux pluviales et d'arrosage ; de faciliter la pénétration du sol par les racines des végétaux, de retourner la terre pour ramener à la surface la couche inférieure qui s'est chargée d'éléments de fertilité entraînés par les eaux ; d'enfouir les engrais et les amendements ; d'extirper les mauvaises herbes envahissantes et les corps inertes qui feraient obstacle au développement des racines.

Les *labours* se font à la bêche ou à la fourche à dents plates. Ce dernier instrument sert surtout à remuer la terre dans le voisinage des arbres, où le labour n'a pas besoin d'être profond, afin de ne pas atteindre les racines qu'on est exposé à couper en employant la bêche. Dans les petits jardins, on se contente de la bêche pour tous les labours, en prenant les précautions exigées dans chaque circonstance.

Comme pour le défoncement, on commence le labour en ouvrant une tranchée de la profondeur voulue, après avoir répandu sur le sol le fumier destiné à le fumer. On prend avec la bêche un peu de fumier que l'on met dans la tranchée et on le recouvre avec la terre qui provient d'un des bords de cette tranchée, qu'on va toujours élargissant en prenant la terre par bêchées et en la retournant de telle manière que la partie inférieure du sol se trouve ramenée à la surface.

Il est mauvais de faire les labours par un temps de pluie : l'eau en tombant délaye la terre, la réduit à l'état de boue qui, piétinée, forme des masses compactes que l'on enterre dans le sol et qui nuisent au développement des plantes.

Pour la même raison, il faut éviter de battre la terre avec le dos de la bêche sous le prétexte de briser les mottes ; l'émiettement du sol doit se faire avec le tranchant de la bêche.

On enlève avec soin les pierres et les racines des mauvaises herbes qu'on rencontre et on cherche à maintenir bien égale la surface du sol nouvellement remué, sans cependant qu'elle soit par trop unie, car la pluie en tombant déterminerait la formation d'une croûte, qui bientôt s'opposerait à la pénétration de l'eau et de l'air dans le sol.

L'influence du labour a beaucoup d'importance et bien des échecs sont dus à une mauvaise préparation du sol.

Dans les terres légères, la profondeur du sol labouré peut n'être que de 15 à 20 centimètres ; elle doit être plus grande dans les terres fortes.

Art. II. — Binages, sarclages.

L'eau de pluie et d'arrosage, en battant le sol, ne tarde pas à former une croûte nuisible au bon développement des plantes : les *binages* ont pour but de briser cette croûte et de détruire les mauvaises herbes, de manière à faciliter l'aération de la terre et à assurer la pénétration des eaux pluviales ou d'arrosage. Les terres à couche superficielle binée conservent mieux leur humidité, parce qu'elles perdent moins d'eau par évaporation, les phénomènes de capillarité s'exerçant moins activement que dans un milieu continu. Le binage est une opération très utile et qui doit être souvent répétée ; elle exige d'être faite avec soin, de façon à ne pas endommager les plantes autour desquelles on la pratique.

Le *sarclage* consiste à arracher les mauvaises herbes qui croissent dans les cultures. Dans les semis de plantes délicates, on manque souvent de précautions pour cette opération et on détériore les racines des espèces que l'on veut conserver en arrachant les autres. On évite cela en coupant au-dessous de la surface du sol, à l'aide d'un couteau ou de ciseaux, les plantes à détruire.

CHAPITRE V

LA MULTIPLICATION DES PLANTES

Art. I. — Semis.

Le *semis* est le procédé de multiplication le plus généralement employé ; on le fait de diverses manières, suivant la nature des plantes et la grosseur des graines. Il y a quatre manières principales de confier les graines au sol : les semis *en pots, en rigoles, en pochets* et *à la volée.*

Les *semis en pots* ou *en terrines* sont surtout employés pour les plantes délicates ou qui exigent d'être semées à une époque pendant laquelle la température n'est pas encore suffisamment chaude ; on peut ainsi les abriter plus facilement, les placer à une exposition favorable et même activer leur végétation en les mettant en serre, sous cloches ou sous châssis.

Les pots à employer seront plus ou moins grands, selon le volume et le nombre des graines à semer ; ils doivent toujours être munis à la base d'un petit orifice par lequel s'écoulent les eaux d'arrosage.

D. Bois. — *Le Petit jardin,* 3e édit.   **2**

On commencera par mettre au fond du vase quelques tessons ou des cailloux plats qui devront fermer incomplètement l'orifice dont nous venons de parler, afin que les racines des plantes ne puissent sortir au dehors et pour empêcher les vers de terre de pénétrer, tout en permettant l'écoulement de l'eau. On emplit ce pot de terre appropriée à la nature de la graine que l'on veut semer, on la tasse légèrement et l'on sème dessus. On recouvre ensuite les graines d'une couche de terre dont l'épaisseur varie suivant leur grosseur, que l'on tasse un peu afin de les bien maintenir, de manière qu'elles ne se trouvent pas entraînées par l'eau des arrosages.

Nous ne saurions trop insister sur ce fait : *on a l'habitude de trop enterrer les graines*, qui souvent pourrissent dans le sol après avoir fait de vains efforts pour percer la couche de terre qui les recouvre. Nous avons entendu bien des fois des personnes se plaindre de ce qu'on leur vendait des graines de mauvaise qualité, sans se rendre compte qu'elles avaient fait tout ce qu'il fallait pour les empêcher de germer.

Lorsque les graines ont été semées et recouvertes ainsi que nous l'avons dit, il doit rester entre la terre et le bord supérieur du vase un espace vide d'environ 2 centimètres, destiné à recevoir l'eau d'arrosage qui, sans cette précaution, passerait par-dessus les bords en entraînant les graines.

Il ne faut pas oublier de mettre une étiquette à chaque pot, afin de savoir facilement et sûrement ce qu'il renferme.

La chaleur et l'humidité sont les principaux agents de la germination ; on devra donc placer les pots ensemencés dans des conditions favorables, et donner des arrosements en temps opportun, de façon à ne pas laisser sécher les jeunes plantes qui, dans le premier âge, disparaissent avec la plus grande rapidité, mais en évitant aussi de les arroser trop, ce qui pourrait les faire pourrir.

Les semis exigent des soins assidus ; aussi faut-il les suivre pour ainsi dire pas à pas, si l'on désire obtenir de bons résultats.

En général, les graines produisent des plantes plus vigoureuses que celles que l'on obtient par tout autre mode de multiplication. Si l'on récolte soi-même des graines on ne doit
les prendre que sur des plantes bien constituées, réunis-
sant tous les caractères des variétés que l'on veut reproduire : on les cueillera bien mûres et on les fera sécher dans
un endroit sec, aéré, en évitant de les exposer au soleil.

Il est des graines qui perdent très rapidement leur faculté
germinative et qu'il faut semer dès qu'elles ont été récoltées ; c'est le cas de la graine des Rosiers ; d'autres ne peuvent être conservées que pendant une année au maximum :
l'Angélique, le Panais, etc. ; enfin, il en est que l'on peut
semer même au bout de plusieurs années, telles que celles
des Melons et des Potirons, qui germent encore même une
dizaine d'années après leur récolte. Lorsque nous énumé-
rerons les espèces et variétés de plantes cultivables dans
les petits jardins, nous indiquerons pour chacune d'elles
l'époque à laquelle on doit les semer, en même temps que
les soins spéciaux qu'elles réclament.

Le semis *en rigoles, en rayons* ou *en lignes* doit être
préféré à tout autre lorsqu'il s'agit de plantes qui doivent
occuper le terrain pendant un assez long temps. On trace,
soit avec le manche du râteau, soit avec un bâton, des rayons
plus ou moins profonds et qui seront d'autant plus espacés
qu'il s'agira de plantes plus volumineuses. On sème les
graines de distance en distance et on les recouvre, soit de
terre ordinaire, soit de terreau, suivant que la plante est
robuste ou délicate. Ce mode de semis a l'avantage de permettre de faire plus facilement les sarclages et les binages ;
il permet aussi de faire plus commodément les récoltes. C'est
ainsi que doivent être cultivés les Haricots, les Pois, etc.

Le semis *en pochets* ou *en touffes* se pratique surtout en
grande culture ; il consiste à placer les graines dans de
petits trous ou pochets faits avec la bêche ou la binette et
disposés, soit irrégulièrement, soit en lignes. C'est ce moyen
qui est employé pour la plantation des Pommes de terre.

Le semis *à la volée* se fait sur une planche ou un terrain

fraîchement labouré et bien préparé, dont on a égalisé convenablement la surface à l'aide du râteau. On prend les graines par poignées ou par pincées et on les répand par un mouvement vif et régulier d'avant en arrière, de manière à ne pas semer trop dru et à ne pas laisser d'espace vacant sur le terrain. Cette manière de semer exige une certaine adresse de main, car il faut que le semis soit plus ou moins épais, selon l'emplacement qu'exigeront les plantes pour se bien développer.

Après le semis, on herse le sol avec les dents du râteau et on le bat légèrement avec une planche à plat.

Art. II. — Education des plantes.

Les soins à donner aux plantes qui commencent à germer consistent surtout en *arrosages* et en *sarclages*.

Lorsque le *plant* est trop rapproché, il est nécessaire de pratiquer l'*éclaircissage*, qui consiste à enlever ce qu'il y a de trop pour empêcher le tout de s'étioler. Cette opération, de même que le sarclage, doit être faite de préférence le matin, lorsque la terre est encore imprégnée de rosée, ou après une légère pluie : on peut alors extraire complètement les racines des plantes que l'on supprime, sans endommager celles des plantes que l'on veut conserver.

Le *repiquage* a pour but de favoriser le développement du chevelu des racines et de retarder l'élongation des plantes ; on les obtient, par ce moyen, plus robustes ; elles sont aussi d'une végétation plus égale, parce qu'on en favorise le développement régulier en les espaçant suffisamment et progressivement les unes des autres. Le repiquage doit être fait avant que les plantes aient acquis de trop grandes dimensions, car elles auraient alors beaucoup plus de peine à émettre de nouvelles racines : pour cela, on arrache chaque pied en conservant une petite motte de terre et on les met dans un terrain bien préparé à l'avance. Certaines espèces ne supportent pas le repiquage et doivent être semées *en place*, c'est-à-dire à l'endroit qu'elles doivent occuper jusqu'à ce qu'elles fleurissent ou donnent leur récolte ; d'autres se trouvent bien d'être repiquées plusieurs fois ; enfin, il en est qui peuvent subir cette opération lorsqu'elles sont sur le point d'épanouir leurs fleurs et que, par conséquent, l'on peut conserver en *pépinière d'attente*, c'est-à-dire très rapprochées et dans un endroit quelconque du jardin, jusqu'au moment où elles peuvent servir à l'ornementation : c'est le cas des Reines-Marguerites, des Balsamines, des OEillets d'Inde, etc.

Les plantes délicates doivent être repiquées en pots, qu'on évitera de prendre trop grands, mais proportionnés à leur degré de vigueur.

Le repiquage en pleine terre se fait en lignes, pour que l'air puisse mieux circuler et afin de faciliter les sarclages, en espaçant le plant de manière qu'il trouve assez de place pour se développer librement. La plantation se fait dans des trous ouverts à l'aide du plantoir, en ayant soin que les racines ne soient pas en paquet ou rebroussées et que le collet de la plante ne se trouve pas trop enterré. On serre un peu la terre de façon à la faire adhérer aux racines, puis il ne reste plus qu'à arroser pour terminer l'opération. Avant d'arracher le plant, on doit arroser le sol s'il est trop sec. La terre, étant mouillée, adhère aux racines qui, hors du sol, n'ont pas à souffrir du contact de l'air.

Lorsque la saison est très chaude, le repiquage doit être fait vers la fin de la journée, afin que les jeunes plantes soient moins exposées à souffrir ; il est même prudent, pour faciliter la reprise, de les protéger contre les rayons du soleil avec des claies, des pots, etc., qu'on enlève dès que la forte chaleur est passée.

On repique sur couche et sur châssis les plantes dont on veut hâter le développement. Les soins à donner sont les mêmes que ceux que nous venons d'indiquer.

Le *pincement* a pour but de déterminer la ramification des plantes en faisant développer des bourgeons qui, sans cette opération, seraient restés à l'état latent. On obtient ce résultat en coupant l'extrémité des tiges qui sont encore herbacées. On peut répéter plusieurs fois le pincement, mais il faut savoir s'arrêter à temps pour ne pas supprimer des rameaux qui portent des fleurs à l'état rudimentaire.

Art. III. — Conservation des races et variétés de plantes. Choix des porte-graines. Variétés hybrides.

En parlant des semis, nous avons dit que les graines ne reproduisent pas toujours exactement les plantes desquelles elles proviennent ; plusieurs causes peuvent, en effet, déterminer la variation, et il est des sortes de végétaux que l'on a beaucoup de peine à conserver pendant plusieurs années avec leurs caractères spéciaux. De ce nombre sont les Cucurbitacées : Melons, Potirons ; les Radis, les Choux, etc., et en général toutes les plantes dont on cultive plusieurs variétés dans le voisinage les unes des autres : elles se fécondent réciproquement et leurs graines donnent alors des produits intermédiaires absolument différents de ce qu'on en attendait. En terme de jardinage, on dit dans ce cas que les plantes *ont joué*.

Pour obtenir des graines *franches*, il est nécessaire de sélectionner avec soin quelques exemplaires des variétés que l'on cultive, en prenant ceux qui représentent le plus parfaitement les caractères que l'on recherche, et de les placer dans diverses parties du jardin, pour qu'ils soient bien isolés.

Il va sans dire qu'il ne s'agit ici que de variétés d'une même espèce ; car un Potiron n'a pas plus d'influence sur un Melon qu'un Radis sur un Navet, une Chicorée sur une Laitue.

Mais où la séparation doit être faite, c'est lorsqu'on cultive dans le même jardin plusieurs variétés de Melons, de Potirons, de Carottes, de Navets, de Reines-Marguerites, de Pensées, etc.

Les plantes obtenues par le croisement de deux variétés d'une même espèce portent le nom de *métis*. L'*hybride* est le résultat de la fécondation croisée de deux espèces. Ces deux mots sont généralement mal appliqués par les jardiniers, qui confondent souvent sous ce dernier nom les plantes obtenues par l'une ou l'autre de ces manières. Les hybrides sont assez rares ; ils ne produisent pas de graines ou en produisent peu. Il a été démontré par des expériences célèbres que ces graines, étant semées, donnent des individus qui se rapprochent plus ou moins du père ou de la mère, de manière qu'au bout d'un certain nombre de générations, on ne possède plus que les deux types que l'on avait unis. Le seul moyen de reproduire les hybrides pour les conserver intacts est donc de les bouturer, marcotter, greffer ou d'en diviser les touffes. Nos jardins s'enrichissent chaque jour de plantes obtenues par ce procédé.

Pour certaines variétés, il est nécessaire, lorsqu'on les voit dégénérer, de s'en procurer de nouvelles graines dans les établissements qui les cultivent en grand et qui les entourent de soins assidus pour les conserver avec tous leurs caractères.

L'obtention de nouveautés par le *métissage* ou par l'hybridation est poursuivie par nombre d'horticulteurs et d'amateurs. Nous renvoyons aux ouvrages spéciaux les personnes qui voudraient se livrer à ce genre de recherches.

Art. IV. — *Multiplication par division des touffes*

Caïeux. — Les plantes bulbeuses produisent généralement des caïeux ou petits bulbes, qui servent à les multiplier et que l'on détache lorsqu'ils sont parvenus à maturité, c'est-à-dire quand les feuilles de la plante à laquelle ils sont fixés sont entièrement desséchées et que le bulbe principal a cessé de végéter. On plante ces caïeux comme des bulbes, en leur donnant les mêmes soins, et on en obtient la floraison au bout d'un nombre d'années plus ou moins long, variant suivant les espèces. C'est par ce moyen qu'on multiplie les *Jacinthes*, les *Narcisses*, les *Tulipes*, etc.

Tubercules. — Certaines plantes, de même que la Pomme de terre, émettent des tiges souterraines qui se gorgent de matériaux de réserve, munies d'yeux, qui peuvent servir à leur reproduction. Ces plantes ont des tiges annuelles ; l'arrêt de leur végétation annonce que les tubercules sont mûrs et c'est à ce moment qu'il faut les arracher. On les replantera, après les avoir conservés dans un endroit sain, en prenant certaines précautions que nous indiquerons ailleurs.

Œilletons et rejetons. — Ce sont des bourgeons, souvent munis de racines, qui se développent généralement au collet de la plante mère. On les détache avec précaution pour les replanter dans des conditions qui favorisent leur végétation.

Griffes ou pattes. — C'est le nom que portent les racines de certaines plantes : Anémones, Renoncules. On peut les diviser en ayant soin que chaque fragment porte un ou plusieurs yeux.

Division des touffes. — Les plantes à racines vivaces produisent souvent des touffes énormes ; on peut les multiplier et faire autant d'individus qu'il existe de bourgeons bien pourvus de racines. C'est généralement au printemps que se fait cette opération. Il est nécessaire de diviser de temps en temps les touffes de ces plantes qui, ainsi que les *Aster*, les *Chrysanthèmes*, les *Phlox*, etc., se développent en s'étendant à la périphérie et en se dégarnissant au centre.

Art. V. — Marcottes ou Couchages.

Le marcottage est un procédé de multiplication qui consiste à produire l'enracinement d'un rameau ou d'une tige encore adhérents à une plante pour les détacher ensuite et obtenir des individus distincts.

Ce moyen est employé surtout pour les plantes qui se bouturent difficilement. On fait des marcottes, soit avec des rameaux *aoûtés*, c'est-à-dire qui ont pris une consistance ligneuse, soit avec des rameaux herbacés garnis de feuilles. Les tiges de Potiron, qui courent sur le sol en émettant çà et là des racines, donnent un bon exemple de marcottage.

Les marcottes de rameaux tout à fait lignifiés se font généralement de février à mai avec du bois de l'année précédente ; lorsqu'on veut marcotter des tiges à l'état herbacé, il faut choisir, dans le courant de l'année, le moment où elles sont suffisamment développées.

Le *marcottage en cépée* ou *en butte* consiste à relever le sol, sur une certaine hauteur et en forme de butte, au pied des plantes qu'on veut multiplier, de manière à enterrer les tiges sur une certaine hauteur. Ce procédé de marcottage s'applique aux plantes en touffes comme le Cognassier, les Spirées, etc.

La *marcotte simple* ou *provin* (fig. 6) consiste à coucher en terre, dans une petite tranchée de quelques

Fig. 6. — Œillet, marcottage
en pleine terre.

centimètres, creusée au pied de la plante mère, une branche que l'on y fixe à l'aide d'un crochet en bois et que l'on recouvre de terre. On doit effeuiller la partie qui se trouve dans le sol et redresser l'extrémité en prenant des précautions pour ne pas la casser. La terre dans laquelle on enterre les marcottes doit être convenablement préparée et mélangée de terreau ou de terre de bruyère.

Lorsque l'extrémité de la branche marcottée est assez

longue pour qu'on puisse la coucher une deuxième ou un plus grand nombre de fois, le marcottage est dit en *serpenteaux*. On doit alors laisser sur chaque partie courbée plusieurs yeux qui serviront de prolongement à chaque marcotte lorsqu'elles seront séparées.

Il faut arroser et sarcler autant de fois que cela est nécessaire jusqu'au moment où les racines seront développées. On peut, pour que le sol reste plus humide pendant l'été, le recouvrir d'une légère couche de *paillis* ou fumier court.

On n'arrache les marcottes que lorsqu'elles sont bien enracinées, en les *sevrant* peu à peu, c'est-à-dire en entaillant successivement les branches de manière à ne les couper complètement qu'au bout de quelques jours.

Pour certaines plantes, on provoque le développement des racines sur les marcottes, soit en tordant légèrement la partie enterrée, soit en déterminant un étranglement à l'aide d'une ligature serrée, soit enfin en pratiquant des incisions. Cette dernière manière de faire est nécessaire pour les plantes à tiges fragiles qu'on ne pourrait courber sans les briser. Voici comment on pratique l'incision : Après avoir déterminé l'endroit où la branche doit être enterrée, on effectue à la base et en dessous de la partie qui sera relevée une entaille longitudinale qui a pour but de déterminer sur ce point une accumulation de sève. L'incision doit être faite dans le voisinage d'un œil, car c'est là que se forment le plus rapidement les racines. Il est nécessaire de maintenir l'écartement entre les parties incisées pour éviter que les plaies se soudent ; il suffit pour cela d'introduire entre elles un petit caillou ou simplement une pincée de terre. La profondeur des incisions varie suivant la grosseur des branches ; elles ne doivent jamais en dépasser le centre ; leur longueur, pour les petites tiges, ne doit pas excéder 1 centimètre.

Si par hasard on avait sevré des marcottes insuffisamment enracinées, il faudrait les rempoter et les mettre sous cloche ou sous châssis pour en faciliter la reprise.

Le *marcottage en l'air* s'applique aux plantes dont les

tiges, trop éloignées du sol ou non flexibles, ne peuvent être couchées en terre comme dans les cas précédents. On introduit alors les rameaux dans des pots à fleurs dont on a agrandi l'orifice inférieur ou dans des pots spéciaux dits *à marcottes*, qui présentent sur l'un des côtés une fente qui permet l'introduction de la marcotte. On maintient ces vases sur la plante à l'aide d'une ligature ou par un support quelconque et on les remplit de terre. On comprend que, dans ces conditions, le desséchement du sol se produise rapidement et qu'il importe de le combattre par des arrosages fréquents. Le sevrage ne doit s'opérer que lorsque l'enracinement est complet. Il est utile de faciliter le développement des racines par les opérations que nous **avons** indiquées ci-dessus : incision et strangulation des tiges.

Art. VI. — *Bouturage*.

Le bouturage est un procédé de multiplication qui consiste à détacher d'une plante certaines parties que l'on prépare et que l'on met dans des conditions favorables pour leur faire émettre des racines afin d'obtenir de nouveaux individus.

Un certain nombre de plantes se prêtent très bien au bouturage ; il en est d'autres qui y sont à peu près ou complètement rebelles ; parmi ces dernières, nous pourrions citer beaucoup d'espèces qui appartiennent au grand groupe des *Monocotylédones*, lequel comprend les familles des *Graminées*, des *Palmiers*, etc.

De même que pour le marcottage, il existe pour le bouturage de nombreux procédés. Pour ceux-là, nous renvoyons le lecteur aux ouvrages spéciaux, tels que notre *Dictionnaire d'horticulture*.

Nous avons dit (p. 27) qu'il ne faut récolter de graines que sur des individus parfaits, présentant aussi complètement que possible les caractères qui distinguent la race à laquelle ils appartiennent et qui la font préférer à toute autre. Nous insistons sur ce point et nous y reviendrons en parlant de la sélection et du choix des porte-graines.

La culture a déterminé des modifications considérables chez les végétaux. Lorsque nous comparons certaines de nos plantes potagères, fruitières ou ornementales, avec les types sauvages desquels elles sont issues, nous ne pouvons qu'admirer le génie de l'homme qui est arrivé à former, pour satisfaire ses goûts, des variétés qu'il va perfectionnant de plus en plus. C'est grâce à la propriété qu'ont les plantes de varier accidentellement, surtout lorsqu'on les multiplie par la voie du semis, que nous devons ces améliorations.

Mais il ne suffit pas d'obtenir de nouvelles variétés, il faut pouvoir les reproduire, *les fixer*. Pour que l'amélioration se maintienne, il est nécessaire d'employer certains moyens, car, s'il est des plantes que le semis rend à peu près exactement, il en est un grand nombre qui ne peuvent se reproduire ainsi. La nature a sur les plantes modifiées par la culture une influence que l'homme doit combattre et qui tend à les faire retourner au type primitif. C'est la loi d'*atavisme*.

La bouture a l'avantage de reproduire exactement l'individu sur lequel elle a été prise ; sous ce rapport, elle rend, de même que la greffe, les plus grands services pour conserver certaines variétés qui disparaîtraient sans cela. Un autre avantage du bouturage, c'est qu'il permet de conserver même des variations légères, comme des panachures accidentelles, etc. C'est enfin un mode de multiplication précieux pour reproduire certaines plantes qui fructifient rarement ou qui ne fructifient pas sous notre climat.

Presque toutes les parties des plantes peuvent émettre des racines, et par conséquent être bouturées, mais ordinairement on se sert pour cela de fragments de tiges ou de rameaux. En général, les plantes de contexture charnue ou à bois mou reprennent facilement et rapidement ; la reprise est d'autant plus difficile que le bois est plus dur ; cela explique la nécessité dans laquelle on se trouve quelquefois de mettre certaines plantes dans des conditions favorables pour leur faire développer de jeunes pousses, que l'on peut bouturer pendant qu'elles sont peu lignifiées.

Les racines naissent plus facilement sur certaines parties des plantes, surtout sur les bourrelets, les renflements, l'endroit où s'attachent les feuilles, les bords des plaies, etc. Ordinairement une bouture se fait à l'aide d'un rameau muni de plusieurs yeux. La partie inférieure, c'est-à-dire celle qui doit être enterrée, est coupée juste au-dessous d'un œil à l'aide d'un couteau bien tranchant pour avoir une section très nette, puis on supprime les feuilles du bas, en évitant d'endommager les yeux qui se trouvent à leur aisselle. On plante en laissant hors du sol l'extrémité du rameau, qui, en se développant, deviendra la tige de la nouvelle plante.

La longueur des boutures varie selon l'espacement des feuilles ou des yeux sur la tige. Il y a avantage à les faire aussi courtes que possible.

On facilite l'émission des racines en plantant les boutures dans un sol bien meuble et tenu constamment frais ; le sable et la terre de bruyère conviennent parfaitement ; on peut aussi employer un mélange de terre légère et de terreau.

Une des conditions essentielles pour que l'opération du bouturage réussisse est de placer le fragment de plante qui, détaché de la plante mère et sans racines, doit vivre de sa substance propre, est de le placer, disons-nous, dans des conditions telles qu'il se trouve soustrait aux causes d'affaiblissement et de détérioration telles, par exemple, une transpiration exagérée, la dessiccation, l'excès d'humidité qui en déterminerait la pourriture, etc.

Pour traverser la période de vie latente par laquelle elle est obligée de passer avant d'être pourvue de racines, la bouture sera donc préparée de manière telle que la transpiration soit aussi réduite que possible. On obtient ce résultat en supprimant la plus grande partie des feuilles ; dans le cas où cela ne suffit pas, on couvre les boutures de cloches, afin de les maintenir dans une atmosphère confinée, saturée d'humidité, où la transpiration n'a pour ainsi dire plus lieu. C'est ce qu'on appelle *bouturer à l'étouffée.*

Il importe de placer les boutures dans un substratum sain, pour éviter qu'elles ne soient attaquées par les moisissures et pour les soustraire à l'action des agents de contamination de toute nature, etc. C'est pour cela qu'on se sert de sable de rivière, de grès, de sciure de bois blanc, que l'on renouvelle.

L'un des signes précurseurs de l'apparition des racines est la formation d'un *bourrelet* ou masse de tissu cellulaire, qui se développe généralement sur la coupe inférieure et sur les cicatrices foliaires.

Certaines plantes, originaires de pays à climat analogue au nôtre, peuvent être bouturées à l'air libre, sans abri ; mais, le plus généralement, les boutures ne reprennent bien que lorsqu'elles sont faites à l'aide de la chaleur : sous châssis, sur couche ou en serre.

Les *boutures de rameaux herbacés garnis de feuilles* (fig. 7) se font comme nous venons de l'indiquer, mais toujours sous cloche ou sous châssis, afin de les soustraire à l'action de l'air dans lequel l'activité de la transpiration les aurait bientôt desséchées, comme nous l'avons déjà fait remarquer. Ce procédé est très employé pour multiplier un grand nombre de plantes, notamment les Pélargoniums, les Fuchsias, les Verveines, etc. En plein air,

Fig. 7. — Bouture de Verveine.

ces boutures se font pendant l'été ; en serre, on peut les faire pendant toute l'année.

Les *boutures de rameaux ligneux munis de feuilles* se font ordinairement à l'automne ; c'est le moyen employé pour multiplier les Rosiers et un grand nombre de plantes de pleine terre à feuilles persistantes : Aucuba, Fusain du Japon, Laurier-sauce, etc. On se sert de rameaux de l'année, bien *aoûtés*, que l'on plante en pleine terre sous cloche ou sous châssis à l'ombre.

Les *boutures de rameaux dégarnis de feuilles* se font surtout pour reproduire les arbres et les arbrisseaux à feuilles caduques (qui tombent chaque année), comme les Spirées, le Sureau, les Saules, etc. ; la saison pour faire cette opération est le printemps ou l'automne ; la plantation se fait en plein air, en sol ameubli et fertile.

La *bouture crossette*, qui est surtout employée pour la Vigne, ne diffère de la précédente qu'en ce qu'on conserve, à l'extrémité inférieure du rameau qui forme la bouture, une portion de la branche qui le portait (fig. 8). On la fait ordinairement au printemps, avec les rameaux supprimés à la taille.

La *bouture avec talon* est employée surtout pour les plantes qui reprennent difficilement. La bouture, dans ce cas, est détachée de la plante mère, munie d'un empattement nommé *talon* qui est un fragment de la branche sur laquelle elle était attachée.

Les soins à donner aux boutures consistent en arrosements modérés destinés à entretenir fraîche la terre dans laquelle elles sont plantées, mais en évitant l'excès d'humidité qui aurait pour résultat de faire pourrir en peu de temps des rameaux dont la coupe inférieure n'est pas encore protégée par du tissu cicatriciel. Un paillis léger est nécessaire dans les périodes de sécheresse. On doit sarcler et biner de temps en temps.

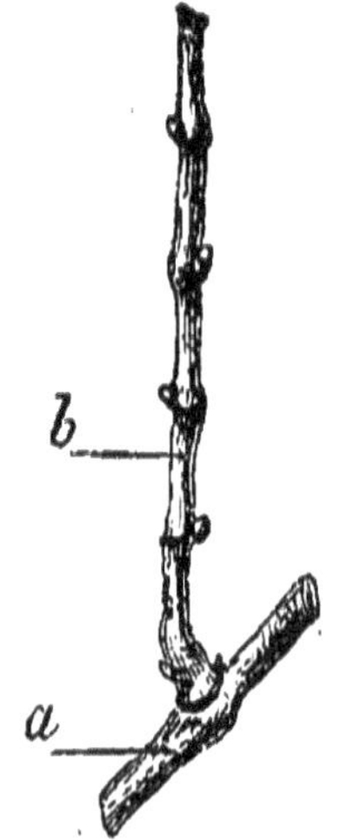

Fig. 8.
Bouture crossette.

Pour les boutures sous cloche ou sous châssis, il faut ombrer, soit avec des claies, soit en barbouillant le verre avec de l'argile délayée ou du blanc d'Espagne ; sans cette précaution, le soleil brûlerait tout. Il faut en outre donner de l'air progressivement, au fur et à mesure que les racines se développent.

Boutures dans l'eau. — Il y a un certain nombre de plantes dont les tiges émettent très facilement des racines dans l'eau. De ce nombre est le Laurier-rose, dont il suffit de placer des rameaux dans le goulot d'une bouteille, leur partie inférieure plongeant de quelques centimètres dans l'eau. Il n'y a plus qu'à mettre les boutures ainsi préparées dans un appartement bien éclairé, et autant que possible à l'abri de la poussière, pour les voir se développer. Il faut naturellement remplacer l'eau que la chaleur fait évaporer. Lorsque l'enracinement est produit, les boutures doivent être mises en pots, en terre légère ; des arrosages fréquents sont nécessaires.

Art. VII. — Greffage.

La greffe est une des opérations culturales les plus importantes ; elle consiste à transporter sur une plante (*sujet* ou porte-greffe) une portion d'une autre plante (*greffon*) qui s'identifie avec elle et vit de la sève qu'elle en reçoit aussi bien que si elle la puisait elle-même dans le sol.

Comme les marcottes et les boutures, la greffe reproduit les caractères de l'espèce ou de la variété qui a fourni le greffon ; elle sert à multiplier les plantes et même les variétés accidentelles, à ce point qu'un simple rameau qui présente une modification particulière peut servir à propager cette modification. C'est à la greffe que nos jardins doivent la propagation d'un grand nombre de plantes d'ornement, de fruits recherchés par leur volume, leur saveur, leur précocité ou leur tardiveté.

Il résulte d'observations récentes et d'études poursuivies avec persévérance par M. Daniel, professeur à la Faculté des sciences de Rennes, que cette union de deux plantes donne parfois naissance à des *hybrides de greffe*, c'est-à-dire à des types intermédiaires dans lesquels on retrouve certains caractères particuliers les uns au porte-greffe ou sujet, les autres à la plante sur laquelle a été prélevé le greffon.

Mais la greffe a d'autres avantages. Lorsque, dans un se-mis, on rencontre des plantes qui paraissent présenter des diffé-rences avec celle dont proviennent les grai-nes, en un mot lors-qu'on croit avoir dé-couvert une nouvelle variété, il faut quel-quefois attendre plu-sieurs années pour obtenir une fleur, un fruit, et être enfin fixé sur la valeur de l'obtention. Grâce à la greffe, un rameau de la nouvelle plante posé sur une autre plante appartenant à la mê-me espèce ou au même genre, mais adulte, permet d'obtenir la floraison ou la fructi-fication, quelquefois dès l'année suivante.

Fig. 0. — Greffe en approche.

La greffe peut aussi, dans certaines circonstances, modifier la nature d'une plante. C'est le cas pour certaines variétés d'arbres fruitiers à végétation vigoureuse qui, placés dans des sols fertiles, ne donnent que des fruits peu nombreux ou imparfaits et qui arrivent à produire en abondance par ce seul fait qu'ils ont été greffés sur une plante à végé-tation moins active. Enfin, la greffe permet de cultiver dans certains terrains des plantes qui ne pourraient y vivre sans être associées à un support adapté à ces terrains : telles sont certaines plantes des sols siliceux (*calcifuges*) qui ne peuvent croître en sols calcaires.

La greffe n'offre de chances de succès qu'autant que le *sujet* (végétal sur lequel on implante une portion d'un autre végétal) et le *greffon* (partie que l'on implante) appartiennent à des espèces du même genre ou à des genres voisins dans une même famille. Les végétaux venus de graines et qui n'ont pas été greffés sont des *sauvageons* ; ceux qui sont obtenus par boutures ou par marcottes de plantes antérieurement greffées portent le nom de *francs*, appliqué aussi aux sauvageons.

Greffe en approche (fig. 9). — La nature offre fréquemment des exemples de ce mode de greffe. Il n'est pas rare de voir, dans les forêts, des branches qui, très rapprochées et sous l'influence de l'agitation occasionnée par le vent, ont fini par user réciproquement leurs écorces et par se souder entre elles. L'homme a su tirer profit de cet enseignement et il se sert de ce moyen, soit pour remplacer les branches manquantes dans un arbre soumis à la taille, soit pour souder entre eux les arbres qui composent une haie fruitière, etc.

C'est au moment où la circulation de la sève est le plus active, c'est-à-dire au printemps ou à l'automne, qu'il est préférable de faire cette opération. Sur l'une des branches d'un arbre on enlève une portion d'écorce en rapport avec les dimensions de la branche que l'on veut greffer ; après avoir approché celle-ci de la plaie du sujet, on fait la même opération, pour que les deux plaies s'appliquent exactement l'une sur l'autre. Il ne reste plus qu'à maintenir les deux branches rapprochées en les ligaturant avec de la laine à greffer, de façon à empêcher l'air et le soleil de parvenir jusqu'aux plaies et de les dessécher. Lorsque la soudure commence à se faire, il faut veiller à ce que les ligatures n'étranglent pas les branches, auquel cas il faudrait les remplacer par d'autres moins serrées.

Greffe en fente (fig. 10). — Cette sorte de greffe tire son

nom de la manière même dont on la pratique. Le greffon
est un rameau détaché que l'on applique sur un sujet dont
la tige est tronquée.

On étête le sujet et on pare la plaie avec un outil bien
tranchant, pour qu'elle soit aussi nette que possible ; cela
fait, on en fend longitudinalement l'extrémité et on y introduit le greffon dont on a aminci la base
sur les deux faces et qui, par conséquent,
a la forme d'un coin. On doit prendre pour
greffon un rameau bien *aoûté*, muni de
deux ou trois bons yeux et d'un diamètre
moindre ou égal à celui du sujet. On ouvre
la fente du sujet avec la spatule du greffoir
ou avec un coin pour y introduire le greffon, que l'on dispose de telle sorte que les
zones génératrices de l'un et de l'autre
coïncident bien exactement, car c'est en
cet endroit que se fait la soudure. La zone
génératrice ou *cambium* est située entre le
bois et l'écorce ; elle est constituée par du
tissu cellulaire sans consistance, dont les
cellules ont la propriété de se multiplier
rapidement pour donner naissance d'un
côté à du bois, de l'autre à de l'écorce, con-
tribuant ainsi à l'accroissement des végétaux.

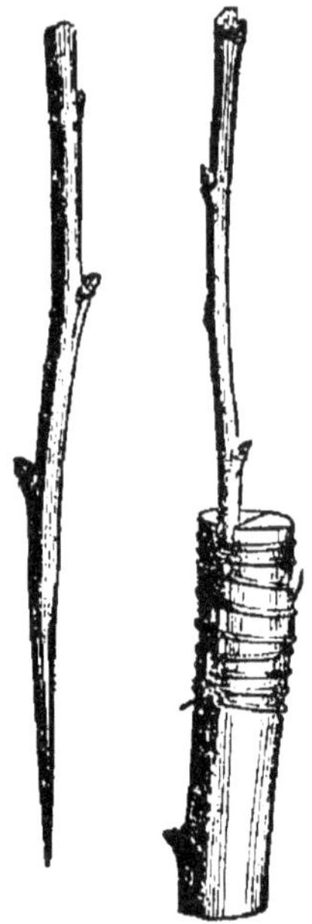

Fig. 40.
Greffe en fente.

Lorsque le greffon est introduit dans le sujet, on fait une
ligature pour que les choses restent en place et on met du
mastic ou de la cire à greffer sur toutes les plaies, afin
que les tissus ne se dessèchent pas au contact de l'air.

On a peu l'occasion d'employer ce mode de greffe dans
les petits jardins ; il ne se pratique guère que chez les pépiniéristes ou chez les horticulteurs qui vendent des arbres
tout greffés. Cependant nous avons cru devoir en dire
quelques mots pour le cas où l'on aurait accidentellement
à sa disposition une plante que l'on voudrait utiliser. Cette
greffe comprend de nombreuses variétés dans le détail des-

quelles nous ne pouvons entrer ; on l'effectue en mars-avril, moment où la sève entre en mouvement. On peut mettre deux greffons, un de chaque côté de la fente, lorsque le diamètre du sujet le permet. Dans le chapitre *Arbres fruitiers*, nous reviendrons sur cette question.

Greffe en écusson. — Cette sorte de greffe est celle qui présente pour nous le plus d'intérêt, parce qu'elle a de nombreuses applications dans les petits jardins, ainsi que nous le verrons dans les chapitres suivants. Elle consiste à enlever, avec le greffoir, un œil bien constitué, muni d'un fragment d'écorce dont la forme rappelle grossièrement celle d'un écusson armorial ; puis, après avoir pratiqué sur le sujet deux incisions en forme de T, à introduire cet écusson sous l'écorce entaillée.

Le sujet doit être en *sève* et dans un état de végétation analogue à celui de la plante qui fournit le greffon ; on doit, avant l'écussonnage, réunir, en les liant, ses rameaux qui, après l'opération, seront amputés aux trois quarts de leur longueur.

Suivant que l'on écussonne au printemps (avril-mai) ou à la fin de l'été (juillet à septembre), les greffes sont dites *à œil poussant* ou *à œil dormant*. Dans le premier cas, les écussons sont pris sur des rameaux conservés de l'année précédente ; le greffon se développe dans l'année même. Dans le second cas, les écussons sont détachés de rameaux de l'année ; ils ne se développent que l'année suivante, après avoir *dormi* pendant l'automne et l'hiver.

Pour écussonner, on coupe sur la plante que l'on veut reproduire des rameaux sur lesquels on choisit les yeux les mieux constitués. C'est ordinairement dans la partie moyenne des rameaux qu'ils se trouvent, ceux du bas étant trop peu développés, ceux du sommet trop volumineux. On supprime le limbe de la feuille qui accompagne l'œil pour ne conserver que le pétiole ; cet organe permet de saisir et de manier plus facilement l'écusson ; il indique plus tard si la greffe a réussi ou non. Lorsque la greffe est bonne, le pétiole se détache et tombe au bout de quelques jours ; il reste adhérent et se dessèche lorsqu'elle n'a pas réussi.

Pour bien enlever l'écusson (fig. 11), on pose le tranchant du greffoir à quelques millimètres (10 à 15) au-dessus de l'œil que l'on a choisi sur le rameau, puis on le fait glisser parallèlement entre le bois et l'écorce, en appuyant légèrement sous l'œil pour faire ressortir la lame quelques millimètres au-dessous. Si l'écusson ainsi détaché était muni d'un lambeau de bois adhérent à l'écorce (fig. 12), c'est qu'il aurait été *mal levé* ; pour qu'il soit parfait, il ne doit présenter dans la cavité qui correspond à l'œil qu'une petite masse verdâtre appelée *cœur de l'œil* (fig. 13), qui est indispen-

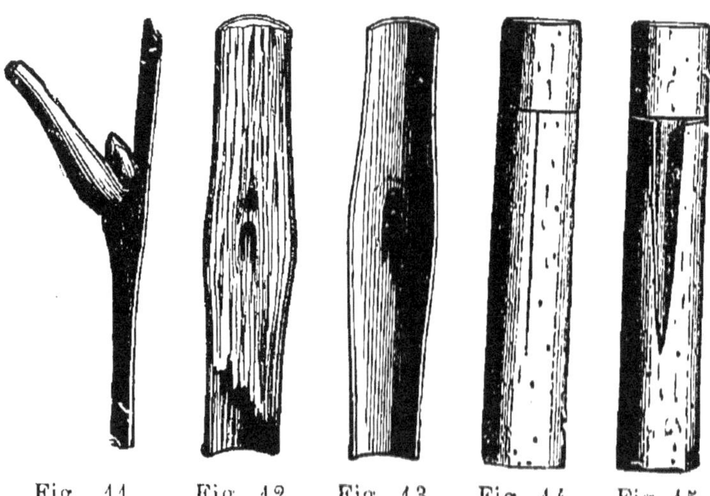

Fig. 11.   Fig. 12.   Fig. 13.   Fig. 14.   Fig. 15.

Fig. 11. Ecusson vu de profil. — Fig. 12. Ecusson levé avec un peu de bois. — Fig. 13. Ecusson bien levé. — Fig. 14. Incision en T. — Fig. 15. Sujet dont l'écorce est levée.

sable pour la reprise et qu'on est exposé à arracher lorsqu'on cherche à enlever le bois, dans les cas où l'on en aurait pris une trop grande épaisseur.

L'écusson ainsi préparé doit être tenu entre les lèvres par le pétiole, afin d'avoir les mains libres ; puis, sur une partie d'un rameau du sujet bien unie et bien lisse, on fait une double incision en **T**, assez profonde pour qu'elle traverse complètement l'écorce (fig. 14). Il ne reste plus qu'à soulever les deux bords de l'incision longitudinale à l'aide de la spatule du greffoir (fig. 15), et à glisser dessous l'écusson, sur lequel on rabat les lambeaux d'écorce. On aura dû faire en sorte que l'incision soit de même dimension ou même un peu plus grande que l'écusson qu'on veut y introduire ; dans le cas où celui-ci, étant posé, déborderait un peu la ligne transversale du **T**, il suffirait de le raccourcir, mais sans le déplacer. Une ligature en laine peu tordue sert à maintenir le tout en place ; on en fait quelques tours au-dessous et au-dessus de l'œil, en évitant de le couvrir, mais de manière que l'air et le soleil ne puissent parvenir jusqu'aux plaies.

La réussite de l'écussonnage est d'autant plus certaine que l'opération est faite plus rapidement ; il faut éviter de la pratiquer par la pluie ou par le grand soleil.

Les soins à donner pendant la reprise consistent à maintenir et à protéger les greffons pour qu'ils ne se décollent pas ; à les desserrer, à leur donner une direction convenable lorsqu'ils poussent, à les pincer, etc., et à veiller à ce qu'il ne se développe sur le sujet aucun drageon qui attirerait la sève au détriment des parties greffées.

Lorsque les parties greffées se sont trouvées suffisamment rapprochées du sol pour qu'elles aient pu émettre des racines et arriver à vivre sans le secours du sujet, on les dit *affranchies*.

Il existe encore un procédé de greffage qui peut rendre des services dans les petits jardins ; il consiste à prendre des boutons à fruits sur des arbres qui en ont un trop grand nombre et à les greffer sur d'autres qui en manquent. On taille le greffon comme un écusson, mais en laissant du bois, et on l'insère sous l'écorce comme nous l'avons indiqué ci-dessus.

CHAPITRE VI

LA PLANTATION

Art. I. — Plantation.

Les plantes et les arbrisseaux en touffes pourvus de nombreuses petites racines ou *chevelu* sont ordinairement d'une reprise facile.

Il n'en est pas de même des plantes à racines pivotantes, grosses et peu nombreuses, qu'il faut arracher en motte, c'est-à-dire avec une certaine quantité de terre pour protéger les racines contre l'action de l'air. Nous dirons ailleurs quelles sont les plantes qui supportent la transplantation et celles qu'il faut semer sur place ou relever en prenant certaines précautions.

Dans les terres sèches et légères, il est avantageux de faire les plantations d'arbres et d'arbrisseaux à l'automne ; dans les terres fortes et humides, il vaut mieux ne planter qu'au printemps.

Un certain nombre de plantes d'ornement peuvent n'être mises en place qu'au moment où elles sont sur le point de fleurir. Cela permet d'avoir des parterres toujours parfaitement ornés, en remplaçant les plantes qui sont défleuries par d'autres conservées en *pépinière d'attente*, c'est-à-dire dans une partie quelconque du jardin où on les prend au fur et à mesure des besoins.

Pour les arbres, il est bon de préparer d'avance les trous destinés à les recevoir, en les faisant larges et profonds, afin d'y mettre une certaine quantité de bonne terre.

On coupe à l'aide de la serpette les racines contuses et l'on plante en plaçant celles qui restent dans leur position naturelle, en évitant de les enterrer trop profondément. On arrose et l'on couvre le sol d'un bon paillis, afin qu'il conserve bien l'humidité. Il n'est pas nécessaire de supprimer une grande partie des racines et des rameaux des arbres que l'on plante ; il suffit de couper les racines mutilées et une proportion égale de rameaux.

Art. II. — *Alternance des cultures. Assolements.*

Toute plante cultivée pendant longtemps sur le même sol l'épuise en lui enlevant les éléments qu'elle utilise pour sa nutrition. C'est la raison pour laquelle les engrais sont nécessaires après chaque récolte.

Il existe des plantes dites *épuisantes*, qui épuisent le sol d'une manière particulièrement rapide. Ce sont celles que l'on cultive pour leurs graines : Pois, Haricots, etc., ou celles dont on recherche le tubercule : Pomme de terre.

Que l'on cultive à la même place, exclusivement, pendant plusieurs années, des plantes de l'une ou de l'autre de ces catégories, on aura beau prodiguer les fumures et les soins culturaux, la production ne tardera pas à diminuer progressivement d'année en année. Cela tient à ce que les engrais, même les plus judicieusement appropriés, ne peuvent fournir à la terre certains éléments qui ont disparu et qui sont cependant nécessaires, bien qu'ils échappent aux analyses.

Mais, parce qu'une plante ne trouve plus dans un sol où elle a vécu les conditions les plus favorables à son existence, il ne s'ensuit pas qu'une autre n'y puisse vivre à son tour et y prospérer.

L'expérience a prouvé au contraire qu'en faisant succéder certaines catégories de plantes à d'autres et en ne ramenant la même culture au même endroit qu'après un certain intervalle, la production redevient normale.

L'alternance des cultures donne des résultats d'autant meilleurs qu'on fait succéder les unes aux autres des espèces appartenant à des familles différentes ou ayant un autre mode de végétation.

C'est ainsi qu'on doit faire alterner les plantes à racines superficielles : salades, etc., avec des plantes à racines qui s'enfoncent profondément dans le sol : plantes tubéreuses. On doit s'attacher également à faire alterner les plantes qui exigent certains éléments, par exemple les plantes qui ont besoin de potasse avec celles qui réclament des phosphates, etc.

C'est surtout pour les plantes potagères que la pratique des assolements est utile, quelques-unes d'entre elles n'occupant le terrain que pendant un court espace de temps. Dans les environs de Paris, où la culture maraîchère a atteint un grand degré de perfection, les jardiniers arrivent, par ce moyen, à obtenir de quatre à six récoltes dans l'année et sur le même terrain.

Art. III. — Conservation en hiver des Pélargoniums, Fuchsias et autres plantes peu délicates. Culture des plantes en pots. Empotages.

Bien qu'il n'y ait généralement pas de serres dans les petits jardins, il est rare qu'un amateur s'en tienne à la culture des plantes rustiques, dont le nombre est cependant considérable et les mérites variés ; c'est que, parmi les espèces frileuses qui exigent un abri pendant l'hiver, il en est qui sont pour ainsi dire indispensables.

Bien des personnes, qui ne peuvent consacrer qu'un temps limité aux délassements du jardinage, sont heureuses de pouvoir orner leur jardinet, au printemps, avec des plantes qui demandent peu de soins et qui fleurissent pendant toute la durée de la belle saison. Les plantes qui peuvent être employées dans ce cas sont malheureusement en petit nombre ; aussi reproche-t-on aux jardins dont elles forment à elles seules l'ornementation une monotonie qu'explique la vue de plates-bandes ou de corbeilles dont la composition reste la même pendant tout un été et se répète même, ou à peu de chose près, pendant plusieurs années. Nous voulons parler des *Pélargoniums*, des *Bégonias*, des *Fuchsias*, des *Chrysanthèmes frutescents* ou *Anthémis*, des *Véroniques*, des *Héliotropes*, etc.

Employées dans une juste mesure, ces plantes ont de

grands mérites, et nous avons peine à nous figurer un jardin dans l'ornementation duquel il n'entrerait pas une des innombrables et superbes variétés de Pélargoniums aux fleurs si abondantes et si brillamment colorées.

Dans les jardins où il n'existe pas d'endroit pour les abriter, on laisse geler sur place ces plantes, que les premiers froids font disparaître, et on se contente d'en acheter de nouvelles au printemps.

Il n'est cependant pas très difficile d'en hiverner quelques-unes, surtout si l'on possède un châssis, que l'on peut chauffer à l'aide de fumier lorsque cela est nécessaire, ou simplement entourer de feuilles sèches, de paille ou de tannée, pour empêcher l'air froid d'y pénétrer. Par les fortes gelées, il est nécessaire de couvrir les vitrages de paillassons, de feuilles sèches ou de fumier. Naturellement, les plantes ne pourraient vivre tout un hiver dans de semblables conditions : l'obscurité en déterminerait l'étiolement et elles pourraient pourrir par excès d'humidité ; il faut par conséquent donner de la lumière et de l'air autant que possible et n'user de ces précautions que lorsque cela est nécessaire.

Au retour de la belle saison, ces plantes entreront en végétation et leurs jeunes rameaux, bouturés, permettront de les multiplier.

Ce sont bien des soins et bien des assujettissements pour s'éviter une dépense légère, dira-t-on.

Cependant, il existe des amateurs qui s'attachent aux plantes qu'ils cultivent, et qui, autant par goût que pour occuper leurs loisirs, n'hésitent pas à s'employer pour conserver une fleur aimée à laquelle ils tiennent souvent d'autant plus qu'elle a exigé plus de sollicitude.

Nous leur recommandons d'arroser le moins possible les plantes qu'ils placeraient dans les conditions que nous venons d'indiquer, et d'enlever avec soin les feuilles pourries et tout ce qui serait de nature à entretenir la vie des moisissures.

Nous aurons à parler de quelques plantes que l'on peut

hiverner sous châssis, et nous indiquerons, pour chacune d'elles, les soins spéciaux qu'elles réclament.

Si l'on ne possède pas de châssis, il est encore possible d'abriter certaines plantes dans une chambre inhabitée ou même dans une remise ; si les fenêtres en sont larges et bien exposées, ces locaux pourront tenir lieu d'orangerie et, dans ce cas, permettre de cultiver nombre d'espèces, surtout si l'on peut y faire un peu de feu pour empêcher la gelée de les atteindre. Les *Aloès* (Agave), le *Laurier-rose*, le *Palmier nain*, le *Palmier de Chine*, les *Agapantes*, les *Phormium*, les *Aspidistra*, l'*Aralia du Japon*, etc., peuvent être ainsi hivernés.

Dans les caves et dans les sous-sols bien secs, on peut enterrer les tubercules de *Dahlias* et de *Cannas*.

Toutes les plantes qui exigent un abri pendant l'hiver et que l'on aura cultivées en pleine terre pendant l'été devront être empotées dès l'apparition des premiers froids, vers le 15 octobre sous le climat de Paris. Pour cela, on *cerne* les racines quelques jours d'avance, c'est-à-dire qu'à l'aide d'une bêche ou d'une houlette on coupe les racines autour et à une certaine distance de la plante, de manière à délimiter une *motte* proportionnée à sa dimension. La plante ainsi préparée, est enlevée avec soin ; on réduit autant que possible le volume de la motte sans détériorer les racines, mais en retranchant cependant celles qui auraient été meurtries pendant l'arrachage. On la met alors dans un pot en terre poreuse, jamais vernissée ni peinte, de grandeur proportionnée à la motte, c'est-à-dire ni trop grand, ni trop petit, mais dans lequel les racines puissent conserver leur position naturelle. Le fond de ce pot doit être muni d'un orifice permettant l'écoulement de l'eau d'arrosage ; il aura été garni de tessons ou de gravier, puis de bonne terre substantielle (terre de bruyère, sable mélangé avec du terreau, etc.) ; on remplit de terre les vides autour de la plante, de façon à ne pas déranger les racines, et on tasse le tout convenablement. Il ne reste plus qu'à maintenir la plante à l'aide d'un tuteur, si cela est nécessaire, à arroser copieusement, puis à placer la plante à l'ombre pour faciliter la reprise qui a lieu souvent au bout de quelques jours.

Les plantes ne doivent pas être trop enterrées ; leur *collet* (partie intermédiaire entre la racine et la tige) doit être placé un peu au-dessous du niveau des bords du pot.

CHAPITRE VII

LA TAILLE DES ARBRES, L'ÉLAGAGE

La *taille* a pour but de débarrasser les plantes des rameaux morts, languissants ou superflus, de maintenir l'équilibre de la sève, de faire prendre au végétal une forme mieux appropriée à la culture ou plus agréable à l'œil.

Pour ce qui est des arbres fruitiers, la taille a pour objet de les soumettre à une forme telle qu'ils puissent donner la production la plus considérable sur un espace restreint. Abandonnés à eux-mêmes, les arbres donnent alternativement une bonne et une mauvaise récolte. Lorsque les fruits sont trop nombreux, leur poids fait briser les branches ; ils sont en outre petits et de qualité inférieure ; dans les mauvaises années, la récolte est nulle ou presque nulle. Par la taille, on arrive à faire produire aux arbres, chaque année, une égale quantité de fruits d'un bon volume, et de meilleure qualité.

Lorsqu'on ne fait que supprimer le bois mort et enlever les branches malades, la taille prend le nom d'*élagage*.

Lorsqu'il s'agit d'arbrisseaux d'ornement, la taille consiste surtout à équilibrer la production des branches et des rameaux, à supprimer les pousses *gourmandes*, à provoquer l'émission des rameaux à fleurs.

Les *Conifères* (arbres et arbrisseaux résineux toujours verts) ne doivent pas être taillés ; leur valeur ornementale réside dans leurs formes symétriques naturelles.

Il ne faut pas que la taille soit poussée jusqu'au point de donner aux plantes une forme contre nature, qui ne serait que du plus mauvais goût. Rien n'est plus ridicule en effet, surtout dans un petit jardin, que ces plantes aux formes géométriques : cylindres, cônes, troncs de cônes superposés, etc. C'est la nature qui doit servir de guide en cela et elle offre assez de variété pour qu'il ne soit pas nécessaire de chercher à obtenir des choses qui ne sont que bizarres ou prétentieuses.

Il est cependant quelquefois nécessaire de modifier le port de certains végétaux, surtout lorsqu'il s'agit d'orner des massifs ou des plates-bandes que des plantes trop touffues couvriraient à elles seules. La nécessité d'avoir le plus de variété possible dans un jardin oblige donc à mettre, dans certains cas, un arrêt au développement naturel des plantes.

Il y a des arbrisseaux qui ne fleurissent que sur les rameaux de l'année : c'est le cas des Rosiers, des *Ceanothus*, des Clématites, des Hortensias, du Jasmin trompette (*Tecoma*), de l'*Althéa*, *Ketmie des jardins* ou *Mauve en arbre* (*Hibiscus syriacus*). Chaque printemps on les taille jusqu'auprès des branches principales; les rameaux qui se développent alors sont plus réguliers et donnent une floraison plus abondante. Le Lilas, au contraire, fleurit sur les rameaux nés l'année précédente et doit être taillé aussitôt après la floraison. Il en est de même de la Boule-de-neige (*Viburnum*), du Cognassier du Japon (*Chænomeles*), du Cytise, des *Diervilla*, des *Deutzia*, des *Forsythia*, des Pommiers baccifères (*Malus*), des Pêchers de Chine, des Seringats (*Philadelphus*), des *Ribes*.

En parlant de chaque sorte de plante, nous indiquerons les procédés de taille auxquels on peut la soumettre et l'époque à laquelle on les pratique.

Il est nécessaire, lorsqu'on taille, de faire des coupes bien nettes. Aussi, et surtout pour les arbres fruitiers, les jardiniers préfèrent-ils se servir de la serpette au lieu du sécateur, dont le côté opposé à la lame écrase toujours un peu les rameaux sur lesquels il s'appuie. La coupe doit être un peu oblique et opposée à l'œil au-dessus duquel elle est pratiquée.

Pour tailler les arbres fruitiers, il faut une certaine technique qu'il est indispensable d'acquérir. Il existe, dans toutes les grandes villes, des cours d'arboriculture, et nous engageons les personnes qui désirent tailler elles-mêmes leurs arbres à profiter des leçons et à suivre les démonstrations pratiques données par des professeurs compétents. (Voir la troisième partie de ce livre.)

DEUXIÈME PARTIE

LE JARDIN D'AGRÉMENT

CHAPITRE PREMIER

LA DISPOSITION DU JARDIN

La création d'un jardin d'agrément comporte de nombreux détails. C'est à chacun de faire selon son jugement, en cherchant toutefois à rester dans les limites du bon goût.

Planter le jardin en espèces aussi variées que possible, afin d'avoir toujours quelque chose de nouveau qui intéresse ; faire une large place aux arbrisseaux à fleurs et aux plantes vivaces, trop délaissées aujourd'hui, de manière à avoir une succession ininterrompue des fleurs les plus diverses pendant un temps le plus long possible, sont, à notre avis, les conditions essentielles.

Un jardin planté d'une manière uniforme, avec un nombre d'espèces limité, peut plaire à un passant, mais la vue des mêmes choses devient monotone pour celui qui vit constamment au milieu d'elles. Autant on s'attache à suivre le développement de plantes qui intéressent en examinant tous les détails de leur évolution jusqu'au jour où on les voit fleurir, autant manquent d'attrait ces corbeilles de plantes à feuilles panachées auxquelles on donne le nom de *mosaïques*, qui n'ont que le mérite d'un dessin plus ou moins bien exécuté.

Un jardinet n'est pas un parc ; il faut donc éviter les grands massifs, les grandes allées, les pièces d'eau, les rochers, les constructions rustiques, les statues qui ne feraient que lui donner un air prétentieux.

Il faut bien tenir compte des dimensions que peuvent atteindre les plantes, ainsi que des couleurs de leurs fleurs et de l'époque de leur floraison, afin de les associer convenablement dans les plates-bandes. Il est également nécessaire de mêler aux arbrisseaux à feuilles caduques quelques autres à feuilles persistantes : ceux-ci orneront le jardin pendant l'été, ceux-là auront le même rôle pendant la mauvaise saison.

On devra s'arranger de manière à planter chaque espèce à l'exposition qui lui convient, à ne pas mettre au nord celles qui exigent le midi, etc.

Si l'on est à même de pouvoir en jouir, on peut égayer son jardin pendant la mauvaise saison, en y plantant des espèces à floraison automnale ou printanière.

Nous donnons plus loin des listes de plantes aquatiques, pour le cas où l'on aurait à orner un petit bassin ; de plantes grimpantes pour garnir les perrons et les tonnelles que l'on rencontre si fréquemment dans les petits jardins ; d'arbrisseaux d'ornement, etc.

CHAPITRE II

LES GAZONS

Les gazons sont l'accompagnement ordinaire des jardins ; on aime à se reposer la vue sur un tapis de verdure ; mais, pour se conserver dans toute sa beauté, une pelouse a besoin d'être établie d'une manière parfaite et d'être ensuite entretenue avec soin.

Les marchands-grainiers vendent des compositions de gazons préparées pour les sols les plus divers et les conditions les plus différentes, aussi bien pour les terrains ensoleillés que pour ceux qui sont situés à l'ombre, pour les terrains secs et les terrains humides (1).

Pour former les gazons, on emploie généralement le *Ray-grass anglais* (*Lolium perenne*) ou *Gazon anglais*, dans la proportion d'un kilogramme par are. Pour bordure,

____

(1) Vilmorin-Andrieux, *Les Fleurs de pleine terre*.

1 kilogramme sème de 80 à 100 mètres de longueur. Dans les petites pièces où l'on veut avoir une herbe très fine et très tassée, on met jusqu'au double et même jusqu'au quadruple de cette quantité ; mais il faut observer que le gazon résiste d'autant moins à la sécheresse qu'il a été semé plus épais. On ne devra semer très dru que dans le cas où l'on pourra tondre et rouler très souvent le gazon, et l'arroser pour ainsi dire continuellement.

Le Ray-grass convient dans les terres fraîches ou profondes ; il forme le plus beau de tous les gazons, mais à condition d'être arrosé, tondu et roulé très souvent. Il dure peu.

Lorsque le terrain est sec, sableux, que la couche arable a peu d'épaisseur ou bien que les moyens dont on dispose ne permettent pas l'entretien du Ray-grass anglais, on obtient un gazon fin, bien vert, de longue durée, en semant le *Lawn-grass* qui résiste à la sécheresse, se contente d'un terrain plus maigre et demande peu de soins. Le Lawn-grass se sème à raison de 1 kilogramme à 1 kilogramme 500 par are, parfois on emploie jusqu'à 2 kilogrammes.

Pour les cas exceptionnels de mauvais terrains et de mauvaise exposition, il faut se procurer certains mélanges que font les marchands, en leur indiquant les conditions dans lesquelles on se trouve placé.

La préparation du sol consiste dans les labours et hersages nécessaires pour l'ameublir, combler les vides et régulariser sa surface. Il est bon que ces opérations précèdent de quelque temps l'époque du semis, afin que la terre ait eu le temps de se *rasseoir* : les semis faits dans une terre récemment labourée ou *creuse* lèvent généralement moins bien.

Les gazons peuvent se semer à la fin de l'été, en automne ou au printemps, et l'on peut prendre d'ordinaire pour guide du temps propice à cette opération les époques où il est d'usage (pour les natures de terres analogues) de semer les céréales d'automne et de printemps. Le semis se fait à la volée et le plus également possible ; la graine demande à être *légèrement recouverte*, et, quand on le peut, terreautée.

On ne peut pas ordinairement gazonner par semis les talus, les bancs, etc., qui présentent des pentes trop fortes et que l'eau des arrosements ravinerait en entraînant la graine. On procède, dans ce cas, par la méthode du placage, qui consiste à enlever dans des prairies ou le long des chemins, etc., des plaques de gazon que l'on ajuste avec soin les unes à côté des autres, en les retenant par de petites chevilles de bois ; il est important, dans ce cas, de donner de copieux arrosements pour les fixer à la terre.

Un gazon une fois établi ne doit pas être négligé. S'il est convenablement soigné, il peut durer indéfiniment ; s'il est au contraire abandonné à lui-même, il est rare qu'au bout de quelques années, d'un an même, il ne devienne pas nécessaire de le retourner.

Les soins à lui donner consistent :

En un premier sarclage au printemps et un second au commencement de l'automne, pour enlever les herbes à racines pivotantes ou à larges feuilles, comme Oseille, Plantain, Luzerne, etc.

A faucher assez souvent pour qu'aucune plante ne puisse porter graine et qu'elle n'ait pas même le temps de développer des chaumes fertiles.

A arroser après chaque coupe ; à fumer ou à terreauter de temps en temps, selon la richesse du sol, soit avec du fumier long que l'on étend à l'automne et dont on râtelle la paille longue au printemps avant la poussée de l'herbe, soit avec des cendres ou du guano. Un terreautage avec du terreau de couches est ce qu'il y a de mieux pour les terres un peu fortes. En général, il faut répéter cette opération tous les deux ou trois ans.

Le nitrate de soude dissous dans l'eau d'arrosage et employé à la dose de 2 gr. par litre d'eau, au printemps, permet d'obtenir une végétation luxuriante. Le sulfate d'ammoniaque (4 à 5 kilos à l'are) donne aussi de bons résultats employé en couverture à la fin de l'hiver.

Lorsqu'un gazon devient vieux et que la mousse commence à l'envahir, il faut, à l'automne, quand la température est tout à fait humide, le râteler vigoureusement à plusieurs reprises, de manière à enlever la mousse aussi complètement que possible ; l'herbe, quoique couchée, et en apparence à demi déracinée par cette opération, n'en souffre pas en réalité. On peut alors regarnir le gazon en répandant de la graine dans les espaces où la mousse avait détruit ou trop éclairci l'herbe. Il faut autant que possible terreauter par dessus la graine dans les espaces ainsi traités. On peut ainsi, par des ressemis partiels, arriver à rétablir les gazons et éviter de les retourner complètement. Cependant, pour les petites pièces situées près des habitations, le meilleur moyen de les avoir toujours fraîches et garnies est de les labourer, de les fumer et de les ressemer tous les ans, s'il y a lieu.

La tonte du gazon est une chose très simple lorsqu'on a à sa disposition une tondeuse (fig. 3) ; c'est une opération difficile lorsqu'on est obligé de la faire à la faucille.

Si l'on ne possède pas de tondeuse, le mieux est de se servir de la faux, dont on apprendra rapidement le maniement.

Si l'on habite la campagne, on trouvera facilement un cultivateur qui consentira à faucher les gazons, à la condition de lui abandonner l'herbe coupée ou moyennant une petite rétribution.

CHAPITRE III

LES PLANTES ET ARBRISSEAUX D'ORNEMENT. DESCRIPTION, CULTURE, EMPLOI

La liste que nous publions est forcément limitée ; il existe un grand nombre d'autres espèces qui ont de réels mérites. Nous avons intentionnellement laissé de côté les grands arbres, qui ne pourraient trouver place dans les petites propriétés.

Acanthus. *Acanthe.* — Genre qui a donné son nom à la famille des Acanthacées. Les Acanthes sont célèbres dans l'histoire des beaux-arts ; elles ont inspiré le modèle du chapiteau corinthien. Ce sont des plantes à feuillage très ample et très ornemental, propres surtout à être isolées sur les pelouses ; elles sont vivaces et réclament un sol profond et frais. Leur floraison a lieu en juillet-août. Les fleurs, grandes, d'un blanc lilacé, sont disposées en épis qui dépassent parfois 1 m. de hauteur.

A. MOLLIS. *Acanthe molle* (fig. 16). — Originaire de l'Europe méridionale. Très rustique.

A. MOLLIS L., var. LATIFOLIUS (A. lusitánicus Hort.). — Cette variété est fréquemment cultivée ; elle forme des touffes dont le diamètre peut atteindre 1 mètre et plus ; les feuilles, vertes, et luisantes, mesurent jusqu'à 60 centimètres de longueur et les tiges florales environ 1m,50 de hauteur. Elle exige l'orangerie ou la serre froide sous le climat de Paris.

Cette belle plante, relevée en pot à l'automne et abritée en appartement, continue à végéter et à émettre de nouvelles feuilles. On la voit souvent figurer sur les marchés aux fleurs.

Acer NEGUNDO L. (Negundo fraxinifolium Nuttal). *Erable Négondo. Erable à feuilles de Frêne, Négondo* (Famille des Sapindacées).— Amérique septentrionale. Arbre de 10 à 12 mètres de hauteur, à feuilles caduques, composées, rappelant celles du Frêne.

On en cultive surtout deux variétés : 1° A. N., var. *foliis albo-variegatis*, remarquable par ses feuilles d'abord d'un blanc rosé, puis blanc-jaunâtre panaché de vert.

2° A. N., var. *foliis aureo-variegatis*, à feuilles panachées de jaune d'or et de vert.

La première de ces variétés, dont la panachure est très belle et très constante, est très répandue dans les petits jardins, et souvent associée au *Prunus Pissardi*, au feuillage pourpre violacé. On obtient ainsi une agréable opposition de couleurs.

Les Négondos panachés sont des plantes rustiques qui prospèrent en tous terrains, mais surtout dans ceux qui sont un peu frais.

Leur multiplication s'opère par la greffe sur le type à feuilles vertes. Le plus souvent, on leur laisse prendre la forme d'un petit arbre à cime divariquée, mais on les soumet aussi à la taille pour les dresser en pyramides, etc. Dans tous les cas, il faut supprimer avec soin les rameaux à feuilles vertes qui se développent souvent avec vigueur au détriment des parties panachées.

Achillea Millefolium L., var. floribus roseis. *Millefeuille à fleurs roses* (Famille des Composées). — Herbe vivace originaire d'Europe. La Millefeuille de nos champs a ordinairement les fleurs blanches ; la variété indiquée ici les a roses ; il en existe une autre dans laquelle elles sont du plus beau rouge. Ces plantes sont très ornementales ; elles ne s'élèvent guère au delà de 60 centimètres et fleurissent pendant tout l'été. On peut les cultiver à n'importe quelle exposition.

Fig. 16. — Acanthe à feuilles molles.

A. filipendulina et Ægyptiaca. — Espèces à fleurs du plus beau jaune ; la première peut atteindre 1 m. 20 de hauteur ; la seconde ne dépasse pas 50 centimètres. L'une et l'autre sont peu délicates ; elles demandent cependant une exposition chaude. Toutes les deux fleurissent en juillet-septembre.

A. Ptarmica L., *variété à fleurs doubles. Bouton d'argent.* — Cette plante est très rustique et très ornementale ; elle croît dans tous les terrains et à toutes les expositions. Ses tiges sont hautes de 50 à 70 centimètres. Ses fleurs, très nombreuses, se succèdent pendant une partie de l'été ; elles sont recherchées pour la confection des bouquets.

Les Achillea se multiplient par division des touffes, à l'automne ou au printemps.

Aconitum. *Aconit* (Famille des Renonculacées). — Ce genre est composé de plantes vivaces dont quelques-unes très ornementales ; elles sont malheureusement vénéneuses ; aussi doit-on éviter de les mettre à la portée des enfants.

A. Napellus L. (fig. 17). *A. Napel, Char de Vénus, Casque de Jupiter*. — Plante indigène, d'environ 1 mètre de hauteur, donnant en juin-juillet des grappes de fleurs bleues d'un très bel effet ; il en existe une variété à fleurs blanches. Cette espèce exige, de même que la suivante, une terre meuble et fraîche et une exposition mi-ombragée. On la multiplie par division des touffes au printemps.

A. variegatum L. *A. bicolore*. — C'est la plus belle espèce du genre ; ses fleurs sont grandes, d'un beau bleu panaché de blanc. Sa floraison a lieu en juillet-août.

Acroclinium (Famille des Composées). — Genre dont nous ne cultivons qu'une espèce.

Fig. 17. — Aconit Napel.

A. roseum Hook. *Immortelle rose*. — Originaire de l'Australie. C'est une charmante plante annuelle de 30 à 40 centimètres de hauteur, vendue souvent sur les marchés sous le nom d'*Immortelle rose*, parce que, en effet, elle a beaucoup d'analogie avec certaines Immortelles et que ses fleurs peuvent se conserver de même, lorsqu'elles sont séchées avec soin. Ses capitules sont nombreux, assez grands, d'un beau rose avec le centre jaune d'or. Il en existe une variété à fleurs blanches.

La floraison a lieu selon l'époque à laquelle on a semé les graines. On peut semer en mars-avril sur couche, repiquer sur couche et mettre en place en mai ; dans ce cas, la floraison s'effectue de juin en juillet ; ou bien semer sur place, en avril, à bonne exposition, en terre légère, et alors la floraison a lieu en juillet-août.

Cette jolie plante peut servir à orner les plates-bandes ; il lui faut une terre légère et une exposition bien ensoleillée.

Adonis AUTUMNALIS L. *Adonide Goutte de sang* (Famille des Renonculacées). — Plante indigène, annuelle, de 30 à 50 cent. de hauteur, à feuilles divisées en lanières filiformes. Les fleurs s'épanouissent en mai-juin ; elles sont de couleur rouge sang avec une tache noire à la base de chaque pétale, et mesurent 2 à 3 centimètres de diamètre. Multiplication par graines, que l'on sème en place à l'automne ou de mars en mai.

Agapanthus (Famille des Liliacées). — Nous ne cultivons qu'une espèce de ce genre.

A. UMBELLATUS L'Hérit. *Tubéreuse bleue.* — Originaire du Cap. Remarquable par les nombreuses et jolies fleurs bleues qu'elle ne cesse de donner de juin en août. Il en existe des variétés à fleurs doubles, à fleurs blanches, à feuilles panachées, etc.

Cette plante n'est pas tout à fait rustique dans le centre de la France ; elle exige un abri pour l'hiver, mais il suffit qu'elle soit au sec, dans un endroit clair où ne peuvent se faire sentir les fortes gelées. On peut la mettre en pleine terre au 1er juin et la relever à l'automne, comme cela a été indiqué page 49 ; elle contribue alors à la garniture des plates-bandes et des corbeilles. On la multiplie par la division des touffes, à l'automne. La terre de jardin mélangée de terreau bien consommé lui convient parfaitement.

Agave (Famille des Amaryllidées). — Ce genre est composé de plantes grasses dont quelques-unes sont rustiques dans le midi de la France. On les connaît généralement sous le nom d'Aloès, qui leur est appliqué improprement.

A. **AMERICANA** L.— C'est l'espèce la plus répandue dans les jardins. Superbe plante originaire du Mexique, à grandes feuilles très épaisses, terminées par une pointe acérée et munies d'aiguillons sur les bords. Il existe une variété de feuilles bordées de jaune. On se sert souvent de ces plantes pour garnir les vases qui ornent les pilastres des grilles d'entrée ; pour isoler sur les pelouses, etc. On les conserve facilement l'hiver en les rentrant dans une pièce inhabitée où elles peuvent trouver un abri contre les fortes gelées ; elles redoutent surtout l'humidité pendant cette saison.

Ageratum COERULEUM Desf. (fig. 18). *Célestine, Eupatoire bleue*, etc. (Famille des Composées). — Originaire du Mexique ; cultivée comme plante annuelle de pleine terre, mais suffrutescente en serre. Sa tige, rameuse dès la base, atteint de 40 à 50 centimètres de hauteur ; ses fleurs, en petits capitules nombreux, sont d'un *bleu céleste* et se succèdent sans relâche depuis le mois de juin jusqu'aux gelées. Il en existe plusieurs variétés naines ou élevées, à fleurs blanches ou bleuâtres.

Fig. 18. — Ageratum.

Cette plante et ses variétés sont extrêmement répandues dans les jardins, où elles peuvent servir à orner les plates-bandes, à faire des bordures de corbeilles, etc. ; elles croissent dans tous les terrains et résistent à la sécheresse. En un mot, ce sont des plantes de premier mérite.

On les multiplie par semis faits en mars-avril sur couche ;

on repique sur couche et on met en place fin mai ; les premières fleurs apparaissent en juin. On peut également semer fin avril, en pépinière, à bonne exposition, et repiquer en place au commencement de juin : dans ce cas, la floraison ne commence qu'en juillet. En hivernant sous châssis quelques pieds de choix pour les bouturer au printemps, on obtient des plantes plus uniformes.

Agrostemna. — Voy. LYCHNIS.

Aiault. — Voy. NARCISSUS PSEUDO-NARCISSUS.

Ail. — Voy. ALLIUM.

Allium MOLY L. *Ail doré* (Famille des Liliacées).— Plante vivace originaire de l'Europe méridionale. D'un bulbe rond naissent deux ou trois feuilles ovales-lancéolées, d'un beau vert, et, en mai-juin, une tige florale de 20 à 30 centimètres de hauteur, qui porte une ombelle de fleurs jaune-vif. En sol sec, bien exposé, cet Ail forme des touffes qui se couvrent de fleurs. Multiplication par les petits bulbes qui naissent des bulbes adultes.

Aloès. — Voy. AGAVE.

Alstrœmeria VERSICOLOR Ruiz et Pavon. *Alstrœmère du Chili* (Famille des Amaryllidées). — Plante vivace originaire du Chili. Les racines sont charnues, fasciculées ; les feuilles, alternes, sont sessiles. La tige florale, de 50 cent. à 1 m. de hauteur, porte un bouquet de fleurs en forme de cloche, très ornementales par la diversité de leur coloris et leurs jolies panachures. Il en existe de nombreuses variétés à fleurs blanches, roses, rouges, jaune et jaune orangé, pointillées ou rayées de rose.

Cette plante prospère surtout en sol meuble, bien drainé. Elle fleurit de juin en août-septembre. Il est prudent de couvrir la plantation de feuilles sèches ou de paille pour l'abriter du froid pendant l'hiver. Multiplication par graines ou par division des touffes au mois de mars.

Althea en arbre. — Voy. HIBISCUS SYRIACUS.

Althæa ROSEA Cav. *Rose trémière, Passe-Rose,* etc. (Famille des Malvacées). — Plante superbe autrefois très répandue dans les jardins, d'où elle a à peu près disparu pour faire place à des espèces plus à la mode, qui souvent sont loin d'avoir ses mérites.

La Rose trémière est vivace, mais elle est ordinairement cultivée comme plante bisannuelle. Elle atteint de 2 à 3 mètres de hauteur, et ses fleurs, qui se succèdent de juillet à septembre, présentent la plus grande variété dans le coloris, dans les dimensions et dans les formes. Il en existe aussi des variétés naines. Les couleurs principales présentées par cette belle plante sont : le jaune, le saumon, le blanc, le chamois, le rose, le rose cerise, le rouge, le cramoisi, le violet, le pourpre, le brun-noir, et tous les intermédiaires entre ces couleurs, ainsi que les panachures les plus variées.

La Rose trémière demande un sol frais et profond.

La multiplication se fait ordinairement de semis pratiqués en juillet, en terre bien meuble et à bonne exposition. Les jeunes plantes sont repiquées en septembre, en les espaçant les unes des autres de 15 à 25 centimètres ; on les met en place en avril. Les pieds ainsi obtenus donnent une floraison superbe. Si on veut les conserver plusieurs années, ce qui exige des soins spéciaux, ou les reproduire par la division des touffes, on n'obtient que des résultats médiocres, au moins sous le climat de Paris.

Pour perpétuer les belles variétés on a recours, soit au bouturage des rameaux feuillés qui se développent sur les souches à l'automne ou au printemps, soit à la greffe sur racines pratiquée à l'automne.

Alyssum MARITIMUM Lamk. *Alysse odorant* (Famille des Crucifères). — Espèce indigène, vivace, mais généralement cultivée comme plante annuelle. Ses tiges ne dépassent pas 25 centimètres de hauteur ; elles se couvrent d'un nombre considérable de petites fleurs blanches, odorantes, disposées en grappes. Cette plante est propre surtout à former des bordures ; elle prospère dans tous les terrains, pourvu qu'ils soient meubles et sains ; l'exposition au soleil est des plus favorables à son développement. Semer en septembre, repiquer et abriter contre les grands froids à l'aide d'une couverture de feuilles sèches, mettre en place en mars-avril, ou bien semer d'avril en juillet sur place. Les plantes obtenues du semis d'automne fleurissent de mai en juillet ; celles qui proviennent des semis de printemps ou d'été ne montrent leurs fleurs que depuis la fin de l'été jusqu'au milieu de l'automne, selon les cas.

L'Alysse maritime a donné naissance à une variété à feuilles panachées de blanc jaunâtre et de vert, très ornementale, mais malheureusement un peu délicate et qu'il faut multiplier de boutures maintenues sous châssis pendant l'hiver, si on veut la conserver bien franche.

A. saxatile L. *Corbeille d'or* (fig. 19). — Charmante plante vivace, atteignant au plus 25 centimètres de hauteur, très répandue dans les jardins où sa floraison s'effectue d'avril en mai. Elle convient surtout pour orner les plates-bandes et faire des bordures qui,

Fig. 19. — Alysse Corbeille d'or.

au printemps, se couvrent d'une multitude de jolies petites fleurs d'un jaune éclatant.

Cette plante peut être multipliée par division des touffes à l'automne, par marcottes et par boutures, enfin par semis faits en juillet en pépinière ; on repique les jeunes plants en pépinière et l'on met en place à l'automne ou au printemps. Il en existe une variété à feuilles panachées qui est un peu plus délicate, et une à fleurs doubles.

Amandier nain. — Voy. Amygdalus nana.

Amarante Crête de coq. — Voy. Celosia cristata.

Amarantoïde. — Voy. Gomphrena.

Amarantus. *Amarante* (Famille des Amarantacées). — Ce genre renferme plusieurs espèces ornementales dont quelques-unes sont surtout remarquables par leur feuillage. Les plus connues sont :

A. caudatus L. *Queue de Renard* (fig. 20). — Plante annuelle originaire de l'Inde, haute d'environ 1 mètre, à fleurs très petites, réunies en longues grappes pendantes, d'un *rouge amarante* et d'une longue durée.

A. sanguineus L. — D'environ 1 mètre de hauteur, elle a le feuillage de couleur rouge sang.

A. tricolor L. — Très remarquable par ses feuilles panachées de jaune, de vert et de rouge orangé ou carminé, couleurs qui varient quelquefois un peu, mais qui sont ordi-

Fig. 20. — Amarante Queue de Renard.   Fig. 21. — Amaryllis Belladonna.

nairement très éclatantes ; elle est annuelle comme les espèces précédentes et atteint de 75 centimètres à 1 mètre de hauteur. La variété *bicolore* (*A. bicolor* Nocca) est également très ornementale.

L'Amarante Queue de Renard est très rustique, ainsi que l'*A. sanguineus* ; l'une et l'autre conviennent pour orner les grands massifs et les plates-bandes. Elles préfèrent à tout autre un sol léger et bien fumé. On les sème de mai en juin en pépinière et on repique en place dès que le plant est suffisamment développé. l'Amarante tricolore est une plante superbe, mais plus délicate ; il faut la semer en mars-avril sur couche, la mettre en place en mai dans un terrain sain et à exposition chaude. Les fleurs des deux dernières espèces sont insignifiantes.

Amaryllis Belladonna L. (Famille des Amaryllidées). — Belle plante bulbeuse, originaire de l'Afrique australe, de la taille du Lis blanc dont les fleurs rappellent la forme et les dimensions, mais qui en diffèrent, outre les caractères botaniques, par leur couleur d'un rose tendre superbe. L'*Amaryllis Belladonna* (fig. 21) fleurit en août-septembre, et ses feuilles ne se développent qu'après la floraison ; il est rustique et réussit bien dans les sols profonds et légers, lorsqu'on a le soin d'enterrer les bulbes à environ 30 centimètres de profondeur et de ne les déranger que le moins possible.

Un certain nombre d'Amaryllis, que les botanistes rattachent aujourd'hui à des genres distincts, sont également très ornementales. Telles sont :

L'*Amaryllis pourpre* (*Amaryllis purpurea* Aiton, *Vallota purpurea* Herbert), originaire de l'Afrique australe. Cette espèce est rustique dans le midi de la France ; sous le climat de Paris, il faut l'hiverner en serre froide ou en appartement. On la cultive ordinairement en pot, le bulbe faisant saillie au-dessus du sol. La végétation de la plante est continue. Les feuilles, en forme de ruban, sont persistantes. Les fleurs en forme de cloche, longues de 8 centimètres, sont de couleur rouge sang, elles sont portées au nombre de 2 à 5 sur la tige florale et s'épanouissent de mai en août.

Le *Lis Saint-Jacques* (*Amaryllis formosissima* Linné, *Sprekelia formosissima* Herbert), du Mexique est une très belle plante cultivable en plein air sous le climat de Paris, en sol sain et à bonne exposition. Les bulbes doivent être plantés en mai et arrachés en octobre pour être hivernés au sec et à l'abri du froid ; ils peuvent aussi être cultivés en pot ou sur carafe comme ceux de la Jacinthe. La floraison a lieu de mai en août, suivant l'époque de la plantation. Les fleurs, au nombre de une ou deux sur la tige florale, ont de 10 à 12 centimètres de largeur. Leurs divisions, disposées de telle sorte qu'elles simulent la croix des Chevaliers de Saint-Jacques, sont d'un brillant rouge cramoisi velouté.

L'*Amaryllis à bandes* (*Amaryllis vittata* L'Héritier, *Hippeastrum vittatum* Herbert), de l'Amérique méridionale, est encore une superbe espèce, qui a donné naissance à des variétés, de toute beauté. Elle est d'une rusticité absolue dans le midi de la France. Sous le climat de Paris, on ne peut la cultiver en plein air qu'à une exposition chaude, en sol bien drainé, et en couvrant la plantation de feuilles sèches ou de châssis pendant l'hiver. Sa tige florale, de 1 mètre de hauteur, porte de 4 à 9 fleurs de 10 à 12 centimètres de longueur, à tube long, verdâtre, teinté de rouge et à divisions blanches, portant chacune 2 bandes longitudinales roses ou rouges. La floraison a lieu en juin-juillet.

L'*Amaryllis jaune* (*Amaryllis lutea* Linné, *Sternbergia lutea* Gawl) de l'Europe méridionale est une plante rustique, mais que l'on doit néanmoins cultiver de préférence en sols sains et légers, à bonne exposition. Les feuilles se développent en même temps que les fleurs et persistent jusqu'au printemps suivant. Les fleurs, de 4 à 5 centimètres de longueur, de couleur jaune d'or, s'épanouissent en septembre-octobre ; chaque tige florale, de 10 centimètres de hauteur, ne porte qu'une seule fleur.

L'*Amaryllis de Virginie* (*Amaryllis Atamasco* Linné, *Zephyranthes Atamasco* Herbert), de l'Amérique septentrionale, est aussi une jolie plante à tige florale de 20 à 30 centimètres de hauteur, portant une fleur en forme d'entonnoir, d'un blanc rosé. La floraison a lieu en juin-juillet. On en fait de jolies bordures qui exigent une couverture de feuilles sèches pendant l'hiver.

Amberboa. — Voy. CENTAUREA.

Amourette. — Voy. BRIZA.

Ampelopsis QUINQUEFOLIA Michx. *Vigne vierge* (Famille des Ampélidées). — Liane très répandue dans les jardins. Elle est originaire de l'Amérique septentrionale. Ses tiges sont ligneuses et s'attachent aux arbres et aux murs, ainsi que le Lierre. Très rustique, elle croît dans tous les sols et à toutes les expositions. Ses feuilles présentent à l'automne des tons rouges et cuivrés d'une très grande valeur ornementale. On la multiplie facilement par boutures ou par marcottes.

A. Veitchii Hort. (1. *tricuspidata* Sieb. et Zucc., var. *Veitchi*). — Atteint de moins grandes dimensions, mais conserve plus longtemps ses feuilles à l'automne ; les rameaux se plaquent sur les murs à l'aide de petites ventouses dont sont munies les vrilles ; les feuilles ressemblent à celles du Lierre ou du Sycomore, selon qu'elles naissent sur les jeunes ou sur les vieux rameaux : elles sont d'un beau vert et bordées de rose.

Amygdalopsis. — Voy. PRUNUS TRILOBA.

Amygdalus NANA L. *Amandier nain* (Famille des Rosacées). — Joli petit arbrisseau de 1 mètre à 1m. 50 de hauteur, originaire de la Russie méridionale. En avril-mai, fleurs très nombreuses, d'un beau rose, rouges ou blanches selon les variétés. L'Amandier nain n'est pas aussi répandu qu'il le mérite ; l'époque à laquelle il fleurit, sa taille peu élevée, l'abondance de ses fleurs sont autant de titres qui le recommandent. On peut le multiplier facilement par séparation de drageons ou par semis d'amandes, qu'il donne ordinairement en petite quantité.

Ancolie. — Voy. AQUILEGIA.

Anemone CORONARIA L. *Anémone des fleuristes* (Famille des Renonculacées) (fig. 22). — Charmante plante vivace indigène, à souche tubéreuse « patte », fleurissant en avril-juin. Il en existe un grand nombre de variétés qui présentent des différences, soit dans la duplicature, soit dans la couleur des fleurs (*A. de Caen*, *A. de Nantes*, etc.

A. STELLATA Lamk. *A. étoilée*. — Cette espèce a les fleurs plus petites que celles de l'A. des fleuristes ; il en existe également beaucoup de variétés, mais à fleurs le plus souvent simples ou semi-doubles. C'est une très jolie plante, fleurissant abondamment.

A. PAVONINA DC. *A. Œil-de-Paon*. — Diffère surtout de

l'A. des fleuristes par ses fleurs très ouvertes, composées d'un très grand nombre de pétales longs et étroits, ceux du centre souvent un peu verdâtres, les autres d'un rouge cinabre. l'A. FULGENS paraît en être le type à fleurs simples ; elle est surtout remarquable par la couleur de ses fleurs, qui est d'un rouge éclatant.

Ces diverses espèces conviennent à orner les plates-bandes ; on peut les employer en bordures, en corbeilles, etc. ; elles exigent un sol bien meuble, sain et léger ; l'excès d'humidité leur est préjudiciable. Pour fumer la terre dans laquelle on les plante, il ne faut employer que du terreau ou du fumier bien consommé.

La plantation des *pattes* se fait de septembre à octobre ou en février-mars. On les enterre à 5 ou 6 centimètres de profondeur et à environ 25 centimètres de distance

Fig. 22. — Anémone des fleuristes.

les unes des autres. Pendant les grands froids, il est bon de les abriter avec des paillassons, de la paille ou de la mousse, que l'on enlève dès qu'il fait un temps doux.

Après la floraison et lorsque les feuilles ont jauni, indiquant ainsi que la végétation est terminée, on arrache les *pattes* ; on les fait sécher dans un endroit aéré, mais à l'ombre, pour les conserver dans un lieu bien sain et sec, jusqu'au moment de la plantation. On multiplie ces plantes au moment de la plantation, en détachant des pattes les parties munies d'un bourgeon.

A. JAPONICA Sieb et Zucc. *A. du Japon* (fig. 23). — Superbe espèce à souche non tubéreuse, traçante. Tiges d'environ 60 centimètres de hauteur, se couvrant, d'août en octobre, d'une quantité de grandes et belles fleurs d'un rose plus ou moins foncé. Il en existe une variété à fleurs blanches qui porte le nom de *Honorine Jobert*. On en connaît aujourd'hui d'autres variétés à fleurs simples, doubles ou pleines, blanches ou d'un rose plus ou moins foncé. Cette plante est très rustique; elle croît aussi bien à l'ombre qu'au soleil, pourvu qu'elle soit plantée dans une terre meuble et légère. On peut l'employer pour orner les plates-bandes et les massifs. Comme elle a une tendance à for-

Fig. 23. — Anémone du Japon.

mer des touffes volumineuses, il est bon de supprimer chaque année les rejets qui pourraient se développer autour d'elle. On la multiplie par division des touffes, au printemps.

A. Hepatica. — Voy. HEPATICA.

Antennaria MARGARITACEA R. Br. *Immortelle blanche* (Famille des Composées). — Plante vivace originaire de l'Amérique septentrionale, à souche très traçante, d'environ 50 centimètres de hauteur, couverte sur les tiges et les feuilles d'un duvet cotonneux blanc. Les fleurs sont jaunes, avec les écailles extérieures (*involucre*) d'un blanc argenté ; on les emploie à composer des bouquets perpétuels. Cette plante peut servir à orner les plates-bandes ; elle s'accommode des terrains même les plus arides et les plus ensoleillés. On la multiplie par division des touffes, au printemps.

Anthémis. — Voy. CHRYSANTHEMUM.

Anthemis NOBILIS L., variété à fleurs doubles. *Camomille romaine* (Famille des Composées). — Petite plante indigène à souche rampante, de 10 à 15 centimètres de hauteur, donnant en juillet-août de nombreux capitules d'un blanc satiné. La Camomille romaine peut servir à faire des bordures ; elle vient également bien à toutes les expositions, pourvu que le terrain soit sain et léger. On la multiplie par division des touffes, au printemps. L'infusion de ses fleurs est tonique, fébrifuge, digestive.

Antirrhinum MAJUS L. *Muflier, Gueule de loup, Gueule de Lion* (Famille des Scrophularinées) (fig. 24). — Belle plante indigène, vivace, d'environ 60 centimètres de hauteur, que l'on trouve souvent naturalisée dans les ruines ou sur les vieux murs. Cette plante a donné naissance à des variétés superbes, plus ou moins naines, aux coloris les plus divers ; ses fleurs, grandes et en forme de gueule, se succèdent de juin à octobre ; elles peuvent être jaunes, blanches, roses, rouges, violettes, ne présenter qu'une seule couleur ou être bi- ou tricolores, striées, ponctuées, etc. Il en existe aussi une variété à feuilles panachées.

Cette plante peut être considérée comme l'une des plus belles et des plus rustiques de nos jardins ; elle est d'une culture extrêmement facile, vient parfaitement dans les terres meubles et ne paraît redouter que les sols compacts et froids. Elle convient à l'ornement des plates-bandes ; les variétés naines peuvent servir à faire des corbeilles, des bordures, etc.

Le mode de multiplication le plus employé est le semis, que l'on fait en pépinière, soit à l'automne (juillet-août), soit au printemps ; on repique en pépinière à bonne exposition et l'on met en place: en mars-avril, dans le premier cas ; dès que les fleurs commencent à paraître, dans le second. Les graines, étant très fines, doivent être semées à la surface du sol ou à peine recouvertes de terre.

Fig. 24. — Muflier (*Antirrhinum*).

Les vieilles plantes finissent par se dégarnir au bout d'un certain temps ; il est donc nécessaire de les renouveler par le semis. Dans le cas où l'on voudrait conserver une variété intéressante, le seul moyen serait de la bouturer, car les graines ne reproduisent pas fidèlement les coloris. Le bouturage doit être fait en août-septembre ; on met les plantes en place au printemps, après les avoir conservées l'hiver sous châssis.

Aponogeton DISTACHYUM Thunb. (Famille des Naïadées) (fig. 25). — Charmante plante aquatique, vivace, originaire du Cap, naturalisée dans les environs de Brest et de Montpellier et tout à fait rustique sous le climat de Paris, à la condition de maintenir les tubercules couverts d'eau pendant l'hiver. Ses feuilles, d'un vert gai, flottent à la surface de l'eau ; ses fleurs, d'un blanc pur, se succèdent pendant presque tout l'été : elles ont une odeur des plus suaves. L'*Aponogeton distachyum* peut être considéré comme l'une des plus jolies plantes aquatiques pour l'ornement des

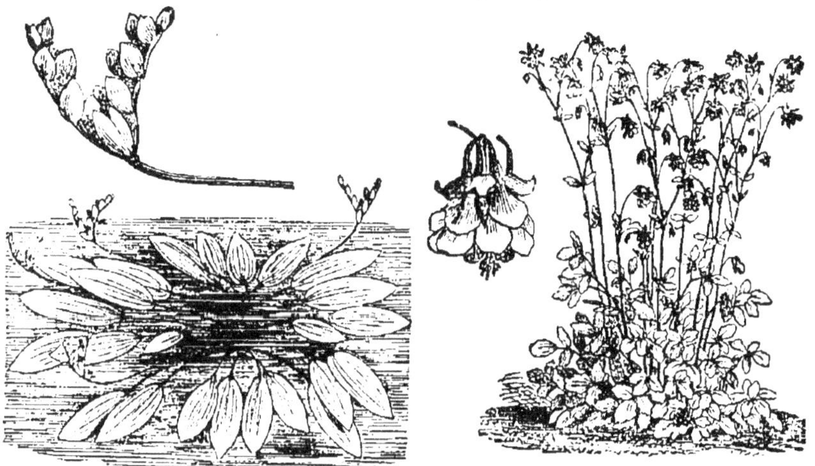

Fig. 25. — Aponogeton à deux épis.   Fig. 26. — Ancolie commune
(*Aquilegia*).

petits bassins et des pièces d'eau ; on le multiplie, soit par division des tubercules, au printemps, soit en semant les graines, dès leur maturité, en pots que l'on plonge dans un bassin de manière à les recouvrir de quelques centimètres d'eau.

Aquilegia. *Ancolie* (Famille des Renonculacées). — Ce genre est formé d'espèces vivaces toutes plus ou moins ornementales. Aux nombreuses variétés anciennement cultivées se sont ajoutées un grand nombre d'hybrides et de variétés nouvelles recherchées à juste titre. Parmi les espèces les plus connues, nous citerons :

A. vulgaris L. *Ancolie commune, Clochette* (fig. 26). — Plante indigène, vivace, d'environ 1 mètre de hauteur. Ses fleurs, très nombreuses, se succèdent de mai en juin ; elles sont pendantes, simples ou doubles, unicolores ou panachées. Il en existe des variétés à fleurs bleues, blanches, pourpres, roses, etc. et à feuilles panachées.

A. sibirica L. — A fleurs plus petites ; les pétales sont bleus à la base et blancs au sommet.

A. canadensis L. — A fleurs d'un rouge orangé.

A. CHRYSANTHA A. Gray. — Nouveau-Mexique. A fleurs
jaune citron.

A. FORMOSA Fisch. —
Des régions boréales.
Fleurs mi-partie rouge
orangé, mi-partie jau-
ne.

A. CŒRULEA James.
— Amérique septen-
trionale. Fleurs très
grandes, à sépales bleu
foncé et à pétales bleu
très pâle, avec de longs
éperons.

Les Ancolies sont des
plantes superbes pré-
cieuses pour la décora-
tion des plates-bandes.
Elles réussissent bien
en terre ordinaire meu-
ble et fraîche, principa-

Fig. 27. — Arabette des Alpes.

lement à mi-ombre. On les multiplie, soit par division des
touffes au printemps, soit de semis faits à l'époque de
la maturité des graines, en pépinière et à l'ombre ; les
jeunes plants sont repiqués en pépinière et l'on met en
place au printemps.

Arabette. — Voy. ARABIS.

Arabis ALPINA L. *Arabette des Alpes, Corbeille d'argent*
(Famille des Crucifères) (fig. 27). — Charmante plante vivace gazonnante, haute d'environ 20 centimètres, originaire des Alpes, recherchée surtout pour former des bordures, qui, en mars-avril, se couvrent de fleurs d'un blanc
pur. Il en existe une variété à feuilles panachées et une à
fleurs pleines très ornementales, dont les inflorescences rappellent quelque peu celles de la Giroflée.

La Corbeille d'argent croît dans les terrains même les
plus secs. On la multiplie par division des touffes après la

floraison ; les pieds divisés sont plantés en pépinière jusqu'à l'automne, époque à laquelle ils devront être mis en place.

Aralia Sieboldi Hort. (*Fatsia japonica* Dene. et Planch.) (Famille des Araliacées). — Bel arbrisseau originaire du Japon, cultivé pour son feuillage persistant très ornemental. C'est une des plantes d'appartement les plus rustiques. On peut l'employer dans les jardins pour en faire des groupes ou pour l'isoler sur les pelouses. Elle vient dans tous les terrains, à la condition qu'ils soient bien fumés. On devra la mettre en plein air dans la deuxième quinzaine

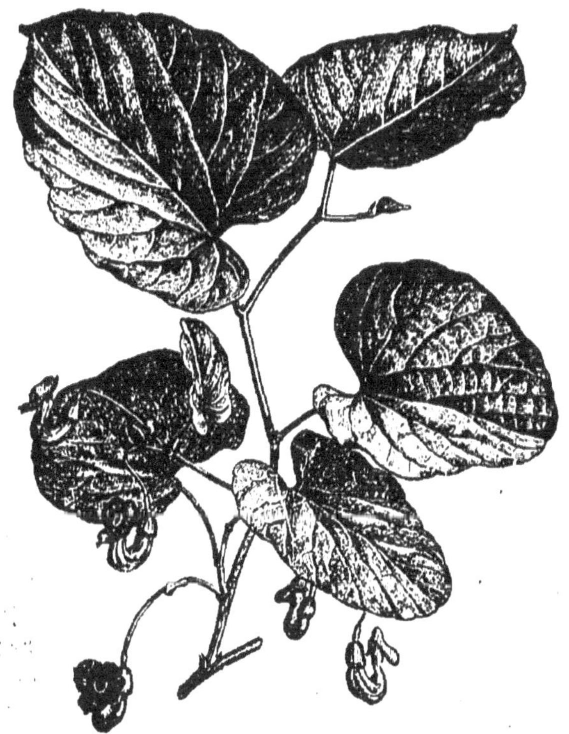

Fig. 28. — Aristoloche.

de mai et la relever dans les premiers jours d'octobre, pour l'hiverner, comme nous l'avons dit page 51.

Arbre aux Anémones. — Voy. Calycanthus.

Arbre aux Perles. — Voy. Symphoricarpos racemosa.

Argemone grandiflora Sweet. *Pavot épineux* (Famille des Papavéracées). — Mexique. Plante annuelle d'environ 1 mètre de hauteur, à feuilles épineuses élégamment panachées, les nervures, blanchâtres, se détachant sur un fond vert. Fleurs grandes, rappelant celles du Coquelicot et d'un blanc pur. Capsule allongée, épineuse, s'ouvrant par des valves. Floraison en juin-août.

Prospère surtout à une exposition ensoleillée. Semer sur place, en mars-avril. La plante supporte mal le repiquage.

Argentine. — Voy. Cerastium tomentosum.

Aristolochia Sipho L'Hérit. *Aristoloche* (Famille des Aristolochiacées) (fig. 28). — Liane de l'Amérique septentrionale, de 6 à 10 mètres de hauteur, très rustique, croissant vigoureusement à toute exposition, même tout à fait à l'ombre. L'Aristoloche siphon est très recommandable pour garnir les tonnelles ; ses grandes feuilles, cordiformes et d'un beau vert, sont très ornementales; ses fleurs, plus curieuses que belles, se montrent en mai-juin ; elles sont d'un jaune brun et ont à peu près la forme d'une pipe allemande. On multiplie cette plante par marcottes faites avec des rameaux de deux ans.

Armeria maritima Willd. *Gazon d'Olympe* (Famille des Plombaginées) (fig. 29). — Charmante plante vivace indigène, à feuillage fin, court et serré. En mai-juillet, fleurs très nombreuses, blanches, roses ou rouges, selon les variétés. Le Gazon d'Olympe est surtout employé pour faire des bordures compactes ; il a le grand avantage de croître dans les terrains les plus sablonneux et les plus arides. La taille totale de la plante ne dépasse pas 15 centimètres. On mul-

Fig. 29. — Gazon d'Olympe (*Armeria*).

tiplie le Gazon d'Olympe par division des touffes après la floraison.

Artemisia Abrotanum Linné. *Aurone. Citronnelle* (Famille des Composées). — Italie. Arbuste de 1 mètre à 1m.50 de hauteur, à rameaux dressés portant des feuilles finement découpées exhalant une agréable odeur rappelant celle du Citron. Fleurs insignifiantes, en août-octobre. Prospère surtout en sols légers, à bonne exposition. Multiplication facile par boutures.

Arum du Cap. — Voy. Richardia.

Arundinaria. — Voy. Bambou.

Arundo Donax L. *Canne de Provence* (Famille des Graminées). — Grand roseau à tiges hautes d'environ 3 mètres, à port très ornemental. Ses feuilles, assez larges, sont retombantes ; elles sont vertes dans la plante typique, mais il en existe une belle variété, de taille moins élevée, dans laquelle elles sont rubanées de vert et de blanc. La Canne de Provence ne croît vigoureusement que dans les sols humides et à bonne exposition. Elle convient surtout à la plantation en touffes isolées sur les pelouses. Les *chaumes* (tiges) sont quelquefois employés comme cannes de pêche. La variété panachée, plus délicate que le type à feuilles vertes, a besoin d'avoir la souche couverte de feuilles sèches pendant l'hiver. Multiplication par division des touffes.

Asclepias Cornuti Dcne. *Herbe à la ouate* (Famille des Asclépiadées).— Plante vivace d'environ 1m.50 de hauteur, à suc laiteux, originaire de l'Amérique septentrionale. Ses fleurs, de couleur carnée, se montrent en juillet-août ; elles sont nombreuses et forment de grosses ombelles pendantes, assez ornementales. Cette plante est très envahissante ; ses racines sont traçantes et ne tardent pas à se répandre de tous côtés. L'*Asclepias Cornuti* est très rustique et peut convenir à orner les jardins dont le sol est de mauvaise qualité; il croît dans tous les terrains et à toutes les expositions ; on le multiplie par division des touffes, au printemps.

Asperula odorata L. *Petit Muguet, Reine des bois*

(Famille des Rubiacées). — Petite plante vivace, indigène, ne dépassant pas 25 centimètres de hauteur. Ses fleurs, très petites, mais nombreuses, sont blanches, odorantes. L'*Asperula odorata* peut servir à orner le dessous des arbres, dans les endroits frais ou humides. On en fait de charmantes bordures qui se couvrent de fleurs en mai; elle peut être également employée à l'ornement des plantes-bandes. Multiplication par division des touffes, à l'automne ou quelque temps avant l'époque de la floraison.

Aspidistra ELATIOR Blume (fig. 30) (Famille des Liliacées).

Fig. 30. — Aspidistra.

— Plante vivace, originaire de la Chine, haute d'environ 80 centimètres, cultivée surtout pour son feuillage qui est très ornemental et qui peut se conserver longtemps en appartement. C'est peut-être la plante qui résiste le mieux dans ces conditions. L'*Aspidistra* peut être mis en pleine terre pendant l'été et relevé à l'automne pour passer l'hiver dans un local éclairé, à l'abri des fortes gelées. Il en existe plusieurs variétés à feuilles panachées, un peu plus délicates. Multiplication par division des touffes.

Aspidium ACULEATUM Sweet (fig. 31). — Belle Fougère de nos bois, vivace, d'environ 80 centimètres de hauteur, à

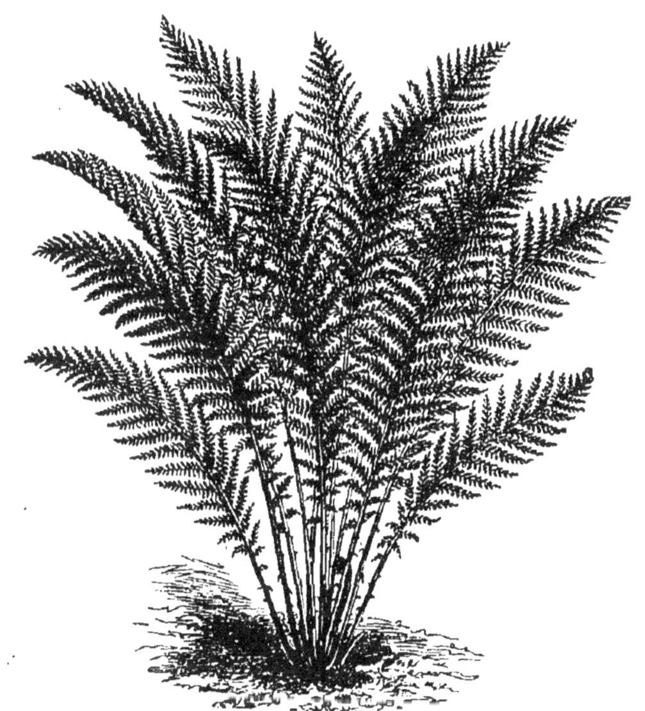

Fig. 31. — Aspidie à aiguillons.

frondes (feuilles) très découpées et des plus élégantes. Cette superbe plante convient à orner les parties ombragées et fraîches des jardins. Multiplication par division des touffes.

Aster AMELLUS L. *A. Œil du Christ* (Famille des Composées) (fig. 32). — Belle plante indigène, d'environ 60 centimètres de hauteur, à fleurs relativement grandes, d'un bleu violacé, à centre jaune. On en distingue plusieurs variétés. Les diverses espèces d'Aster, énumérées ci-après, sont des plantes rustiques, qui croissent dans tous les sols et à toutes les expositions, sans qu'il soit nécessaire de leur donner d'autres soins que de replanter tous les deux ou trois ans les touffes, qui finiraient par s'étendre trop et par épuiser le sol. Ces plantes sont d'autant plus' précieuses qu'elles fleurissent en août-septembre, époque à laquelle les fleurs commencent à devenir rares dans les jardins ; pour quelques espèces, la floraison se continue jusqu'aux gelées. Les fleurs d'*Aster* se conservent longtemps après avoir été coupées et mises en bouquets dans l'eau ; ce n'est pas un de leurs moindres mérites. Multiplication par division des touffes, au printemps.

A. ALPINUS Linné. — Europe. Plante gazonnante. En mai-juin, les tiges florales, de 15 à 20 centimètres de hauteur, portent chacune un seul capitule, mais de grandes dimensions pour le genre (3 à 5 centimètres de diamètre). Variétés à fleurs violet foncé, rose violacé et blanches.

A. CORDIFOLIUS Michaux. — Amérique septentrionale. Plante très gracieuse, de 60 centimètres de hauteur, à feuilles de la base des tiges étroites, allongées, celles des rameaux florifères en formé d'écailles. Fleurs petites, très nombreuses, rose pâle, en grappes légères. On en connaît plusieurs variétés très élégantes, à fleurs rose violacé ou violet plus ou moins foncé.

A. FORMOSISSIMUS Hort. — Belle plante d'environ 1 mètre de hauteur ; en septembre, fleurs d'un bleu violacé.

A. MULTIFLORUS Ait. — Amérique septentrionale. Tige de 75 centimètres à 1 mètre ; en octobre, fleurs très petites, mais nombreuses, blanches. Feuilles étroites et courtes. Cette espèce est très ornementale ; ses rameaux légers, chargés de petites fleurs, produisent un effet ravissant aussi bien sur la plante que dans les bouquets.

A. NOVÆ-ANGLIÆ. L. — Amérique septentrionale. Plante de 2 mètres de hauteur. En septembre-octobre, fleurs peu nombreuses, mais très grandes pour le genre et d'un beau bleu violacé. Variété à fleurs roses (*A. roseus* Desf.).

A. GRANDIFLORUS L. (fig. 33). — De 75 centimètres à 1 mètre de hauteur, à grandes fleurs bleu violacé avec le centre jaune, puis purpurin. Fleurit en octobre.

A. horizontalis Desf. (A. diffusus Ait.). — Plante de 75 centimètres, à fleurs très petites, extrêmement nombreuses, d'abord blanches, puis purpurines ; aussi très recommandable.

A. turbinellus Lindl. — Amérique septentrionale. Char-

Fig. 32. — Aster Œil du Christ.   Fig. 33. — Aster à grandes fleurs.

mante espèce d'environ 1 mètre de hauteur, à tiges rameuses et filiformes qui se couvrent de petites fleurs d'un lilas violacé, donnant à la plante un aspect tout particulier.

A. versicolor Willd. — Belle espèce d'environ 1 m. 50 de hauteur, à fleurs assez grandes, d'abord blanchâtres, puis roses et enfin violettes.

Il existe d'autres espèces d'Aster également ornementales.

Astilbe japonica A. Gray (Hoteia japonica Decaisne) (Famille des Saxifragées) (fig. 34). — Jolie plante vivace ne dépassant pas 50 centimètres de hauteur, à feuillage finement découpé, gracieux, d'un beau vert ; à fleurs très petites, d'un blanc pur, réunies en grappes ramifiées et dressées, très élégantes, s'épanouissant en juin-juillet. Cette plante prospère surtout en terre légère et à mi-ombre ; elle est fréquemment cultivée en pots, pour l'ornement des appartements et des fenêtres. Multiplication par division des touffes, au printemps.

Fig. 34. — Hoteia japonica.

Aubépine. — Voy. Crataegus.

Aubrietia deltoidea DC. (Famille des Crucifères). — Plante vivace, originaire de l'Europe méridionale, à tiges gazonnantes, atteignant tout au plus 10 centimètres de hauteur, donnant d'avril en juin un nombre considérable de petites fleurs d'un bleu violacé. Il en existe plusieurs variétés : *Leichtlini,* à fleurs plus grandes, d'un beau rose; *purpurea,* à fleurs purpurines ; etc.

Cette charmante plante et ses variétés ne pourraient être trop recommandées pour former des bordures compactes dans les terrains légers et à bonne exposition. Ses premières fleurs se montrent quelquefois dès le mois de mars. Un autre mérite de l'*Aubrietia deltoidea* est de se prêter à la transplantation, alors même qu'il est en fleurs ; on peut s'en servir pour faire des corbeilles qu'on arrache après la floraison. Multiplication très facile par division des touffes à l'automne.

Aucuba japonica L. *Aucuba* (Famille des Cornacées)

(fig. 35). — Abrisseau du Japon de 1m, 50 à 2 mètres de hauteur, à tiges vertes, à feuilles persistantes, coriaces, épaisses, d'un vert lustré. Il en existe plusieurs variétés à feuilles diversement panachées de jaune. L'*Aucuba* est surtout cultivé comme plante à feuillage ornemental ; ses

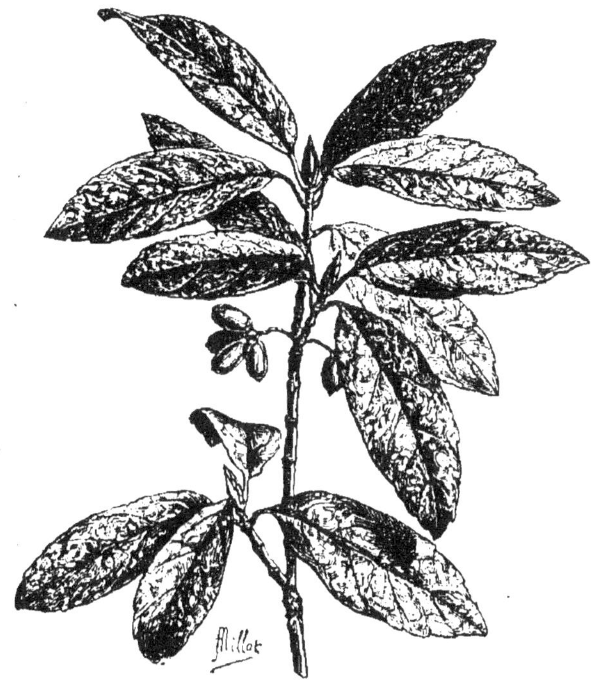

Fig. 35. — Aucuba.

fleurs sont insignifiantes. Cet arbrisseau est dioïque, c'est-à-dire que les fleurs mâles et les fleurs femelles sont portées sur des pieds distincts. Il est indispensable d'associer les deux sexes pour obtenir la production des fruits, qui sont nombreux, de la grosseur d'une olive et d'un beau rouge. Ces fruits, très décoratifs, persistent pendant une partie du printemps.

L'*Aucuba* est souvent planté dans les jardins ; il n'est pas difficile sur la nature du terrain et réussit surtout bien à mi-ombre. C'est également une très bonne plante d'appartement. Multiplication de boutures, au printemps.

Auricule. — Voy. PRIMULA AURICULA.

Aurone. — Voy. ARTEMISIA.

Azalée. — Voy. RHODODENDRON.

Balisier. — Voy. CANNA.

Balsamine. — Voy. IMPATIENS.

Bambou (Famille des Graminées). — Sous ce nom, on cultive dans les jardins un certain nombre de plantes appartenant à des genres différents, mais semblables par le port. Les Bambous sont des plantes très ornementales par leurs chaumes et leur feuillage d'une légèreté incomparable. Ils forment des touffes compactes d'un effet charmant lorsqu'elles sont isolées sur les pelouses.

Dans certaines espèces très vigoureuses, les tiges atteignent des dimensions suffisantes pour qu'on puisse en faire des cannes de pêche, des cannes, etc.

Nous citerons parmi les espèces les plus répandues :

ARUNDINARIA FALCATA Nees. — Plante de 2 à 3 mètres de hauteur, originaire du Népaul, à tiges lisses, d'un vert tendre.

A. JAPONICA Sieb. et Zucc. (*Bambusa metake* des horticulteurs). — Diffère surtout de l'espèce précédente par ses feuilles beaucoup plus larges.

PHYLLOSTACHYS VIRIDI-GLAUCESCENS A. et C. Rivière. — Très belle espèce à tiges atteignant jusqu'à 3 mètres et plus de hauteur, d'un vert clair, d'un diamètre qu'il n'est pas rare de voir dépasser 2 centimètres. Ce Bambou est le plus robuste et le plus beau de tous ceux que l'on peut cultiver en pleine terre. Il est originaire de la Chine et du Japon.

P. AUREA A. et C. Rivière. *Bambou doré.* — Originaire des mêmes contrées que le précédent ; comme lui, il est d'une grande vigueur et d'une rusticité parfaite. Ses tiges sont d'un vert jaunâtre.

P. NIGRA Munro. *Bambou noir.* — Cette espèce dépasse rarement 1m,75 de hauteur ; ses tiges sont grêles et d'un beau noir lorsqu'elles sont parvenues à l'état adulte. Le Bambou noir est originaire de la Chine ; il est beaucoup moins robuste que le B. doré et il est prudent d'en couvrir les souches avec des feuilles sèches pour les garantir contre les grands froids.

Bambusa Fortunei V. Htte. — Espèce naine plus délicate que celles qui précèdent, à feuilles panachées. On peut s'en servir pour faire des bordures qu'il suffit d'abriter en les couvrant de feuilles sèches pendant l'hiver.

Les Bambous sont des plantes très épuisantes ; ils prospèrent surtout dans les sols profonds, substantiels et frais, à bonne exposition. On les multiplie par séparation des rejets, soit à l'automne, soit au printemps.

Baptisia australis R. Brown. (Famille des Légumineuses). — Amérique septentrionale. Belle plante vivace très rustique, d'environ 1 mètre de hauteur, en touffe parfois très développée. Les feuilles, à 5 folioles, sont glauques. Les fleurs, en épis terminaux, rappellent celles des Lupins et sont d'un bleu pâle. Fleurit en juin-juillet. Ornement des plates-bandes. Multiplication par division des touffes.

Barbe de Jupiter. — Voy. Centranthus.

Barbeau. — Voy. Centaurea.

Barkhausia rubra Link. (Famille des Composées). — Charmante plante annuelle originaire de l'Europe méridionale, atteignant environ 30 centimètres de hauteur. Ses feuilles ressemblent assez à celles du *Pissenlit* ; ses fleurs, qui peuvent aussi être comparées à celles de cette plante, sont nombreuses et d'un beau rose. Il en existe une variété à fleurs blanches.

La Crépide rose n'est pas cultivée autant qu'elle le mérite ; on peut en faire des bordures ou des corbeilles qui restent fleuries de mai jusqu'en juillet. Cette plante prospère surtout en terre légère et à bonne exposition. On peut la semer en pépinière en septembre-octobre, et mettre en place au commencement du printemps : dans ce cas, la floraison commence dès le mois d'avril ; ou bien semer également en pépinière, en mars-avril, pour mettre en place dans les premiers jours de mai.

Basilic. — Voy. Ocimum.

Bassin d'or. — Voy. Ranunculus.

Bâton de Saint-Jean. — Voy. Polygonum orientale.

Begonia (Famille des Bégoniacées).— Ce genre renferme un nombre considérable d'espèces originaires des régions chaudes du globe, à tiges généralement charnues. On cultive dans les serres un grand nombre de ces espèces, les unes étant recherchées pour leurs fleurs, les autres pour leur feuillage. On en a obtenu une quantité de variétés.

D'autres *Begonia* peuvent être facilement cultivés en plein air et sont d'une grande valeur au point de vue de la décoration des jardins :

B. semperflorens Link et Otto. *B. toujours fleuri* (fig. 36). — Espèce vivace à tiges sous-frutescentes, d'environ 30 centimètres de hauteur, à feuilles épaisses, charnues, luisantes et d'un beau vert, à fleurs nombreuses, blanches, se succédant sans interruption pendant tout l'été. Ce Bégonia est employé depuis longtemps dans l'ornementation des jardins. Il en existe aujourd'hui plusieurs variétés (*Bruanti, gracilis, Vernon, versaillensis,* etc.), à feuillage jaunâtre ou bronzé et à fleurs blanches, roses ou d'un rouge vif ; il en est de naines et de taille plus ou moins élevée, ayant chacune leurs mérites. Ces plantes conviennent surtout à former des bordures autour des corbeilles, à orner les plates-bandes ; elles réussissent surtout dans les terrains bien meubles, frais sans être trop humides et à une exposition un peu ombragée.

Le mieux, pour reproduire les pieds les plus florifères et dont les fleurs sont les plus belles, est d'en bouturer les tiges à l'automne et de les conserver l'hiver, soit sous un châssis, soit dans une pièce inhabitée, bien éclairée. On peut aussi multiplier ces plantes de graines que l'on sème en février-mars sur couche chaude. On repique le plant dans des pots, en terre légère, de préférence sableuse, et on le conserve sous châssis jusqu'à ce que les froids ne soient plus à craindre. On met en place en juin.

Il est facile de se procurer ces plantes à Paris, au printemps ; on les vend par bourriches dans tous les marchés.

On y trouve également les B. CASTANEIFOLIA Schott et ASCO-
TIENSIS Webb, qui sont employés aux mêmes usages dans
les jardins ; leurs feuilles et leurs fleurs étant différentes, per-

Fig. 36. — Bégonia toujours fleuri.

mettent de les associer dans la composition des corbeilles.

BÉGONIAS TUBÉREUX (fig. 37). — De toutes les plantes ornementales introduites depuis de nombreuses années dans les
jardins, les Bégonias tubéreux sont certainement les plus
belles et les plus précieuses.

Il en existe un nombre considérable de variétés, à fleurs
souvent très grandes, simples ou doubles, présentant les
coloris les plus éclatants et les plus variés.

L'obtention de ces plantes superbes a été une véritable révolution en horticulture et elles figurent au premier rang
dans les expositions, où elles font l'admiration des visiteurs.
Elles sont le produit de croisements opérés entre diverses

espèces, notamment les *B. boliviensis, Davisii, Dregei, Frœbeli, Pearcei, rosæflora, Veitchi*.

Chaque année voit naître de nouvelles variétés ; on en possède maintenant dont les fleurs mesurent jusqu'à 20 centimètres de diamètre. Une variété, le *B. Bertini*, aux fleurs de dimensions moyennes, est très recherché comme étant celui qui accepte le mieux les situations les plus ensoleillées.

Les Bégonias tubéreux dépassent rarement 30 centimètres de hauteur ; leur feuillage est d'un vert clair ; les

Fig. 37. — Bégonia tubéreux.

fleurs, les unes mâles, les autres femelles, sont simples ou doubles, pendantes ou dressées, selon les variétés. Les coloris qu'elles présentent sont extrêmement variés et montrent tous les intermédiaires entre le blanc, le rose, le rouge et le jaune. Ces plantes ont le grand avantage de fleurir abondamment, depuis juillet jusqu'aux gelées ; elles sont des plus précieuses pour composer des corbeilles dans les terrains frais, mais bien meubles, plutôt sablonneux que trop compacts, et à une exposition un peu ombragée. La distance à observer dans la plantation doit être de 15 à 20 centimètres entre les pieds.

Les Bégonias tubéreux peuvent donc, dans certains cas, remplacer les *Geranium*, qui ne donnent que des résultats médiocres lorsqu'on les cultive à l'ombre ; leur culture est des plus simples :

Au mois d'avril, les tubercules sont placés dans de petits pots que l'on met sous châssis ; on arrose de temps en temps, et les pousses ne tardent pas à se montrer. Fin mai, on dépote les plantes sans toucher aux racines et sans briser la motte de terre qui les entoure et on les met en place. Au mois d'octobre, avant les premières gelées, on arrache les pieds en motte et on les serre dans un endroit bien sec, à l'abri des gelées.Dès que les feuilles et les tiges sont séchées on place les tubercules dans de la terre bien sèche, où ils se conservent jusqu'au printemps suivant.

Il est nécessaire de renouveler de temps en temps les tubercules, qui donnent une floraison moins belle au bout de 4 ou 5 ans. L'amateur en achète de jeunes lorsqu'il ne possède pas le matériel nécessaire pour les obtenir lui-même.

La multiplication des Bégonias tubéreux peut se faire par boutures prises au printemps sur les jeunes pousses, en ayant soin qu'elles soient munies d'un œil à la base. Une température de 18 à 20 degrés suffit pour faire émettre des racines ; mais les boutures ne tarderaient pas à pourrir si on les arrosait trop, et si on les maintenait sous cloche, où l'atmosphère serait trop confinée. Le sol qui convient pour faire cette opération est le sable fin, aussi pur que possible, du grès par exemple.Lorsque les boutures sont enracinées, on les met dans de petits pots et on les soumet au traitement indiqué pour les tubercules. Pour activer la végétation des jeunes plantes, on peut les arroser avec de l'engrais liquide. A l'automne, les tubercules sont assez volumineux pour être hivernés, comme ceux qui sont adultes.

On peut aussi multiplier les Bégonias tubéreux par semis. C'est le procédé le plus employé. On doit semer les graines en terrines, sous châssis froid, fin juin ou première quinzaine de juillet, dans un compost de terre de bruyère et de terreau de feuilles ; ne pas donner d'air, mais ombrer fortement dès que les graines lèvent ; donner ensuite de l'air le jour. Le plant sera bon à repiquer, également en terrines, au commencement d'août et l'on pourra le mettre en septembre dans des godets de 7 centimètres. On laissera les jeunes pieds achever leur végétation, sous châssis, à froid, avec le grand air jour et nuit. On doit cesser les arrosages quand les tiges meurent. Quand la terre est sèche dans les pots, il faut secouer les mottes et serrer les tubercules dans un endroit sec à l'abri des gelées. Les graines étant très fines doivent être à peine recouvertes de terre, lorsqu'on fait le semis.

Belle-de-jour. — Voy. CONVOLVULUS TRICOLOR

Belle-de-nuit. — Voy. MIRABILIS JALAPA.

Belle-d'Onze heures. — Voy. ORNITHOGALUM UMBELLATUM.

Bellesamine. — Voy. IMPATIENS BALSAMINA.

Bellis PERENNIS L. *Pâquerette, Petite Marguerite* (Famille des Composées). — Jolie petite plante vivace dont les fleurs émaillent nos prairies au printemps, dès les premiers beaux jours. L'humble fleur sauvage s'est transformée pour prendre place dans nos jardins où ses fleurs, doubles ou pleines, ligulées ou tuyautées, blanches, roses ou rouges, unicolores ou panachées, constituent l'un des plus jolis ornements au printemps. Il en existe une variété à fleurs prolifères, nommée *Mère de Famille*, et une autre à feuilles panachées de jaune d'or sur fond vert. Mais, en s'améliorant, la plante est devenue plus délicate, et ce n'est que grâce à certains soins qu'on peut la conserver toujours belle. Les diverses variétés de la Pâquerette peuvent servir à faire des bordures ou des corbeilles, qui se couvrent constamment de fleurs, depuis mars jusqu'en juin ; elles prospèrent surtout dans les sols bien meubles et frais. Une couver-

ture de feuilles sèches est nécessaire pour les abriter contre les grands froids, en hiver. Les variétés à fleurs pleines
ne donnent pas de graines ou se reproduisent généralement

Fig. 38. — Brachycome.

mal ; on doit les multiplier par division des touffes, au
printemps, quand bien même la floraison serait commencée.

On peut, lorsque la plante a cessé de fleurir, l'arracher et
la mettre en pépinière, dans une partie quelconque du jardin, où elle restera jusqu'au printemps suivant. Dans tous
les cas, il faut replanter les Pâquerettes au moins tous les
deux ans, et éliminer les pieds à fleurs simples, dont les
graines, en se répandant, donneraient naissance à des variétés sans intérêt, et qui, par la vigueur de leur végétation,
détruiraient les autres pour en prendre la place.

Bignonia. — Voy. Tecoma radicans.

Bleuet. — Voy. Centaurea Cyanus.

Bleuet vivace. — Voy. Centaurea montana.

Bois-Gentil. — Voy. Daphne Mezereum.

Boule azurée. — Voy. Echinops.

Boule-de-neige. — Voy. Viburnum Opulus sterilis.

Bouquet-Parfait. — Voy. Dianthus barbatus.

Bouton-d'argent. — Voy. Achillea Ptarmica, *flore pleno*, et Ranunculus aconitifolius.

Bouton-d'or. — Voy. Ranunculus.

Brachycome iberidifolia Benth. (Famille des Composées) (fig. 38). — Jolie petite plante annuelle, haute d'environ 30 centimètres, originaire d'Australie, à rameaux légers, portant des feuilles très découpées et des fleurs en capitules nombreux, d'un beau bleu. Il en existe une variété à fleurs blanches et une autre à fleurs roses. Cette plante, très ornementale, convient à orner les plates-bandes bien exposées, dont le sol est meuble et léger. Le *Brachycome* peut être semé en mars sur couche, repiqué en pots que l'on conserve sous châssis et mis en place en mai : la floraison commence en juin et dure jusqu'en août ; on peut aussi le semer en avril-mai en place et, dans ce cas, les fleurs se succèdent de juillet en septembre.

Briza maxima L. *Amourette à gros épillets* (Famille des Graminées). — Herbe annuelle originaire de l'Europe méridionale, d'environ 50 centimètres de hauteur, cultivée surtout pour ses inflorescences qui, après avoir été séchées, servent à la confection de bouquets perpétuels.

B. minor. *Amourette à petits épillets.* — Employé au même usage.

Les Amourettes demandent une terre légère et une bonne exposition ; elles doivent être semées en place en mars-avril ; leur floraison a lieu de juillet en août.

Brouillard. — Voy. Gypsophila.

Bruyère. — Voy. Erica.

Buis. — Voy. Buxus.

Buisson ardent. — Voy. Cratægus Pyracantha.

Bulbocodium vernum L. *Crocus rouge* (Famille des Liliacées) (fig. 39). — Petite plante bulbeuse originaire des Alpes, dont le principal mérite est de fleurir en février-mars, en même temps que le *Perce-Neige* et l'*Eranthis hyemalis*, c'est-à-dire à une époque où il n'y a pour ainsi dire pas d'autres fleurs. Le Crocus rouge peut servir à orner les jardins, surtout dans les parties un peu ombragées ; il préfère les terrains frais et un peu argileux, mais bien perméables ; ses fleurs, d'un *rose violacé*, sont assez jolies. La multiplication se fait par séparation des caïeux en août-septembre.

Fig. 39. — Bulbocode printanier.

Butomus umbellatus L. *Jonc fleuri* (Famille des Alismacées). — Charmante plante vivace, aquatique, indigène, d'environ 80 centimètres de hauteur, à fleurs nombreuses, assez grandes, d'un beau rose, réunies en sortes d'ombelles. Les fleurs du Jonc fleuri se montrent de juin en août et sont des plus ornementales. Comme bon nombre d'autres plantes aquatiques, le Jonc fleuri peut être planté dans des baquets ou dans des paniers que l'on plonge dans les bassins, de manière à ce que sa souche soit complètement submergée. Cette espèce est des plus rustiques ; on la multiplie par division des touffes, au printemps.

Buxus sempervirens L. *Buis* (Famille des Buxacées). — Petit arbre indigène à feuilles persistantes, d'un vert foncé, à fleurs verdâtres, insignifiantes. Il en existe plusieurs variétés : à feuilles étroites, bullées, crispées ou panachées de différentes manières, soit de blanc, soit de jaune. L'importance de cet arbre au point de vue industriel n'est pas inférieure à celle qu'il a pour l'ornementation des jardins : son bois, jaune, d'un grain très fin, est le plus dur de tous ceux d'Europe ; il est très employé dans la gravure sur bois et à un grand nombre d'usages. Le *Buis nain* ou *Buis à bordure* n'est qu'une variété du *Buxus sempervirens*, remarquable par sa petite taille qui le rend des plus précieux pour former des bordures que l'on peut tailler à volonté. A l'état spontané, le Buis ne croît que dans les sols calcaires ; dans les jardins, il s'accommode de tous les terrains. Les bordures de Buis se plantent au printemps. La division des pieds est le moyen de multiplication que l'on emploie, le plus petit brin reprenant avec la plus grande facilité, pourvu qu'il soit muni de quelques racines.

Cacalie écarlate.— Voy. EMILIA.

Calandrinia GRANDIFLORA Lindl. (Famille des Portulacées (fig. 40). — Plante vivace originaire du Chili, cultivée comme plante annuelle dans les jardins. Elle atteint de 30 à 40 centimètres de hauteur ; ses feuilles, épaisses et charnues, sont réunies en rosette à la surface du sol ; ses fleurs, de 3 à 4 centimètres de diamètre, d'un rose violacé, sont très jolies et se succèdent de juillet à octobre. Le *Calandrinia grandiflora* exige une terre légère et une exposition chaude ; c'est une belle plante, propre surtout à orner les plates-bandes. Semer en avril, en place, à bonne exposition.

Fig. 40. — Calandrinie élégante.

C. SPECIOSA Lehm. — Autre espèce également ornementale, cultivée dans les mêmes conditions que la précédente.

Calceolaria. *Calcéolaires* (Famille des Scrophularinées). — Ces curieuses et belles plantes exigent des soins qu'on ne peut pas toujours donner dans les petits jardins ; nous signalons seulement les *Calcéolaires rugueuses* et leurs variétés, CALCEOLARIA RUGOSA R. et Pav. (fig. 41), que l'on vend en bourriches sur les marchés et qui servent à composer des

Fig. 41. — Calcéolaire à feuilles rugueuses.

massifs avec des *Géranium*, des *Anthémis*, etc. La variété nommée *Triomphe de Versailles*, dont les tiges n'atteignent guère que 25 à 30 centimètres de hauteur et dont les nombreuses fleurs, d'un jaune superbe, se succèdent de juillet en octobre, est des plus recommandables.

Calebasse. — Voy. LAGENARIA.

Calendula OFFICINALIS L. *Souci* (Famille des Composées). — Plante remarquable, qui réunit un grand nombre de mérites ordinairement méconnus. Il en existe des variétés à fleurs très grandes et très pleines, aux coloris les plus brillants et d'une très grande valeur ornementale. Le Souci est d'une rusticité absolue ; il croît dans tous les terrains, à toutes les expositions et sa floraison, des plus abondantes, dure de juin jusqu'en octobre. On rencontre cette plante dans beaucoup de jardins, mais il est rare d'y voir les formes améliorées, qui seules devraient être cultivées ; elles modifieraient l'opinion de ceux qui dédaignent cette fleur, parce qu'ils la connaissent mal.

Le Souci doit être semé de mars en mai, en pépinière ; on met en place dès que le plant est bien développé.

Le Souci présente des variétés à fleurs presque blanches, *jaune pâle, jaune orangé, jaune safran,* unicolores ou à centre brun, etc. ; une autre, appelée S. *Mère de famille,* présente des capitules entourés d'une couronne d'autres capitules très petits. Cette variété est plutôt curieuse que belle.

Calla. — Voy. RICHARDIA.

Calliopsis. — Voy. Coreopsis.

Callistephus chinensis Nees. *Reine-Marguerite* (Famille
des Composées). — C'est la plante annuelle la plus appréciée pour l'ornement des parterres. Il n'en est pas de plus
facile à cultiver ou qui s'accommode aussi bien de tous les
terrains et de toutes les expositions. Il en existe un grand nombre de variétés à tiges naines ou élevées, à fleurs (capitules)
simples, pleines, ou très pleines : globuleuses et à pétales

Fig. 42. — Reine-Marguerite demi-naine multiflore.

(ligules) courbés en dedans (*R.-M. Pivoines*) ; à pétales
plus étroits, moins longs et dressés (*Pyramidales*) ; à pétales larges et renversés en dehors (*Chrysanthèmes*) ; à
pétales régulièrement imbriqués (*Imbriquées*) ; à pétales
imbriqués, mais à fleurs très petites (*Pompons*) ; à pétales
tuyautés (*Anémones*), etc. (fig. 42).

Si la forme des fleurs est très variée dans cette plante,
les coloris qu'elle présente ne le sont pas moins ; les principaux sont : le blanc, le rose, le rouge et le violet, avec
tous les intermédiaires. Une race dite *R.-M. Couronnée* a

le centre de la fleur blanc, entouré d'un cercle lilas, rose, rouge ou violet, selon les variétés ; une autre, *R.-M. Arlequin,* a les fleurs tantôt striées ou panachées, tantôt unicolores, quoique sur le même pied.

Les nombreux usages de la Reine-Marguerite pour l'ornement des parterres diffèrent suivant le développement que peuvent prendre les variétés que l'on cultive et aussi selon la couleur des fleurs, etc. Les *R.-M. très naines* peuvent être utilisées pour border les petites corbeilles, etc. Les plantes de ce groupe atteignent rarement plus de 15 à 20 centimètres.

Les Reines-Marguerites prospèrent surtout dans les terrains frais et bien fumés ; on les multiplie par semis faits en mars sous châssis ou en avril-mai sur côtière, en sol bien meuble, en recouvrant à peine de terre les graines qui sont petites ; dès que le plant a deux ou quatre feuilles, on le repique en pépinière, toujours à bonne exposition, en laissant entre les pieds un espace suffisant pour qu'on puisse les arracher facilement avec leur motte en faisant un second repiquage (les repiquages sont indispensables pour cette plante ; ils provoquent la formation du chevelu aux racines et empêchent les tiges de s'allonger trop) ; on met en place en mai-juin, en espaçant les pieds d'environ 30 à 40 centimètres. Après avoir bien arrosé, on couvre le sol d'un bon paillis qui le maintiendra frais. La Reine-Marguerite présente le grand avantage de pouvoir être transplantée au moment où commence la floraison, ce qui permet de la conserver jusqu'à ce temps en pépinière d'attente. Les variétés de cette belle plante ne se reproduisent malheureusement pas toujours très fidèlement par le semis ; il est nécessaire de cultiver à part les pieds les plus parfaits, que l'on choisit comme porte-graines, en ayant soin de les isoler pour éviter les croisements.

Californie. — Voy. ESCHSCHOLTZIA.

Caltha PALUSTRIS L.— Variétés *à fleurs pleines* et à *fleurs monstrueuses. Populage, Souci d'eau* (Famille des Renonculacées). — Belles plantes aquatiques vivaces, indigènes; à grandes fleurs d'un beau jaune, se succédant de mai en juin. Les tiges, hautes d'environ 25 centimètres, sont garnies de feuilles amples, luisantes et d'un beau vert. Le Souci d'eau habite surtout les sols marécageux ou peu couverts d'eau ; il réussit très bien planté en baquets à peine submergés, dans les bassins dont il constitue l'un des plus beaux ornements. On le multiplie par division des touffes, au printemps.

Calycanthus FLORIDUS L. *Arbre aux Anémones* (Famille des Calycanthées). — Arbrisseau buissonnant d'environ 2 mètres de hauteur, originaire de l'Amérique septentrionale, à feuilles d'un vert foncé, odorantes, à fleurs d'un rouge brun se montrant de mai en juin. L'Arbre aux Anémones exige une terre meuble et fraîche.

Calystegia PUBESCENS Lindl. *Petit liseron à fleurs pleines* (Famille des Convolvulacées). — Charmante plante grimpante originaire de la Chine, atteignant ordinairement de 1m. 50 à 2 mètres de hauteur, à tiges volubiles, à fleurs nombreuses, très pleines, d'un rose tendre, qui se montrent successivement depuis mai jusqu'en septembre. C'est l'une de nos plus jolies plantes grimpantes vivaces, rustiques ; elle prospère surtout dans les sols légers, bien exposés. On peut se servir du *Petit Liseron à fleurs pleines* pour garnir la base des tonnelles, des treillages, les balustrades, etc. On le multiplie par division des racines, qui

Fig. 43. — Campanule Carillon.

ressemblent beaucoup à celles du Liseron commun et avec lesquelles il faut éviter de les confondre au moment des labours.

Camomille romaine. — Voy. ANTHEMIS NOBILIS.

D. Bois. — *Le Petit jardin*, 3º édition.   6.

Campanula. *Campanule* (Famille des Campanulacées).
— Genre renfermant nombre d'espéces ornementales parmi lesquelles on peut citer :

C. Medium L. *Campanule à grosses fleurs, Carillon, Violette marine*, etc. (fig. 43). — Superbe plante bisannuelle, originaire de l'Europe méridionale, d'environ 50 centimètres de hauteur, fréquemment cultivée dans les jardins. Les fleurs, nombreuses, grandes, penchées, simples ou doubles, sont d'un bleu pâle ou foncé, blanches ou roses, unicolores ou striées, selon les variétés. La Campanule Carillon fleurit abondamment de juin en juillet ; elle convient à orner les plates-bandes ou à composer des corbeilles dans tous les terrains, pourvu qu'ils soient perméables et bien exposés.

On connaît sous le nom de *C.M.*, var. *calycanthema*, une variété dont le calice est transformé en une large collerette de même couleur et de même forme que la corolle ; la fleur paraît ainsi formée de deux corolles emboîtées l'une dans l'autre.

La culture de la Campanule Carillon est des plus simples ; on sème les graines d'avril en juin, en pépinière ; on repique le plant en pépinière et l'on met en place à l'automne, en espaçant les pieds d'environ 50 centimètres ; la floraison n'a lieu que l'année suivante.

C. carpatica Jacquin. — Jolie plante vivace, d'environ 30 centimètres de hauteur, originaire de la Hongrie ; à grandes fleurs nombreuses, bien ouvertes et d'environ 5 centimètres de diamètre, bleues dans le type de l'espèce, blanches dans une variété.

Cette charmante Campanule fleurit de juin en septembre ; elle est des plus rustiques et nous ne saurions trop la recommander pour orner les plates-bandes ou pour faire des bordures à bonne exposition ou à mi-ombre. Multiplication par division des touffes au printemps, ou de semis faits d'avril en juin, en pots. Le C. turbinata Schott. (fig. 44) de Transylvanie est une espèce voisine qui, également de petite taille (8 à 10 centimètres), produit pendant tout l'été un nombre considérable de fleurs blanc lilacé ou violet foncé, selon les variétés. C'est aussi une excellente plante pour bordures.

C. grandiflora. — Voy. PLATYCODON.

Fig. 44. — Campanule à fleurs en toupie (*Campanula turbinata*).

C. PERSICÆFOLIA L. *Campanule des jardins. Cloche.* Espèce vivace, autrefois très répandue dans les jardins, atteignant environ 50 centimètres de hauteur, formant des touffes garnies de feuilles étroites, à fleurs en longue grappe, assez grandes et d'un bleu pâle, se succédant de juin en juillet. Il existe plusieurs variétés de cette belle plante, à fleurs blanches, simples ou doubles. La variété *coronata* est remarquable par son calice pétaloïde dans lequel s'emboîte la corolle dont il semble être une duplicature. La Campanule des jardins est d'une rusticité absolue ; elle croît dans tous les terrains et à toutes les expositions. On la multiplie par division des touffes, au printemps.

CAMPANULA PYRAMIDALIS L. *Pyramidale* (fig. 45). — Espèce vivace, originaire de la Lombardie, d'environ 1m, 50

de hauteur ; les fleurs, qui naissent latéralement sur les
tiges, dont elles occupent à peu près la moitié de la hauteur, forment une sorte de pyramide du plus bel effet : elles
sont assez grandes, bien ouvertes et d'un bleu clair. Il en
existe une variété à fleurs blanches. C'est une superbe
plante cultivée depuis long-
temps et que l'on rencontre
souvent sur les vieilles murailles ; sa floraison a lieu
de juillet en septembre. La
Pyramidale convient surtout à orner les plates-bandes. On la vend souvent sur
les marchés aux fleurs, à
Paris, cultivée en pots et
fixée à des tuteurs qui font
prendre à ses longues grappes de fleurs une direction
flexueuse ou courbée plus
ou moins élégante. Cette

Fig. 45. — Campanule pyramidale.

plante peut être multipliée par division des touffes, mais il
est préférable d'en semer les graines d'avril en juin, en pépinière et en terre légère ; on repique le plant et l'on met
en place à l'automne ou au printemps.

C. glomerata L. Plante vivace indigène d'environ 50 centimètres de hauteur, à fleurs disposées en bouquets à l'extrémité des rameaux, de couleur bleue, bleu violacé, blanche, simples ou doubles.

C. grandis Fisch. — Espèce rustique, de la Sibérie, de 80
centimètres de hauteur, à fleurs largement ouvertes, de 3 à
4 centimètres de diamètre, d'un violet bleuâtre, blanches,
simples ou doubles, selon les variétés. Cette belle Campanule fleurit en juin-juillet ; elle exige les mêmes soins que
la C. des jardins.

C. latifolia Linné. — Europe. Belle plante vivace très rustique, de 50 à 60 centimètres de hauteur, à grandes fleurs
tubuleuses de 4 à 5 centimètres de longueur, bleu violacé

ou blanches. Fleurit en juillet-août. Peut être cultivée aux expositions ombragées.

C. ROTUNDIFOLIA L. — Petite plante vivace, gazonnante, indigène, propre à faire des bordures et qui se couvre de jolies petites clochettes bleues, depuis juin jusqu'en septembre. Il en existe deux variétés, l'une à fleurs doubles, l'autre à fleurs pleines.

Canna. *Balisiers* (Famille des Scitaminées). — Plantes à feuillage et à port superbes, quelquefois aussi à fleurs des plus ornementales. L'extrême vigueur de leur végétation permet de les employer, soit pour combler les vides dans

Fig. 40. — Canna à grandes fleurs.

les massifs d'arbrisseaux, soit pour former rapidement des

rideaux de verdure. On en fait des corbeilles dans presque tous les jardins, où les belles variétés à grandes fleurs sont particulièrement recherchées. Les espèces les plus connues sont :

C. INDICA L. *Canna d'Inde*, de 1m,50 environ de hauteur, à fleurs jaune et rouge (fig. 46).

C. IRIDIFLORA R. et Pav. — Espèce d'une culture difficile, parce qu'il faut la maintenir en végétation pendant l'hiver, ses rhizomes n'étant pas tubéreux. Ses fleurs sont très grandes et d'un rose vif.

C. DISCOLOR Lindl. — L'une des plus belles espèces pour le feuillage ; ses feuilles, très grandes, sont d'un vert foncé à la face supérieure, rouge sanguin sur les bords et à la face inférieure. Le *Canna discolor* atteint quelquefois 2 mètres de hauteur.

C. WARSCEWICZII Dietr. De 1 mètre de hauteur, à feuilles bordées et lavées de pourpre foncé et à fleurs d'un rouge purpurin.

C. ANNÆI Hort. — De 2 mètres environ; à feuilles d'un vert glauque, ovales-aiguës, dressées ; à fleur assez grande d'un jaune saumoné.

Les Cannas dits *Cannas hybrides à grandes fleurs* ont sur les précédents l'avantage de produire des fleurs plus abondantes, très grandes et de coloris variant entre le jaune, l'orangé, le saumoné et le rouge. Il en existe un nombre considérable de variétés, à fleurs unicolores ou panachées, au feuillage vert, glauque ou plus ou moins teinté ou veiné de rouge brun. Leur floraison dure du 15 juillet jusqu'aux gelées.

Les Balisiers aiment un sol meuble, fortement fumé et des arrosements abondants pendant leur végétation. Une exposition chaude, à l'abri du vent, est également favorable à leur développement; ils croissent cependant à peu près dans toutes les conditions. La plantation se fait en mai-juin, en espaçant les pieds de 50 centimètres à 1 mètre selon le développement que les variétés peuvent atteindre. S'il s'agit de former une corbeille, les grandes sortes en oc-

cuperont le centre. Une fois la plantation terminée, on recouvre le sol d'une bonne couche de paillis, afin qu'il se
maintienne toujours frais. Il ne reste plus qu'à arroser
fréquemment jusqu'au moment où les premières gelées,
en se faisant sentir, annoncent l'époque de l'arrachage.
Après avoir coupé les feuilles, on relève les tubercules tels
quels, avec les tiges, et on les serre dans un local sec, aéré
où la température ne s'abaisse pas au delà de 2 ou 3 degrés
au-dessus de zéro, enterrés dans du sable ou de la terre légère, afin qu'ils y passent l'hiver comme les Dahlias. En
mars, on débarrasse les tubercules de la terre et des vieilles
racines qui y adhèrent encore, puis on les met en végétation en les plaçant sur couche, sous châssis. Au bout de
quelque temps, de jeunes bourgeons se développent, et
c'est alors que l'on procède à la multiplication, en tronçon-
nant les tubercules en autant de parties qu'il y a de pousses.
Ces fragments sont placés dans des pots que l'on met sous
châssis où ils restent jusqu'au moment de la plantation. La
division des tubercules a pour résultat d'affaiblir les plantes ;
aussi ne doit-on l'employer que dans les cas où cela est nécessaire, soit pour réduire le volume de souches devenues
trop fortes.

La multiplication des Balisiers peut aussi être faite par
graines que l'on sème de février en avril, sur couche ; on
repique sur couche et l'on plante à demeure en juin.

Canne d'Inde. — Voy. Canna.

Canne de Provence. — Voy. Arundo Donax.

Capucine. — Voy. Tropæolum majus.

Cardinale. — Voy. Lobelia.

Carillon. — Voy. Campanula Medium.

Caryopteris Mastacanthus Schauer (Famille des Verbénacées). — Très élégant petit arbrisseau originaire de la
Chine et du Japon, formant un buisson de 1 mètre à 1m.50
de hauteur, à feuilles grisâtres, ayant l'odeur de la Sauge
officinale. La plante est très rustique. En septembre-octobre
elle produit un nombre considérable de petites fleurs en
élégants panicules, qui durent plusieurs semaines, d'une

belle couleur bleu-violet (blanches dans une variété). Les fleurs sont mellifères.

Le Caryopteris est d'autant plus précieux qu'il fleurit à une époque de l'année où les fleurs ont presque entièrement disparu des jardins. Il accepte tous les sols et peut être multiplié facilement pendant toute l'année par le bouturage des rameaux herbacés. La floraison se produisant sur les rameaux de l'année, la taille doit être effectuée au printemps, de manière à provoquer le développement des tiges florales.

Casque de Jupiter. — Voy. ACONITUM NAPELLUS.

Casse-Lunettes. — Voy. CENTAUREA CYANUS.

Cataleptique. — Voy. PHYSOSTEGIA.

Catananche CŒRULEA L. *Cupidone bleue* (Famille des Composées). — Plante vivace, indigène, d'environ 60 centimètres de hauteur, à rameaux grêles, terminés par des capitules de fleurs d'un beau bleu, couverts extérieurement d'écailles scarieuses d'un blanc argenté. La Cupidone bleue craint l'humidité ; elle prospère surtout dans les sols légers et bien exposés ; on la multiplie par division des touffes, ou par graines semées sous châssis en avril ; dans ce cas, l'on met en place en mai, avant que le plant ne soit trop développé, car cette espèce supporte difficilement la transplantation.

Ceanothus AMERICANUS L. (Famille des Rhamnées). — Charmant arbrisseau de 70 centimètres à 1 mètre de hauteur, donnant en juillet-août de nombreuses et élégantes grappes de petites fleurs blanches ; il prospère dans les terres légères et à exposition mi-ombragée. Les tiges gèlent quelquefois, mais il en repousse de nouvelles au printemps et la plante se comporte alors comme une plante vivace à tiges annuelles.

C. AZUREUS Desf. (fig. 47). — Certainement l'un de nos plus jolis arbrisseaux ; ses fleurs, d'un bleu tendre, extrêmement nombreuses, réunies en grappes de la plus grande élégance et qui se succèdent de mai en juin, le rendent des plus précieux pour l'ornement des jardins.

Le *Ceanothus azureus* forme un buisson d'environ 2 mètres de hauteur ; il croît dans tous les terrains, mais préfère les sols meubles et frais et une exposition mi-ombragée. Il existe plusieurs variétés de cette belle plante, parmi lesquelles on remarque les coloris bleus plus ou moins foncés, roses et blancs (fig. 47).

C. Fontanesianus Spach (*C. ovatus* Desf.), à fleurs blanches. Il en existe aussi un certain nombre de belles variétés, entre autres le *C. ovatus roseus* dont les fleurs sont d'un beau rose. On multiplie les Ceanothus par boutures faites à l'automne.

Célestine. — Voy. Ageratum.

Celosia cristata L. *Amarante Crête-de-Coq, Passe-Velours* (Famille des Amarantacées) (fig. 48). — Plante annuelle, originaire de l'Inde, d'environ 50 centimètres de hauteur, à sommet de la tige aplati, ondulé, couvert de fleurs, simulant assez bien une crête. La floraison de l'Amarante Crête de Coq a lieu de juin en sep-

Fig. 47. — Ceanothus azureus.

tembre. Quelquefois la tige, au lieu d'être fasciée, porte des ramifications dressées, couvertes de fleurs, formant un superbe panache (*Célosie à épis plumeux*) ; c'est cette plante qui a donné naissance à la Crête de Coq, qui n'en est qu'une forme monstrueuse. Les couleurs présentées par ces plantes sont : l'amarante, le jaune d'or, le rose et le rouge. Il y a des variétés naines qui ont à peine 25 centimètres de hauteur.

La Crête de Coq est une belle plante, remarquable par la

Fig. 48. — Crête-de-Coq (*Celosia*).

forme bizarre de son inflorescence. La variété et la richesse de ses coloris la rendent très propre à former des corbeilles et à orner les plates-bandes. Elle a besoin, pour prospérer, d'être plantée dans un sol meuble, fortement fumé. Semer les graines en mars-avril, sur couche, et repiquer le plant sur couche ; la plantation s'effectue en juin. La Crête de Coq exige des arrosements fréquents pendant les grandes chaleurs.

Centaurea Cyanus L. *Bleuet, Barbeau, Casse-lunettes* (Famille des Composées). — Charmante plante annuelle, indigène, dont la culture dans les jardins a produit un certain nombre de variétés à fleurs blanches, violettes, roses, etc. Le Bleuet croît dans tous les terrains et pour ainsi dire sans soins ; sa floraison a lieu de juin en septembre. Semer de mars en mai, en place.

C. montana L. *Bleuet vivace* (fig. 49). — Espèce vivace, indigène, d'environ 40 centimètres de hauteur, propre surtout à orner les plates-bandes. Le Bleuet vivace se contente de tous les terrains et de toutes les expositions ; sa floraison a lieu d'avril en

Fig. 49. — Bleuet vivace (*Centaurea*).

juin. C'est encore une bonne vieille plante que l'on a délaissée à tort. Il en existe des variétés à fleurs blanches, lilas et roses. Multiplication par division des touffes, après la floraison.

C. Cineraria L., *C. candidissima*. — Plante vivace, à feuillage ornemental, élégamment découpé, cotonneux et d'un blanc argenté. Originaire de l'Europe méridionale. Elle est fréquemment employée pour border les massifs ou pour mélanger avec d'autres plantes à feuillage coloré. La Centaurée cinéraire préfère les terrains légers, même arides, bien qu'elle s'adapte aux milieux les plus variés ; on la multiplie de boutures faites en pleine terre de juillet en août. Les boutures, une fois enracinées, sont rempotées, et on les hiverne sous châssis, en les arrosant à peine pendant la mauvaise saison. Cette plante n'est pas d'une rusticité absolue ; il faut la couvrir de feuilles sèches, pour l'abriter contre les grands froids.

C. gymnocarpa Moris. — Comme la précédente, cette espèce est cultivée pour son feuillage, d'un beau blanc, mais beaucoup plus découpé. Elle est employée aux mêmes usages et on la multiplie par les mêmes procédés.

C. moschata Linné (Amberboa moschata De Candolle). *Ambrette musquée.*— Plante annuelle, originaire d'Orient, dont les tiges, de 50 à 60 cent. de hauteur, portent des capitules de couleur violet purpurin, à odeur formique. La variété *Amberboi* (C. Amberboi Miller ; Amberboa odorata De Candolle), *Ambrette jaune*, a les fleurs jaune citron.

Ces deux plantes ont donné naissance à une race particulière désignée sous le nom de Centaurée *Marguerite* (Centaurea Margaritæ) remarquable par ses fleurs de consistance papyracée, comme soyeuses, élégamment découpées, de coloris variant entre le rose, le violet, le jaune et le blanc.

Ces plantes prospèrent surtout en sol sain, à exposition ensoleillée. Elles ne supportent pas le repiquage et doivent être semées sur place en avril, de manière à ménager un espace de 25 centimètres entre les plants.

Centranthus RUBER D C., *Valériane rouge, Barbe de Jupiter* (Famille des Valérianées) (fig. 50). — Plante vivace très répandue dans les jardins et qui croît souvent à l'état subspontané sur les vieux murs et dans les décombres ; elle fleurit abondamment pendant tout l'été, de juin en août. La Valériane rouge atteint environ 50 centimètres de hauteur : ses fleurs sont roses, rouge foncé ou blanches, selon les variétés. C'est une plante très rustique qui se plaît surtout dans les terrains arides et à bonne exposition, bien qu'elle réussisse

Fig. 50. — Valériane rouge (*Centranthus*).

à peu près partout. On la multiplie par division des touffes, au printemps.

C. MACROSIPHON Boiss. *Valériane à grosses tiges.* — Jolie espèce annuelle, originaire de l'Espagne, d'environ 30 centimètres de hauteur. De juin en juillet, elle se couvre d'un nombre considérable de fleurs d'un beau rouge. Il en existe une

Fig. 51. — Céraiste cotonneux.

variété naine, dont la taille ne dépasse pas 25 centimètres, et d'autres à fleurs carnées ou blanches. La Valériane à grosses tiges mérite d'être plus cultivée qu'elle ne l'est. On en fait de jolies corbeilles ou des bordures. Semer en mars-avril, en pépinière, à bonne exposition, repiquer et mettre en place en mai.

Cerastium (Famille des Caryophyllées). — Ce genre comprend plusieurs espèces cultivées dans les jardins sous le nom d'*Argentines*.

Ce sont des plantes basses, vivaces, gazonnantes, propres à faire des bordures en sols secs et arides, en plein soleil. Elles sont ornementales par leur feuillage cotonneux-

Fig. 52. — Laurier-Cerise (*Cerasus*).

argenté et par leurs petites fleurs blanches produites en grand nombre en mai-juin. Les espèces les plus connues sont les *C. grandiflorum* Waldstein et Kitaibel, *tomentosum* Linné (fig. 51) et *Biebersteinii* De Candolle, de l'Europe orientale. On les multiplie par division des touffes.

Cerasus Avium Mœnch. *Merisier, variété à fleurs pleines, Cerisier à fleurs doubles* (Famille des Rosacées). — Arbre de nos bois, d'environ 10 mètres de hauteur ; sa variété à fleurs pleines est le plus bel arbre d'ornement que l'on puisse cultiver ; ses fleurs, amples, bien pleines, d'un blanc pur, se montrent en grand nombre dans le mois de mai. Les pépiniéristes greffent cette belle variété sur le Merisier commun.

C. Laurocerasus L. *Laurier-Cerise, Laurier-Amande* (fig. 52). — Arbrisseau originaire du Caucase, qui dépasse rarement 3 mètres de hauteur sous le climat de Paris. Le Laurier-Cerise est surtout remarquable par son feuillage persistant, très ample, luisant et d'un beau vert ; il prospère dans tous les terrains et à toutes les expositions, même tout à fait à l'ombre. A haute dose, sa feuille est vénéneuse, bien qu'on l'emploie quelquefois pour donner un goût d'amande amère aux crèmes et à certains gâteaux.

Ceratostigma plumbaginoides. — Voyez Plumbago.

Cerisier à fleurs doubles. — Voy. Cerasus avium.

Fig. 53. — Cognassier du Japon (*Chænomeles*).

Chænomeles japonica Pers. *Cognassier du Japon* (Famille des Rosacées) (fig. 53). — Arbrisseau originaire du Japon, dépassant rarement 1^m,50 de hauteur, à rameaux un peu épineux, diffus, portant des feuilles ovales, luisantes et d'un beau vert ; ses fleurs, grandes et très nombreuses, se succèdent depuis février jusqu'en juin et présentent les coloris les plus riches et les plus variés : rouge foncé,

rouge pâle, rose, blanc, jaune. Il en existe aussi des variétés
à fleurs doubles. Le Cognassier du Japon est le plus bel ornement des jardins à la fin de l'hiver et pendant une partie
du printemps ; il pousse vigoureusement dans tous les terrains. Aux fleurs de cet arbrisseau succèdent de gros fruits
de saveur acide.

Chamærops. — Voy. TRACHYCARPUS.

Char de Vénus. — Voy. ACONITUM.

Chardon bleu. — Voy. ECHINOPS.

Chardon-Marie. — Voy. SILYBUM.

Cheiranthus CHEIRI L. *Giroflée jaune* (fig. 54), *Violier,
Ravenelle, Rameau d'or* (Famille des Crucifères). — Plante
vivace, indigène, commune sur les ruines et sur les vieux
murs. Cette espèce mon-
tre combien l'homme
peut améliorer les plan-
tes par la culture. La
plante sauvage atteint
environ 60 centimètres
de hauteur ; ses fleurs,
relativement petites, sont
simples et d'un jaune
pur. On en a tiré des va-
riétés naines dont la
taille ne dépasse guère
35 centimètres ; d'autres
qui présentent les colo-
ris les plus variés, com-
prenant le jaune très pâle
presque blanc, le violet,
le brun et tous les in-
termédiaires ; il y en a
enfin qui ont les fleurs

Fig. 54. — Giroflée jaune simple.

doubles. La dimension des fleurs a aussi augmenté dans
de grandes proportions, surtout dans les Giroflées dites
Allemandes ou *d'Erfurt*. La variété nommée *Rameau
d'or*, connue depuis longtemps dans les jardins, a les fleurs

très pleines et d'un beau *jaune*. Ces plantes vivent plusieurs années et sont des plus précieuses pour orner les jardins ; leur floraison a lieu de mars en mai ; souvent même, elle commence dès l'automne, lorsque la température est douce ; elles se plaisent surtout dans les sols bien meubles, à bonne exposition. L'excès d'humidité leur est préjudiciable. La multiplication des variétés à fleurs doubles ou pleines, qui ne donnent que peu ou point de graines, se fait de boutures, en prenant, après la floraison, les rameaux stériles que l'on plante, soit en pleine terre, soit en pots, à mi-ombre et sous cloche. On doit reproduire par le même procédé les variétés que l'on considère comme intéressantes, car la variation est très grande par la voie du semis.

Pour les plantes à cultiver en mélange, le semis est le moyen de multiplication le plus employé. On sème les graines de mai en juin, on repique le plant en pépinière et l'on plante à demeure à l'automne.

Chelone BARBATA Cav. *Galane barbue* (Famille des Scrophularinées (fig. 55). — Superbe plante vivace originaire du Mexique, donnant, de juin en septembre, des tiges florales d'environ 1 mètre de hauteur, couvertes sur presque la moitié de leur longueur d'un nombre considérable de jolies fleurs d'un *rouge corail*. Il en existe des variétés à fleurs écarlates et à fleurs blanches. La Galane barbue demande un terrain bien meuble, profond et sain ; c'est une plante recommandable pour

Fig. 55. — Galane barbue (*Chelone*).

l'ornement des plates-bandes. On la multiplie par division des touffes, au printemps.

Cheveux de Vénus. — Voy. NIGELLA DAMASCENA.

Chèvrefeuille. — Voy. LONICERA.

Chiendent panaché. — Voy. Phalaris arundinacea picta.

Chimonanthus fragrans Lindl. (Famille des Calycanthées).— Arbrisseau originaire du Japon, d'environ 2 mètres de hauteur. Les fleurs naissent avant les feuilles, de décembre en février ; elles sont d'un blanc jaunâtre, lavé de rouge à l'intérieur, et répandent une odeur très agréable. Le *Chimonanthus fragrans* est le premier arbrisseau qui fleurisse dans nos jardins ; c'est à ce titre qu'il doit y occuper une petite place. On le plantera de préférence en terre de bruyère ou en terre meuble et fraîche, à exposition mi-ombragée. Multiplication par marcottage.

Chrysanthemum (Chrysanthème) (Famille des Composées). — Ce genre comprend plusieurs espèces ornementales :

Chrysanthèmes frutescents, *Anthémis ou Marguerites en arbre.* — On réunit sous ces noms plusieurs espèces originaires des Canaries, formant des arbustes buissonnants, d'environ 1 à 2 mètres de hauteur, remarquables par leur feuillage découpé et par le nombre considérable de fleurs qu'ils produisent pendant tout l'été et qui rappellent un peu la grande Marguerite des champs. Ces

Fig. 56. — Chrysanthème frutescent, Etoile d'or.

plantes superbes sont des plus précieuses pour l'ornement des jardins pendant la belle saison. Ce sont des arbustes rustiques dans la région méditerranéenne. Sous le climat de Paris, on peut les conserver facilement sous châssis ou simplement dans un local éclairé et aéré, à l'abri du froid, pour les mettre en pleine terre vers le 15 mai. On les multiplie de boutures faites en août. Les Chrysanthèmes frutescents prospèrent surtout dans les sols meubles et humeux.

Les C. FRUTESCENS Linné, GRANDIFLORUM Willdewow et FŒNICULACEUM De Candolle, sont les types botaniques de ces belles plantes. La variété *Étoile d'or* (fig. 56) est remarquable par ses grandes et belles fleurs d'un jaune d'or : c'est une variété du C. FRUTESCENS. Le *C. Comtesse de Chambord*, à fleurs blanches, dont on voit des exemplaires de grandes dimensions dans les expositions, est l'un des plus cultivés. Dans la variété *Queen Alexandra*, les fleurs sont semi-doubles. Avec de bons composts, des rempotages fréquents, des arrosements copieux à l'engrais liquide, des pincements habilement pratiqués, on peut obtenir, en trois ou quatre années, des plantes de plus de 2 mètres de diamètre montées sur des tiges de 1 m. 50 et plus de hauteur.

Fig. 57. — Chrysanthème des jardins à fleurs doubles.

CHRYSANTHEMUM CORONARIUM L. *Chrysanthème des jardins* (fig. 57). — Plante annuelle, originaire de l'Europe méridionale, d'environ 1 mètre de hauteur, fleurissant abondamment depuis juin jusqu'en septembre. Cette espèce est très rustique et vient pour ainsi dire sans soins dans tous les terrains et à toutes les expositions. Il en existe des variétés à fleurs doubles, jaunes ou blanches. Le Chrysanthème des jardins est une plante précieuse pour les parterres auxquels on ne peut consacrer que de rares instants ; il convient surtout à orner les plates-bandes. On le sème d'avril en mai, en pépinière, et on repique en place dès que le plant est suffisamment développé, c'est-à-dire vers la fin de mai.

C. carinatum Schousb. *Chrysanthème tricolore* (fig. 58). — Espèce annuelle, originaire de l'Afrique boréale, à tige d'environ 50 centimètres de hauteur, à capitules très larges, dont le centre brun est entouré de deux bandes circulaires, une intérieure jaune, l'autre blanche. Cette superbe plante a donné naissance à plusieurs variétés, les unes à fleurs simples, les autres à fleurs doubles, tricolores ou unicolores et dans ce cas à ligules (pétales) jaunes ou blancs. Dans la variété appelée *Chrysanthème tricolore de Burridge*, les

Fig. 58. — Chyrsanthème tricolore.

capitules atteignent de très grandes dimensions et les ligules sont jaunes à la base, pourpres dans leur partie moyenne et blanches au sommet, formant ainsi trois couronnes autour d'un disque brun noirâtre. Certaines variétés de Chrysanthèmes de Burridge présentent des capitules de dimensions remarquables, qui atteignent quelquefois jusqu'à 6 centimètres de diamètre.

Le Chrysanthème à carène est l'une des plus jolies plantes annuelles de nos jardins ; on peut s'en servir pour orner les plates-bandes, faire des corbeilles, etc. en sol meuble, et fertile, à exposition chaude et aérée. Sa floraison a lieu en juillet-août. Semer en avril-mai en pépinière et repiquer en place fin mai.

C. Parthenium Smith, var. *aureum* (*Pyrethrum Parthenium, aureum*), *Pyrèthre doré* (fig. 59). — Plante originaire d'Europe, cultivée pour son feuillage, formant des

touffes compactes, naines, d'un jaune doré, très propre à
former des bordures ou des motifs de mosaïculture que l'on
peut tailler à volonté. Cette plante est très rustique ; on la
multiplie facilement par division des touffes. La variété *selaginoides* est encore plus naine ; ses feuilles, à bords dentés, ont quelque peu l'aspect de celles de certaines Sélagi-
nelles ou Lycopodes. Dans ces deux plantes, les fleurs sont
insignifiantes.

C. PRÆALTUM Ventenat (*Matricaria præalta*). *Matricaire
Mandiane.* — Arménie, Caucase, Perse. Plante vivace,

Fig. 59. — Pyrèthre doré.

de 50 à 75 cent. de hauteur, aromatique, très répandue
dans les jardins. Les fleurs, blanc pur, rappellent celles de
la *Camomille Romaine* ; elles se succèdent avec abondance
de juin en septembre. Croît sans soins dans tous les sols et
à toutes les expositions.

C. TCHIHATCHEWI Boiss. *Pyrèthre de Tchihatcheff.* —
Plante vivace, originaire de l'Asie Mineure, rampante, gazonnante, à feuillage finement découpé, persistant. Cette

espèce convient pour former des tapis ou gazons dans les endroits arides où rien autre ne peut pousser.

C. ROSEUM Lindley. *Pyrèthre rose, Pyrèthre des jardins* (fig. 60). — Superbe plante vivace, originaire du Caucase, à feuillage finement découpé, à fleurs (capitules) assez grandes, rappelant par leur forme et leurs dimensions certaines variétés de Reines-Marguerites. Les Pyrèthres des jardins sont très précieux pour l'ornementation des plates-bandes. Ce sont des plantes de 40 à 60 cent. de hauteur, dont il existe un grand nombre de variétés à fleurs doubles ou pleines, de coloris rose foncé, rose lilacé, rose tendre, rouge pourpre, rouge clair, lilas, blanc pur, etc. La floraison a lieu en mai-juin. Multiplication par division des touffes, après la floraison.

C. LACUSTRE Brotero (*Leucanthemum lacustre*), *Chrysanthème des lacs*. —Portugal. Belle plante vivace qui rappelle la *grande Marguerite des prés*, mais à fleurs de dimensions beaucoup plus grandes. Les tiges florales atteignent 1 m. de hauteur et les capitules, blanc pur, s'épanouissent d'août en octobre. Cette belle plante affectionne surtout les sols un peu frais. Elle est propre à orner les plates-bandes ; ses fleurs coupées sont précieuses pour la confection des bouquets. Il en existe plusieurs variétés. Multiplication par division des touffes.

Fig. 60. — Pyrèthre rose.

C. ULIGINOSUM Persoon. *Pyrethrum uliginosum* Waldstein et Kitaibel (fig. 61).—Amérique septentrionale. Très belle plante vivace. Les touffes, volumineuses, donnent naissance à des tiges de 1ᵐ,50 de hauteur, qui se ramifient au sommet et portent de nombreuses fleurs blanches qui ressemblent à la grande Marguerite des prés. Chaque tige constitue une gerbe de fleurs d'une grande durée et d'une rare élégance. Cette plante est d'autant plus précieuse qu'elle prospère à toute exposition, pourvu que le sol soit fertile. On la multiplie par division des touffes.

Chrysanthèmes d'automne. — Plantes vivaces originaires de la Chine et du Japon, issues du *Chrysanthemum sinense* Sabine et du *C. indicum* Linné, ce dernier ayant

Fig. 61. — Chrysanthème des marécages (*Ch. uliginosum*).

donné naissance aux variétés spécialement désignées sous le nom de Chrysanthèmes *Pompons*.

Il existe aujourd'hui un nombre considérable de variétés de Chrysanthèmes d'automne, très recherchées pour l'ornement des jardins. Il en est qui fleurissent à la fin de l'été, d'autres au commencement de l'automne ; il y en a enfin dont la floraison est très tardive. Les capitules, de forme et de dimensions très variables, sont plus ou moins pleins, à pétales (ligules) plans ou tuyautés, entiers ou laciniés, dressés ou recourbés, contournés ou chiffonnés ; les coloris principaux qu'ils présentent sont le blanc, le rouge, le rose, le pourpre, le violet, le brun et le jaune avec les nuances intermédiaires les plus variées, souvent associées et produisant alors des tons d'une richesse absolument sans égale. Si l'on ajoute à cela que les Chrysanthèmes sont très rustiques, d'une culture extrêmement facile, que la plupart des variétés fleurissent à une époque où il n'y a plus de fleurs dans les parterres, que leurs fleurs coupées et mises en bouquets se conservent très longtemps, on s'explique la vogue dont ils jouissent.

Les variétés de Chrysanthèmes d'automne ont été réunies en plusieurs groupes suivant la forme des fleurs ; les principaux sont :

Les *Ch. Japonais* ; leurs capitules sont portés sur des pédoncules longs et grêles, ce qui les rend très propres à la confection des bouquets ; certains atteignent

Fig. 62. — Chrysanthème Chinois (*Pyrethrum*).

des dimensions très grandes, dépassant 30 centimètres de diamètre lorsque les plantes sont cultivées en vue de l'obtention de grandes fleurs ; leurs pétales (ligules) sont étroits, longs, plans ou tubuleux, plus ou moins tordus et déjetés dans tous les sens, ce qui donne à l'ensemble un aspect particulier et une très grande légèreté. On trouve dans cette section les coloris les plus variés.

Les *Ch. Chinois* (fig. 62), qui rappellent par leur forme régulière la fleur de la Reine-Marguerite. Les capitules sont grands et les pétales plans et imbriqués. A ce groupe appartiennent les Ch. incurvés et récurvés. Ce sont des plantes superbes.

Les *Ch. Pompons* (fig. 63) sont des plantes généralement plus naines que les précédentes, plus ramifiées, à capitules ne dépassant pas 3 centimètres de diamètre, de forme bombée, en cocarde. Les variétés qui appartiennent à ce groupe sont moins recherchées que celles des deux autres ; les coloris qu'elles présentent sont moins variés. La taille peu élevée de certaines d'entre elles permet cependant d'en former de ravissantes corbeilles ou des bordures.

Fig. 63. — Chrysanthème Pompon (*Pyrethrum*).

Pour avoir de beaux Chrysanthèmes d'automne fleurissant abondamment, il faut renouveler les pieds chaque année par le bouturage ou par séparation des pousses les plus vigoureuses, que l'on détache des touffes, soit vers le 15 novembre, soit au mois d'avril. Dans le premier cas, les éclats enracinés sont mis en pots dans de la terre de jardin additionnée de terreau et hivernés sous châssis. En mai, on plante en pépinière, à l'air libre, en sol bien fumé, en ménageant un espace de 25 centimètres entre les plants. On les conserve ainsi jusqu'au moment de la mise en place qui peut n'être effectuée qu'au commencement de la floraison. Lorsqu'on n'opère la multiplication qu'au printemps, il est indispensable (sous le climat de Paris) de couvrir les touffes de paille ou de feuilles sèches pour les garantir du froid pendant l'hiver. On peut aussi bouturer les Chrysanthèmes, opération qui se fait habituellement au mois d'avril, en se servant de l'extrémité des jeunes pousses que l'on repique en terre légère, sous cloche, à froid. Pour obtenir des C. d'un port plus trapu et plus régulier, on soumet les jeunes plantes à des pincements réitérés, afin de les faire ramifier ; mais ces pincements doivent être suspendus vers le milieu du mois de juillet, afin de ne pas supprimer de boutons à fleurs.

Les Chrysanthèmes ne se développent bien qu'à bonne exposition ; ils acceptent tous les terrains, pourvu qu'ils ne soient pas humides à l'excès ; les engrais leur sont nécessaires si on veut leur voir prendre un grand développement. Grâce à une culture appropriée, à des engrais particuliers, à des pincements raisonnés, certains amateurs obtiennent des fleurs de dimensions vraiment phénoménales (jusqu'à 40 centimètres de diamètre) ; mais il s'agit là d'une culture spéciale qui ne peut être décrite ici. Il est bon, toutefois, de mettre en garde les personnes qui croiraient pouvoir obtenir des fleurs ayant de semblables dimensions en cultivant, par les procédés habituels, des variétés qui ont fait leur admiration dans les expositions. (Pour l'emploi des C. en corbeilles, voy. plus loin).

Cinéraire maritime. — Voy. Senecio Cineraria.

Citronnelle. — Voy. Artemisia et Lippia.

Clarkia pulchella Pursh. *Clarkie gentille* (Famille des Onagrariées) (fig. 64). — Jolie plante annuelle originaire de la Californie, d'environ 40 centimètres de hauteur, fleurissant de juin en août. Ses fleurs, à pétales lobés, en forme de croix, sont purpurines, blanches, rose bordé de blanc, simples ou doubles, selon les variétés. Il en existe aussi des variétés naines, d'autres à pétales entiers. La Clarkie gentille est remarquable par l'élégance de ses fleurs. Elle supporte mal les repiquages, et doit être semée sur place, en mars-avril.

C. ELEGANS Dougl. *Clarkie élégante.* — Cette espèce est
annuelle comme la précédente et elle est originaire de la

Fig. 64. — Clarkie gentille naine.

même région. Sa tige peut atteindre 60 centimètres de hauteur ; ses fleurs, disposées en longues grappes effilées, sont
d'un rose violacé et ont les pétales entiers. On cultive surtout les variétés à fleurs doubles, roses, carnées ou blanches. *Culture et emplois de la Clarkie gentille.*

Clematis VITALBA L. *Herbe aux gueux* (Famille des Renonculacées). — Espèce indigène commune dans les haies et
les bois, à tiges s'élevant à une grande hauteur sur les arbres
qui leur servent de support ; fleurs nombreuses, se développant de juillet en septembre, auxquelles succèdent d'é-
légantes aigrettes argentées, formées par les styles accrus et
plumeux qui persistent pendant tout l'hiver et qui sont du
plus bel effet.

C. FLAMMULA L. *Clématite odorante.* — Tiges de 2 à 3
mètres de hauteur. Fleurs nombreuses, blanches, très odorantes, pendant presque tout l'été.

C. VITICELLA L. *Clématite à fleurs bleues.* — Originaire

de l'Europe méridionale. Tiges de 3 à 4 mètres. En juin-septembre, fleurs assez grandes, bleues, violettes, rouges ou blanches, simples ou doubles, selon les variétés, qui sont nombreuses.

C. MONTANA Hamilt. *Clématite des montagnes.* — Originaire des monts Himalaya. Plante grimpante très vigoureuse, à tiges s'élevant jusqu'à 10 mètres de hauteur. En avril-juin, fleurs très nombreuses et très élégantes, larges d'environ 5 centimètres et d'un blanc pur. Il en existe une variété à fleurs rose pâle.

CLÉMATITES A GRANDES FLEURS (fig. 65). — Sous cette dénomination, nous réunissons les C. PATENS Decaisne, C. LANUGINOSA Lindley et leurs nombreuses variétés obtenues,

Fig. 65. — Clématite à grandes fleurs.

soit par sélection, soit par métissage ou par leur hybridation entres elles ou avec d'autres espèces. Ce sont les plantes grimpantes les plus belles de nos jardins.

Elles sont d'une culture facile, à floraison abondante et prolongée, à fleurs d'une beauté rare. Il existe des variétés dont les fleurs ont un diamètre qui dépasse quelquefois 20 centimètres, simples, doubles ou très pleines, de couleur blanc pur, bleu pâle, bleu foncé, violette, rose, rouge, plus ou moins veloutées, unicolores ou panachées. Généralement, ces plantes fleurissent de mai en juin et donnent une seconde floraison à l'automne.

Les Clématites sont précieuses pour l'ornement des jardins, où l'on peut s'en servir pour garnir les tonnelles, les vieux murs, les balustrades de balcons, etc.

La *Clématite odorante* est celle qui est le plus répandue ; ses jolies fleurs blanches, très nombreuses et d'une odeur des plus agréables, son extrême vigueur, la faculté qu'elle a de croître même dans les sols les plus arides, sa taille élevée, la recommandent aux amateurs. L'*Herbe aux gueux*, qui s'accommode de tous les terrains et de toutes les expositions, dont les fleurs nombreuses et les élégants panaches de fruits se succèdent pendant plusieurs mois, a aussi ses mérites.

La *Clématite des montagnes*, par ses dimensions autant que par la beauté de ses guirlandes de fleurs relativement grandes et d'un blanc pur, convient surtout à garnir les hautes murailles, les ruines, les vieux arbres, etc. ; elle croît également dans tous les terrains. La *Clématite à fleurs bleues* (*Cl. Viticella*) peut être employée aux mêmes usages, mais sa taille est beaucoup moindre.

Quant aux *Clématites à grandes fleurs*, leur emploi est en rapport avec la dimension de leurs tiges, qui peuvent atteindre plusieurs mètres de hauteur dans certaines variétés ; on en garnit les treillages, les murs, le tronc des arbres, des tuteurs ou des armatures que l'on dispose sur les pelouses et sur lesquels on les maintient attachées. Ces Clématites redoutent les rayons directs du soleil et ne prospèrent bien qu'à mi-ombre. Elles préfèrent les terrains meubles, légers, profonds et sains. Pour obtenir des plantes plus ramifiées et plus garnies, il faut, chaque année, les soumettre à une taille qui a pour but de faire disparaître les tiges épuisées, ainsi que celles qui sont mal conformées ou superflues. Abandonnées à elles-mêmes, les Clématites à grandes fleurs s'allongent et restent grêles. En rabattant les tiges sur quelques yeux pendant les premières années, on obtient un certain nombre de ramifications qui donnent aux plantes plus d'ampleur et qui les rendent par conséquent beaucoup plus belles.

Les variétés de Clématites à grandes fleurs sont très nombreuses et la liste en augmente chaque année.

La multiplication de ces superbes plantes se fait par semis, lorsqu'on veut obtenir de nouvelles variétés, et par greffe en fente sur les racines d'autres espèces plus vigoureuses, pour conserver les variétés que l'on possède. La greffe se pratique au printemps ou à l'automne sur des sujets rempotés et préparés d'avance. On repique en godets que l'on place sous cloche ou sous châssis.

Clématite. — Voy. CLEMATIS.

Cloche. — Voy. CAMPANULA MEDIUM.

Clochette. — Voy. AQUILEGIA.

Cobæa SCANDENS Cav. *Cobée grimpante* (Famille des Po-

Fig. 66. — Cobée grimpante.

lémoniacées) (fig. 66). — Plante originaire du Mexique, vivace, grimpante, pouvant atteindre 6 à 8 mètres de hauteur. Lorsqu'il est placé à très bonne exposition, le *Cobæa* peut vivre plusieurs années ; cependant, on a l'habitude de le cultiver comme plante annuelle. La vigueur de sa végétation le rend précieux pour garnir rapidement les tonnelles, les murs, etc. Ses fleurs, grandes, violettes, en forme de cloche, sont très ornementales ; elles se succèdent de juillet en septembre. Le *Cobæa* prospère surtout en terre meuble, bien fumée et à bonne exposition. Il doit être abondamment arrosé pendant les chaleurs. Semer en mars-avril sur couche, repiquer sur couche et mettre en place fin mai. On peut marcotter et bouturer pendant toute l'année, à condition de soustraire les plantes à l'action du froid pendant l'hiver.

Cœlestina. — Voy. Ageratum.

Cœur de Marie. — Voy. Dielytra formosa.

Cognassier du Japon. — Voy. Chænomeles japonica.

Coleus Verschaffelti Ch. Lem. (Famille des Labiées

Fig. 67. — Coleus hybride.

(fig. 67). — Plante d'environ 50 centimètres de hauteur, originaire de l'archipel Indien, cultivée pour son feuillage unicolore ou panaché présentant les coloris les plus variés. La multiplication n'en peut être faite d'une manière pratique que par boutures prises sur des pieds conservés en serre jusqu'au printemps. Certaines variétés adaptées à la culture en plein air pendant l'été peuvent concourir à la formation des corbeilles dans les jardins.

Collinsia bicolor Nutt. (Famille des Scrophularinées)

Fig. 68. — Collinsie bicolore.

(fig. 68. — Plante annuelle originaire de la Californie, de 30 centimètres environ de hauteur. Elle donne abondamment, de juin en juillet, des fleurs tubuleuses, à deux lèvres, mi-partie blanche, mi-partie rose violacé, d'un charmant effet. La Collinsie bicolore peut être employée pour garnir les plates-bandes et les corbeilles ; elle préfère les terrains légers. Semer de mars en mai sur place ou en pépinière ; dans ce dernier cas, repiquer en place fin mai. Il existe plusieurs variétés de cette plante : à fleurs blanches, à fleurs blanches et roses, à fleurs multicolores, panachées de blanc, de violet, de lilas et de rose, enfin à fleurs marbrées.

Collomia coccinea Lehman (Famille des Polémoniacées). — Chili. Plante annuelle d'environ 30 centimètres de hauteur. Les fleurs, de couleur rouge écarlate, sont disposées en bouquets à l'extrémité des tiges : elles s'épanouissent de juin en octobre, selon l'époque du semis. S'accommode de tous les terrains et de toutes les expositions. Semer en plein air, soit à bonne exposition, en septembre, pour repiquer en place en mars-avril, soit en place de mars en juin.

Colombine plumeuse. — Voy. THALICTRUM.

Convallaria MAJALIS Linné. *Muguet* (Famille des Liliacées). — Charmante petite plante indigène, aux fleurs agréablement parfumées, s'épanouissant en mai. On en connaît plusieurs variétés : *à grandes fleurs, à fleurs roses, à fleurs doubles. Le Muguet* ne prospère que dans les endroits ombragés.

Convolvulus TRICOLOR L. *Belle-de-jour* (Famille des Convolvulacées) (fig. 69). — Belle plante annuelle originaire de l'Europe méridionale, à tiges diffuses, étalées, d'environ 30 centimètres de hauteur, se couvrant, de juin en septembre, d'un nombre considérable de grandes fleurs en forme d'entonnoir, à centre jaune, à partie moyenne blanche bordée d'une large bande bleue. La Belle-de-jour présente des variétés à fleurs blanches, à fleurs roses et à fleurs panachées ; c'est l'une des meilleures plantes à cultiver dans

Fig. 69. — Belle-de-jour (*Convolvulus*).

les jardins, où elle ne cesse d'épanouir ses jolies fleurs pendant toute la belle saison. Elle est peu délicate et réussit bien dans tous les sols, à la condition qu'elle soit semée sur place, car elle ne supporte pas la transplantation. Semer d'avril en mai.

Coquelicot. — Voy. PAPAVER RHŒAS.

Coquelourde. — Voy. LYCHNIS CORONARIA.

Corbeille d'argent. — Voy. ARABIS ALPINA et IBERIS SEMPERVIRENS.

Corbeille d'or. — Voy. ALYSSUM SAXATILE.

Corchorus. — Voy. KERRIA JAPONICA.

Coreopsis TINCTORIA Nutt, *Coréopsis élégant* (Famille des Composées) (fig. 70). — Charmante plante annuelle originaire de l'Amérique septentrionale, à tiges d'environ 70 centimètres de hauteur, donnant de juin jusqu'aux gelées un très grand nombre de fleurs (capitules) dont les ligules (pétales) sont jaunes avec la base et le disque brun mordoré. Cette plante est remarquable par le nombre et l'élégance des fleurs qu'elle produit pendant tout l'été. Il en existe des variétés très naines, dont la hauteur ne dépasse pas 25 centimètres et qui sont des plus précieuses pour faire des bordures. La couleur des fleurs varie également ; il y en a d'entièrement brunes,

Fig. 70. — Coréopsis élégant.

de marbrées, etc. Semer à l'automne ou de mars en mai, en place ou en pépinière. Dans ce dernier cas, repiquer et mettre en place lorsque le plant est suffisamment développé.

C. CORONATA Hook. et C. DRUMMONDII Torr. et Gray. — Espèces annuelles comme le Coréopsis élégant ; comme lui, elles fleurissent abondamment pendant tout l'été et leur culture est des plus faciles. Leur taille peu élevée (environ 50 centimètres) les rend propres à former des bordures. Fleurs d'un beau jaune. Culture du Coréopsis élégant.

Cornus SIBIRICA Loddiges, VARIEGATA, *Cornouiller de Sibérie à feuilles panachées* (Famille des Cornacées). — Petit abrisseau remarquable par la panachure blanche, jaune et verte de son feuillage qui est très accentuée et très persistante. C'est l'un des arbrisseaux panachés les plus élégants parmi les espèces tout à fait rustiques.

Corydalis LUTEA DC. *Fumeterre jaune* (Famille des Fumariacées). — Charmante plante indigène, vivace, d'environ 25 centimètres de hauteur, au feuillage léger, élé-

Fig. 71. — Corydalide bulbeuse.

gant, rappelant celui de certaines Fougères, d'un vert tendre. De mai en septembre, les fleurs, d'un beau jaune, se succèdent sans interruption. Cette plante croît naturellement sur les vieux murs, qu'elle orne très agréablement ; on peut la cultiver dans les plates-bandes, au soleil ou à l'ombre, pourvu qu'elle soit dans un endroit aéré. Multiplication par division des touffes au printemps.

C. OCHROLEUCA Koch. — Ne diffère de la Fumeterre jaune que par ses fleurs qui sont presque blanches. Emplois et culture du précédent.

C. SOLIDA Smith. *Corydalide* ou *Fumeterre bulbeuse* (fig. 71). — Élégante petite plante vivace, indigène, d'environ 15 centimètres de hauteur, donnant, en mars-avril, des fleurs nombreuses, purpurines et d'un joli effet.

C. CAVA Wal. *Fumeterre tubéreuse*. Espèce également vivace et indigène, qui diffère surtout de la Fumeterre bulbeuse par ses fleurs qui sont blanches. Ces deux espèces ont le grand mérite de fleurir dès les premiers beaux jours. On peut, en les associant aux quelques petites plantes qui fleurissent simultanément, composer d'élégantes corbeilles. Les Fumeterres bulbeuse et tubéreuse prospèrent surtout en terre sableuse-argileuse et à exposition ombragée. Multiplication par séparation des tubercules, à l'automne.

Cosmos BIPINNATUS Cav. (Famille des Composées). — Grande plante annuelle originaire du Mexique, dont les tiges peuvent atteindre 1m. 50 de hauteur, à feuilles finement découpées ; à capitules assez grands, rappelant en petit ceux d'un Dahlia à fleurs simples, d'un beau carmin pourpré, se succédant de juin en octobre. Le *Cosmos bipinnatus* est une jolie plante ; on peut l'employer à l'ornement des jardins partout où sa taille permet de l'admettre. Il en existe des variétés à fleurs rose plus ou moins foncé

Fig. 72. — Aubépine (*Cratægus*).

et à fleurs blanches. Semer en avril, en pépinière et à bonne exposition ; mettre en place fin mai.

Cotoneaster HORIZONTALIS Decaisne, BUXIFOLIA Wallich, MICROPHYLLA Lindl., C. ROTUNDIFOLIA Lindl. et THYMIFOLIA Baker. — Petits arbrisseaux originaires des montagnes de l'Himalaya, à rameaux couchés sur le sol, à feuilles persistantes, cultivés surtout pour leurs nombreux petits fruits d'un rouge corail qui persistent pendant tout l'hiver. Ces espèces sont très rustiques ; elles croissent dans tous les terrains. On peut les employer pour garnir les rochers ou pour border les massifs d'arbrisseaux.

Couronne impériale. — Voy. FRITILLARIA IMPERIALIS.

Cratægus OXYACANTHA L. *Aubépine, Epine blanche* (Famille des Rosacées (fig. 72). — Petit arbre indigène qui a donné naissance à un grand nombre de variétés qui font l'ornement des jardins au printemps. Fleurs simples ou doubles, blanches, roses ou rouges.

C. Pyracantha Pers. *Buisson ardent.* — Arbrisseau originaire de l'Europe méridionale, de 1m. 50 à 3 mètres

Fig. 73. — Safran printanier (*Crocus*).

de hauteur, à feuilles persistantes, petites et d'un vert foncé, à fleurs d'un blanc lavé de rose, nombreuses, naissant par bouquets, en mai. Les fruits, de la grosseur d'un pois et d'un rouge vermillon, d'un très bel effet, persistent durant tout l'hiver ; la variété Lalandei porte des fruits d'un rouge orangé brillant, si nombreux qu'ils couvrent parfois entièrement les rameaux. Ces plantes sont d'autant plus précieuses qu'elles s'accommodent de tous les sols et de toutes les expositions.

Il existe plusieurs autres espèces de *Cratægus* qui peuvent servir à orner les jardins.

Crête-de-Coq. — Voy. Celosia cristata.

Crocus. *Safrans* (Famille des Iridées).

Safrans a floraison printanière. — Il y en a de nombreuses variétés.

C. vernus All. *Safran printanier* (fig. 73).— Jolie petite plante bulbeuse, indigène, atteignant à peine 20 centimètres de hauteur. En mars-avril, fleurs nombreuses, blanches, violettes, ou panachées de blanc et de violet.

C. versicolor Ker. *Safran Albertine, S. Laurette.* — France méridionale. Espèce à fleurs d'un blanc lavé de violet, avec stries purpurines.

C. biflorus Mill. *S. Ecossais.* — Fleurs blanches, striées de violet extérieurement.

C. luteus Lamk. *S. grand jaune.* — Europe orientale. Fleurs jaune foncé.

C. Susianus Ker. *S. Drap d'or.* — Crimée. Fleurs jaune d'or, lavées de brun sur les trois divisions extérieures et en dehors.

Ces espèces et plusieurs autres sont cultivées dans les jardins sous le nom de Safrans printaniers. Ce sont des plantes très précieuses pour former d'élégantes petites corbeilles ou des bordures ; lorsqu'elles sont bien associées, leurs fleurs, assez grandes et aux coloris les plus variés, produisent un très bel effet.

Malgré le peu de durée de leur floraison, les Safrans printaniers sont très recherchés ; ils constituent le principal ornement des jardins en mars-avril.

On doit les planter en septembre-novembre, en terre meuble, légère, plutôt sablonneuse, n'ayant reçu comme engrais que du terreau de feuilles ou du terreau ordinaire très décomposé, le fumier frais étant nuisible aux plantes bulbeuses. Les bulbes sont plantés de manière qu'ils soient recouverts de 5 centimètres de terre et distants les uns des autres d'environ 6 centimètres. On couvre la plantation de feuilles sèches ou de paille pendant les grands froids. Quand les plantes ont cessé de végéter, c'est-à-dire lorsque les feuilles sont desséchées, on arrache les bulbes, on les nettoie en enlevant les vieilles racines, on détache les caïeux (jeunes bulbes), puis, bulbes et caïeux sont mis dans un endroit sain, à l'abri de l'humidité et du soleil, où ils resteront jusqu'au moment de la plantation. Les caïeux, qui sont produits en assez grand nombre, servent à multiplier la plante : on doit les cultiver à part jusqu'à ce qu'ils soient assez gros pour fleurir.

SAFRANS D'AUTOMNE. — Il existe un certain nombre d'autres espèces de *Crocus*, dont la floraison a lieu à l'automne (septembre-octobre) et qui peuvent également servir à orner les plates-bandes, à faire des bordures, etc. ; nous citerons comme appartenant à ce groupe les :

C. SATIVUS. *Safran cultivé, Safran du Gâtinais.* — A fleurs violet satiné, se montrant en octobre, avant que les feuilles soient développées.

C. SPECIOSUS Marsh. — Autriche, Caucase. Fleurs violet bleuâtre, apparaissant en même temps que les feuilles.

C. NUDIFLORUS Smith. — France méridionale. Fleurs violet foncé, s'épanouissant avant le développement des feuilles.

Ces trois espèces doivent être plantées en juillet-août ; on les arrache vers la fin de mai ; on peut aussi les laisser en place pendant plusieurs années.

Croix de Jérusalem.— Voy. LYCHNIS CHALCEDONICA.

Crucianella STYLOSA Trin. (Famille des Rubiacées). — Plante vivace, originaire de la Perse, formant des touffes compactes, peu élevées ; fleurs nombreuses, en petits bouquets très élégants, d'un beau rose, se succédant de mai en juillet. Cette plante convient à orner les plates-bandes et à faire des boutures ; elle est très rustique, préfère cependant les sols légers et les situations ensoleillées. Multiplication par division des touffes, au printemps.

Cupidone. — Voy. CATANANCHE CŒRULEA.

Cyclamen EUROPÆUM L. *Pain de pourceau*, *Violette des Alpes* (Famille des Primulacées). — Charmante plante vivace, du Jura et des Alpes, à souche tubéreuse, à feuilles

arrondies, persistantes, vertes et marbrées en dessus, purpurines en dessous, donnant en septembre-octobre des fleurs d'un rose violacé, à gorge purpurine, au parfum le plus suave. Il en existe une variété à fleurs blanches.

C. NEAPOLITANUM Ten. (fig. 74). — Cette espèce a les feuilles marbrées ; ses fleurs, plus grandes que celles du Cyclamen d'Europe, s'épanouissent en septembre-octobre : elles sont d'un rose purpurin, rose pâle ou blanches, selon les variétés.

Fig. 74. — Cyclamen de Naples.

Ces deux plantes prospèrent surtout à l'ombre et dans les terrains sablonneux additionnés de terreau de feuilles ; on peut en faire de jolies bordures, des corbeilles dans les parties mi-couvertes des bosquets. Il est nécessaire de bien drainer le sol avant la plantation, car l'excès d'humidité ne tarderait pas à faire pourrir les tubercules. Il est nécessaire, sous le climat de Paris, d'abriter les plantations en les couvrant de feuilles sèches au commencement de l'hiver. Multiplication par semis dès la maturité des graines : les plantes obtenues ne fleurissent qu'au bout de quatre ans.

Il existe plusieurs espèces de Cyclamen à floraison printanière, mais elles sont trop délicates pour qu'on puisse les cultiver en pleine terre sous le climat de Paris.

Cynoglosse à feuille de lin et *C. printanière*. — Voy. OMPHALODES.

Cytisus LABURNUM L. *Cytise, Faux ébénier* (Famille des Légumineuses). — Petit arbre indigène, de 5 à 6 mètres de hauteur, se couvrant, en mai, d'un grand nombre de belles grappes de fleurs jaunes. Associé aux Lilas et aux Aubépines, le Cytise produit l'effet le plus charmant dans les jardins. Il en existe plusieurs variétés. Croît dans tous les terrains et à toutes les expositions.

Le genre Cytise renferme un grand nombre d'espèces ornementales ; ce sont en général de petits arbrisseaux très propres à orner les bosquets. Nous citerons comme étant le plus généralement cultivés les C. ALPINUS, SESSILIFOLIUS et CAPITATUS, que l'on voit fréquemment dans les squares.

Dahlia VARIABILIS Desf. (Famille des Composées). — Plante vivace à racines tubéreuses, originaire du Mexique. Il en existe des variétés naines, dont la taille ne dépasse pas 60 centimètres, tandis qu'elle est ordinairement de 1m. 50 ; il y en a à capitules très grands, d'autres à capitules très petits (*D. Lilliput*) ; les fleurs peuvent être très régulières et tuyautées ou simplement à pétales (ligules) plans (*D. décoratifs*) ou bien encore tordus sur eux-mêmes et échevelés à la façon de certaines variétés de Chrysanthèmes (*D. Cactus*) (fig. 75).

Toutes les couleurs, sauf le bleu, existent dans le Dahlia. Les fleurs peuvent être unicolores, panachées, striées ou maculées.

On a beaucoup préconisé la culture des Dahlias à fleurs

simples, qui présentent des qualités remarquables. Ces plantes, en effet, ont un port plus gracieux que les variétés à fleurs doubles ; leurs fleurs, plus légères, sont plus longuement pédonculées et, pour ces deux raisons, se prêtent beaucoup mieux à la confection des bouquets. Il en existe de très belles variétés aux coloris les plus variés.

Les Dahlias, pour être parfaits, doivent avoir les fleurs dressées, portées sur des pédoncules rigides. Les fleurs doivent être bien dégagées du feuillage, par

Fig. 75. — Dahlia Cactus.

lequel elles se trouvent trop souvent masquées.

Les Dahlias fleurissent depuis le mois d'août jusqu'aux gelées. On coupe les tiges dès qu'elles ont commencé à être endommagées par les premières gelées, puis on procède à l'arrachage des tubercules en ayant le soin de faire cette opération par un temps sec. Les touffes, munies de la partie inférieure de leur tige, sont placées dans une cave ou dans tout autre endroit, à l'abri du froid et de l'humidité, et on les enterre dans du sable ou dans de la terre légère pour leur faire passer l'hiver. En avril, si les tubercules n'ont pas développé d'yeux, on met les touffes entières sur une couche, sous châssis, et on les y laisse jusqu'au moment où les pousses commencent à se montrer. On tronçonne alors les tubercules, de manière que chaque fragment soit muni d'un bourgeon, et l'on procède à la plantation en plein air dans la seconde quinzaine de mai. Le Dahlia aime les terrains bien fumés et des arrosements abondants.

Dame d'Onze-heures. — Voy. ORNITHOGALUM UMBELLATUM.

Daphne MEZEREUM L. *Bois joli* (Famille des Thyméléacées).— Elégant arbrisseau indigène, d'environ 1 mètre de hauteur, dont les rameaux se couvrent, de février en avril, de fleurs violettes, odorantes, auxquelles succèdent de petites baies rouges. Il en existe une variété à fleurs blanches et à fruits blancs, et une autre à fleurs rouges. Le bois joli exige une exposition ombragée et un sol frais.

D. CNEORUM L. — Forme un petit buisson d'environ 50 centimètres de hauteur, qui se couvre de jolies fleurs roses, en avril-mai et à l'automne. Il est très rustique et exige le même sol et la même exposition que le Bois joli. Il y en a une variété à fleurs blanches, une autre à feuilles panachées.

Delphinium AJACIS L. *Pied-d'alouette des jardins* (Famille des Renonculacées) (fig. 76). — Plante annuelle, indigène, très répandue dans les jardins, où ses fleurs nombreuses, réunies en épi dense et allongé, se montrent de juin à juillet. Sa taille ordinaire est d'environ 50 centimètres, mais il en existe des variétés qui atteignent 1 mètre de hauteur (*D. A. majus*). Le Pied-d'alouette des jardins présente des fleurs simples ou pleines, de couleur uniforme ou panachées, dans lesquelles se rencontrent le blanc, le brun, le gris de lin, le lilas, le mauve, le rose, le rose carné, le violet. Cette plante est très rustique ; elle peut être cultivée dans les milieux les plus variés, bien qu'elle préfère les terrains légers et une bonne exposition. On forme de très jolies bordures avec les variétés naines. On doit la semer en place, de février en avril. Elle ne supporte pas la transplantation.

D. ORIENTALE Gay (D. ORNATUM Bouch.). *Pied-d'alouette à bouquets* (fig. 77). — Cette espèce est souvent cultivée concurremment avec la précédente ; elle présente les mêmes coloris et exige les mêmes soins. Elle diffère du Pied-

Fig. 76. — Pied-d'alouette des jardins (*Delphinium*).

Fig. 77. — Pied-d'alouette à bouquets (*Delphinium*).

d'alouette des jardins par ses tiges ramifiées plus écartées et par ses grappes de fleurs plus lâches ; elle fleurit plus longtemps, supporte mieux les repiquages et ses rameaux fleuris se prêtent mieux à la confection de bouquets.

D. ELATUM L. *Pied-d'alouette vivace.* — Superbe plante vivace indigène dont les tiges peuvent atteindre jusqu'à 2 mètres de hauteur et dont les fleurs, assez grandes, simples ou doubles et d'un beau bleu, forment de longues grappes plus ou moins denses qui dépassent quelquefois 50 centimètres de longueur. Il en existe plusieurs variétés remarquables.

Les D. FORMOSUM Hort., du Caucase, D. GRANDIFLORUM L. et un certain nombre d'autres sont des espèces vivaces des plus recommandables.

Sous le nom de PIEDS-D'ALOUETTE VIVACES HYBRIDES, on cultive des variétés et des hybrides (fig. 78) qui constituent le plus bel ornement de nos jardins ; il en est dont les fleurs

atteignent jusqu'à 4 centimètres de diamètre. Ces fleurs,
simples ou doubles, présentent les coloris les plus variés,
depuis le bleu pâle jusqu'au violet foncé en passant par le
bleu d'azur, avec des nuan-
ces métalliques et mordo-
rées très particulières.

On ne saurait assez recommander la culture de ces
plantes remarquables, dont
la rusticité est absolue.
Elles fleurissent en juin-juillet et donnent une seconde
floraison à l'automne, lorsqu'on a soin de couper l'extrémité des tiges dès que
les premières fleurs sont
passées. Elles prospèrent
surtout dans les sols meubles et substantiels. On les

Fig. 78. — Pied-d'alouette vivace
hybride (*Delphinium*).

multiplie par division des touffes ou par semis faits en mai-
juin, en pépinière ; on repique le plant à bonne exposition
et l'on met en place au printemps.

Dentelaire. — Voy. PLUMBAGO.

Désespoir des peintres. — Voy. SAXIFRAGA UMBROSA.

Deutzia GRACILIS Sieb. (Famille des Saxifragées). —
Charmant petit arbrisseau originaire du Japon, ne dépassant pas 75 centimètres de hauteur, donnant en mai-juin
un grand nombre de jolies fleurs blanches réunies en grappes. Il en existe une variété à fleurs doubles. Le *Deutzia
gracilis* convient à orner les bosquets, à former des bordures aux massifs d'arbrisseaux, etc. Il croit dans tous les
terrains, mais préfère les sols siliceux ; il exige une exposition aérée. Multiplication par marcottes ou par bouture.
Tailler après la floraison.

D. CRENATA Sieb. — Arbrisseau d'environ 2 mètres de
hauteur, originaire du Japon, dont les rameaux terminaux
se couvrent de fleurs blanches, en mai-juin. Cette belle

plante, très répandue dans les jardins, a donné naissance
à plusieurs variétés, les unes à fleurs simples, les autres à
fleurs doubles, soit blanc pur, soit blanc bordé de rose, soit
enfin tout à fait roses. Il en existe aussi à feuilles panachées.
Culture de l'espèce précédente.

Dianthus barbatus L. *Œillet de poète* (fig. 79), *Bouquet parfait, Jalousie* (Famille des Caryophyllées). —

Fig. 79. — Œillet de poète à fleurs
oculées et marginées.

Superbe plante vivace, indigène, très répandue dans les
jardins, où l'on s'en sert pour
orner les plates-bandes. Les
fleurs de l'Œillet de poète se
montrent de juin en juillet;
elles sont très nombreuses et
réunies en bouquets. Il en
existe un grand nombre de
variétés présentant les coloris
les plus divers : roses, rouges,
pourpres, violets, blancs ; les
fleurs, simples ou doubles,
sont striées, ponctuées, pa-
nachées ou marginées. Cette plante est très rustique ; elle
s'accommode de tous les terrains et de toutes les expositions ;
on la multiplie par division des touffes, par boutures après
la floraison, ou mieux par semis faits de juin en juillet ; on
repique en pépinière et l'on met en place à l'automne ou au
printemps.

D. hispanicus Hort. *Œillet d'Espagne.* — Plante vivace
dont l'origine est inconnue, différant de l'Œillet de poète
par sa taille moins élevée, par ses fleurs d'un beau rouge,
plus grandes, non réunies en bouquets, formant au contraire une grappe allongée. Sa floraison a lieu de mai en
juin. Multiplication par division des touffes.

D. semperflorens Hort. *Œillet flon* (fig. 80). — Plante
vivace qui n'est probablement qu'une forme de la précédente, dont elle se distingue par sa taille plus élevée (environ 40 centimètres), par ses tiges plus rameuses et par ses

fleurs plus grandes, d'un rouge carminé, se succédant depuis mai jusqu'aux gelées. Cet OEillet est très répandu dans les jardins et il en existe un certain nombre de jolies variétés présentant comme coloris tous les tons intermédiaires entre le blanc pur, le rose et le rouge foncé, unicolores, panachées, striées ou ponctuées. L'OEillet flon se multiplie par division des touffes, ou de boutures, au printemps. L'OEillet d'Espagne et l'OEillet flon ne sont que des races horticoles intermédiaires entre l'OEillet de poète et l'OEillet de Chine.

Fig. 80. — OEillet flon (*Dianthus*).

D. CHINENSIS L. *OEillet de Chine* (fig. 81). — Belle plante annuelle ou bisannuelle, originaire de la Chine, d'environ 30 centimètres de hauteur, à fleurs nombreuses, grandes, se succédant de juillet à septembre, simples ou doubles, blanches, roses, rouge vif, rouge cramoisi, violettes, veloutées, chamarrées, moirées, panachées, ponctuées, ocellées, zonées, etc. Il en existe des variétés naines dont la taille ne dépasse pas 15 centimètres, d'autres à fleurs très larges ; il y en a enfin à pétales laciniés. Ces diverses formes se reproduisent assez bien par le semis.

L'OEillet de Chine est l'une des plus jolies plantes annuelles de nos jardins : il est d'une culture facile et il prospère dans tous les terrains, mais surtout dans les sols meubles et humeux. Semer sur place de mars en mai et repiquer en place en laissant un intervalle de 15 centimètres entre les pieds pour les variétés naines ; 25 centimètres pour celles qui atteignent une grande taille.

D. CARYOPHYLLUS L. *Œillet des fleuristes.* — Superbe plante vivace que l'on rencontre quelquefois croissant à l'état sauvage sur les murs en ruine et sur les vieux châteaux, et dont les fleurs, alors petites, rouges, à odeur de girofle, ne rappellent guère les splendides OEillets de nos jardins, aux coloris si brillants et si divers, et dont il existe de nombreuses variétés. Le diamètre des fleurs peut atteindre 8 centimètres, comme cela arrive pour l'OEillet *Souvenir de la Malmaison;* quant au coloris, on observe depuis le blanc pur, le rose, le rouge, le violet, le jaune avec toutes les nuances intermédiaires; les pétales, entiers ou fimbriés, sont unicolores ou panachés, striés, flammés, pointillés, etc. On a établi une classification qui permet de grouper ces belles plantes de la manière suivante :

Fig. 81. — OEillet de Chine double-nain.

I. OEillets de fantaisie (fig. 82). — Groupe renfermant un grand nombre de variétés à fleurs généralement doubles et bien faites, à pétales entiers ou dentés présentant des coloris diversement associés. Ce groupe se subdivise en :

a) *OEillet Anglais* ou *OE. de fantaisie à fond blanc*, à pétales entiers ou frangés, blancs, lisérés, striés, lignés, poudrés de rose, carmin, rouge, pourpre, violet, etc.

b) *OEillets Avranchins et Saxons* ou *OE. de fantaisie à fond jaune.* Mêmes variations de forme et de couleur.

c) *OEillets Allemands* ou *OE. de fantaisie à fond ardoisé.* Mêmes variations.

II. OEillets flamands. — Groupe très important, composé de variétés à fleurs bien pleines, larges, bombées, à fond d'un blanc pur, rubané ou lamé d'une ou de plusieurs couleurs, à pétales entiers et arrondis, imbriqués en cocarde. A cette catégorie appartiennent les *Œillets bizarres*, dont les panachures sont formées de trois ou quatre couleurs différentes, alors qu'il n'en existe qu'une seule sur le fond blanc dans les OEillets Flamands proprement dits.

III. OEillets unicolores. — Ils ne présentent qu'une seule couleur.

Fig. 82. — Œillet de fantaisie.

IV. OEillets remontants. — Les variétés qui composent ce groupe pourraient être rattachées aux sections précédentes si on n'examinait que la forme et la couleur de leurs fleurs ; ce qui les caractérise, c'est la durée de leur floraison, qui se prolonge pendant une grande partie de l'année. A cette section appartiennent les *Œillets tige de fer*, dont les tiges robustes se tiennent toujours droites.

L'OEillet des fleuristes redoute les sols compacts et humides et prospère surtout dans les sols argilo-siliceux meubles, profonds et humeux, à exposition aérée et ensoleillée ; il exige, pour être conservé en pleine terre pendant un certain nombre d'années, d'être abrité pendant l'hiver contre l'hu-

midité et les brusques changements de température ; sans
cela, les variétés délicates dégénèrent rapidement et disparaissent. La multiplication se fait ordinairement par semis,
par bouturage ou par marcottes. Le premier moyen est employé pour obtenir de nouvelles variétés ; on sème en avril-
juin, à bonne exposition et en terre légère, on repique deux
fois, puis on élimine les plantes à fleurs simples, toujours
en grande proportion, au fur et à mesure qu'elles fleurissent,
pour ne conserver que les bonnes variétés. Le bouturage se
fait pendant toute l'année avec les jeunes rameaux que l'on
coupe près d'un nœud, que l'on pique en terre légère, à
mi-ombre, et que l'on couvre de cloches. Le marcottage (fig.
6) sert à reproduire les variétés que l'on veut perpétuer ;
c'est le mode de multiplication employé le plus fréquemment ;
à cet effet on pratique sur les rameaux, que l'on enterre,
une incision longitudinale de 2 ou 3 centimètres destinée à
favoriser le développement des racines ; ces rameaux sont
maintenus dans le sol à l'aide de petits crochets en bois.
Lorsque les marcottes sont enracinées, on les sépare du pied
mère pour les mettre en place.

D. PLUMARIUS L. *Œillet Mignardise.* — Plante vivace,
originaire de l'Europe septentrionale, fleurissant de juin en
juillet, remarquable par sa taille peu élevée qui la rend
très propre à la confection de bordures extrêmement florifères. Il en existe des variétés à fleurs simples ou doubles,
blanches, roses ou purpurines, d'une odeur très agréable,
à pétales frangés ou entiers. Les *Mignardises d'Écosse* ont
les fleurs grandes, d'un blanc plus ou moins rosé, avec centre pourpre ; leurs pétales sont frangés. Les *Mignardises
anglaises* ont les fleurs encore plus grandes présentant des
coloris variés ; leurs pétales sont entiers. Cette section renferme des variétés à fond blanc, à centre violet, pourpre,
marron, etc.

Les Mignardises sont des plantes rustiques préférant les
terrains meubles et légers et une exposition ensoleillée.
Multiplication d'éclats après la floraison ou de couchages
pendant l'été.

Dictamnus Fraxinella Pers. *Fraxinelle* (Famille des Rutacées) (fig. 83). — Plante vivace, indigène contenant une huile essentielle à odeur citronnée. Les feuilles sont composées. Les fleurs naissent en grappe terminale sur les tiges ; elles sont assez grandes, roses ou blanches, selon la variété et s'épanouissent en juin-juillet. La Fraxinelle est une plante propre à l'ornement des plates-bandes. Multiplication par division des touffes au printemps.

Fig. 83. — Dictamnus Fraxinelle.

Dielytra spectabilis DC. *Cœur de Jeannette* (Famille des Fumariacées) (fig. 84). — Superbe plante vivace originaire de la Chine, d'environ 75 centimètres de hauteur, donnant en mai-juin de longues grappes de fleurs d'un beau rose, dont la forme rappelle un peu celle d'un cœur ; elle refleurit à l'automne lorsqu'on a le soin de supprimer les premières fleurs, dès qu'elles sont passées, et de pincer l'extrémité des tiges. Le Cœur de Jeannette est employé surtout à orner les plates-bandes ; il préfère les sols légers, mais peut être planté à toutes les expositions. Multiplication par division des touffes, au printemps.

Diervilla rosea Masters. *Weigela* (Famille des Caprifoliacées). — Arbrisseau superbe originaire de la Chine et du Japon, de 1^m,50 à 2 mètres de hauteur, dont les fleurs, très abondantes, assez grandes et d'un beau rose, se succèdent de la fin d'avril en mai et souvent pendant une partie de l'été. Cette espèce, ainsi que les D. versicolor Sieb. et Zucc., D.

HORTENSIS Sieb. et Zucc., D. GRANDIFLORA Sieb. et Zucc., a donné naissance à un nombre considérable de magnifiques variétés que l'on devrait cultiver dans tous les jardins. Les *Diervilla* ne sont pas seulement des plantes d'une beauté exceptionnelle ; ils sont très rustiques et peuvent être cultivés dans n'importe quel sol et à n'importe quelle exposition. Il en existe des variétés naines, d'autres à feuillage panaché ; le coloris des fleurs varie entre le blanc pur, le rose, le rouge et le rouge brun. Dans certains cas, la même fleur peut montrer successivement ces diverses couleurs : d'abord presque blanche en s'épanouissant, elle devient plus tard rose, et enfin rouge pourpre. On comprend combien sont curieux les arbrisseaux sur lesquels on voit à la fois des fleurs en divers états présentant des coloris aussi singulièrement variés. Les fleurs naissent sur le bois d'un an ; il faut par conséquent, si l'on

Fig. 84. — Diclytra remarquable.

veut tailler les Weigelas, faire cette opération après la floraison, comme pour les Lilas, afin que les bourgeons aient le temps de se constituer pour fleurir l'année suivante. Ces arbrisseaux se multiplient par boutures faites sous cloche, sous châssis ou en plein air, au nord, depuis le mois de juillet, avec des pousses de l'année dont on coupe une partie des feuilles et que l'on pique en terre sablonneuse maintenue constamment humide à l'aide d'arrosements.

Digitalis PURPUREA L. *Digitale. Gant de Notre-Dame* (Famille des Scrophularinées (fig. 85). — Plante bisannuelle, indigène, pouvant atteindre jusqu'à 1^m,50 de hauteur, donnant en juin-juillet un grand nombre de fleurs tubuleuses, réunies en longue grappe unilatérale, d'un rose purpurin, à gorge ponctuée de brun ou de pourpre foncé. Il en existe plusieurs variétés, dont une à fleurs blanches. La Digitale convient à orner les plates-bandes, à former des corbeilles, etc. ; c'est une plante superbe qui affectionne les terrains sablonneux et secs, mais qui prospère dans tous les sols de jardin, pourvu qu'ils soient meubles. Semer en mai-juin, repiquer en pépinière et mettre en place à l'automne ou au printemps.

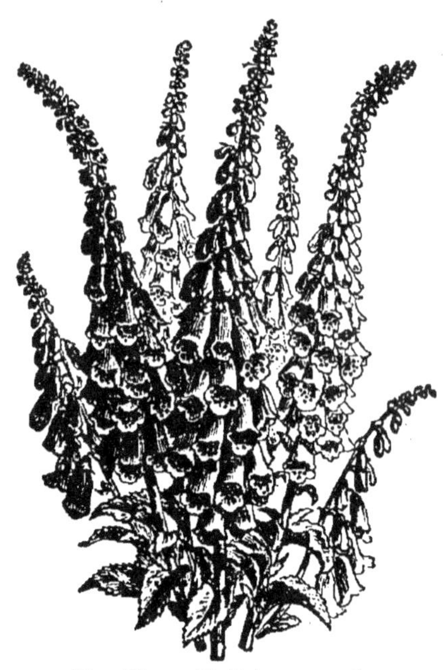

Fig. 85. — Digitale pourprée.

La Digitale est une plante vénéneuse.

Dimorphotheca PLUVIALIS Mœnch. *Souci hygromètre, Souci des pluies* (Famille des Composées). — Curieuse plante annuelle originaire du Cap, à tiges couchées, ne dépassant pas 40 centimètres de hauteur, à fleurs (capitules) s'épanouissant de juillet en août, rappelant quelque peu la Grande Marguerite, mais à centre (disque) purpurin et à pétales (ligules) blanc pur en dessus et purpurins en dessous. Les fleurs du Souci hygromètre s'ouvrent le matin et se ferment vers trois heures de l'après-midi ; elles ne s'épanouissent que lorsque le temps est clair et se referment quand survient la pluie. Semer d'avril en mai, en place.

Doronicum CAUCASICUM Bieb. *Doronic du Caucase* (Famille des Composées). — Jolie plante vivace à floraison printanière, dont la taille ne dépasse pas 30 centimètres. Ses fleurs (capitules), très nombreuses et d'un beau jaune, se succèdent d'avril en mai. Le Doronic du Caucase est très rustique ; on en peut faire de charmantes corbeilles en l'associant à des plantes qui fleurissent à la même époque. Croît dans tous les terrains et à toutes les expositions. Multiplication par division des touffes, après la floraison.

Dracocéphale de la Louisiane. — Voy PHYSOSTEGIA.

Dracocephalum MOLDAVICA Linné. *Moldavique, Mélisse turque* (Famille des Labiées). — Plante annuelle de 30 à 40 centimètres de hauteur, à feuilles et à fleurs aromatiques, dont l'odeur rappele celle de la Mélisse. Les fleurs, semblables à celles de la Sauge, sont bleu violacé pâle ou blanches selon les variétés. Semer en plein air en avril pour repiquer en place en mai.

Echeveria SECUNDA Booth (Famille des Crassulacées) (fig. 86). — Plante grasse originaire du Mexique, dont les feuilles forment une rosette rappelant celle de la *Joubarbe*, mais plus large, et dont les fleurs, qui se succèdent pendant tout l'été, sont d'un beau jaune orangé. Cette plante et sa variété *glauca* ne sont pas rustiques ; elles exigent d'être abritées pendant l'hiver, soit sous châssis, soit dans un local sec. Elles

Fig. 86. — Echévérie glauque

sont très employées dans les jardins, soit pour faire des bordures de corbeilles, soit dans les compositions de mosaïques. Multiplication par séparation des rejets que produisent les vieilles plantes.

Echinacea. — Voy. RUDBECKIA.

Echinops SPHÆROCEPHALUS Linné. *Boule azurée. Chardon bleu* (Famille des Composées). — Europe. Grande plante vivace à aspect de Chardon. Les tiges, de 1 m. 50 de hauteur, portent des feuilles profondément découpées, épineuses. Les fleurs sont réunies en capitules globuleux de 5 à 6 centimètres de diamètre, relevés de pointes divergentes comme les piquants d'un hérisson et d'un beau bleu. Fleurit en juillet-août. Cette plante est d'une rusticité à toute épreuve et sert à orner les grandes plates-bandes. Les capitules, desséchés avec précaution, conservent leur couleur et peuvent servir à la confection de bouquets perpétuels. Multiplication par division des touffes.

Emilia SAGITTATA DC. *Cacalie écarlate* (Famille des Composées). — Jolie petite plante annuelle originaire de l'Inde, dont la taille ne dépasse pas 50 centimètres, remarquable par l'abondance de ses fleurs, rouge cocciné, qui se succèdent depuis juillet jusqu'à la fin de septembre. Il en existe une variété à fleurs jaunes. Semer d'avril en mai en place, ou en pépinière, et alors planter à demeure de mai en juin.

Éphémère. — Voy. TRADESCANTIA VIRGINICA.

Érable panaché. — Voy. ACER.

Epilobium SPICATUM Lamarck. *Laurier de Saint-Antoine, Osier fleuri* (Famille des Onagrariées). — Plante vivace, indigène, de 1 mètre à 1m.50 de hauteur, à feuilles étroites allongées, rappelant celles de l'Osier ; à fleurs roses, en longs épis dressés, s'épanouissant en juillet-août.

E. ROSMARINIFOLIUM Hæncke. Plante vivace, indigène, différant de la précédente par ses tiges moins élevées (60 centimètres), plus grêles ; ses feuilles blanchâtres, plus étroites ; ses fleurs en épis moins denses.

Ces deux Epilobes sont très rustiques et propres à l'ornement des plates-bandes. On les multiplie par division des touffes.

Épine blanche. — Voy. CRATÆGUS OXYACANTHA.

Eranthis HYEMALIS Salisb. *Helléborine* (Famille des Renonculacées). — Petite plante vivace atteignant à peine 10 centimètres de hauteur, dont les fleurs, d'un beau jaune, sont les premières à annoncer le réveil de la végétation dans les jardins ; elles se succèdent en grand nombre de février en mars, et sont par conséqnent très appréciées des personnes qui habitent la campagne pendant l'hiver. On peut en faire de jolies bordures ou des tapis à toutes les expositions, même sous les arbres et sous les arbrisseaux dans les bosquets. L'Helléborine prospère dans tous les sols de jardins, mais préfère les terres légères ; on la multiplie par division des souches, après la floraison.

Erigeron speciosum DC. *Vergerole remarquable* (Famille des Composées) (fig. 87). — Plante vivace superbe, originaire de la Californie, haute d'environ 60 centimètres,

Fig. 87. — Erigeron gracieux.

ayant à peu près l'aspect de l'*Aster Amellus*, mais à pétales (ligules) beaucoup plus étroits et plus nombreux. Ses fleurs, d'un beau bleu violacé, se succèdent abondamment de juin en juillet. Cette belle plante n'est pas aussi répandue qu'elle le mérite ; elle peut servir à orner les plates-bandes. Multiplication par division des touffes, au printemps.

E. glabellum Nutt. *Vergerole glabre*. — Diffère de l'espèce précédente par sa taille beaucoup moins élevée, ne dépassant pas 25 centimètres. La floraison de la Vergerole glabre a lieu en même temps que celle de la V. remarquable ; c'est également une très belle plante vivace, propre surtout à faire des bordures.

Eschscholtzia californica Cham. *Californie* (Famille des Papavéracées) (fig. 88). — Très belle espèce cultivée comme plante annuelle dans les jardins. L'Eschscholtzie forme des touffes peu élevées, dont la taille ne dépasse pas 50 centimètres, lesquelles, depuis mai jusqu'en octobre, se couvrent de grandes fleurs d'un jaune brillant, à centre orangé. Il en existe des variétés à fleurs safranées, blanches ou roses, simples ou doubles. C'est une plante précieuse pour orner les plates-bandes; elle affectionne les terrains secs et légers et croît même dans les sols les plus sablonneux au bord de la mer. Semer en mars-avril, sur place.

Fig. 88. — Eschscholtzie de Californie.

Eucharidium GRANDIFLORUM Fisch. et Mey (Famille des Onagrariées). — Charmante petite plante annuelle originaire de la Californie, ressemblant beaucoup aux *Clarkia*, mais dont la taille ne dépasse pas 25 centimètres. Culture et emplois du *Clarkia pulchella*.

Eutoca. — Voy. PHACELIA.

Evonymus JAPONICUS Thunb. *Fusain du Japon* (Famille des Célastrinées). — Arbrisseau à feuilles persistantes, très fréquemment cultivé, recherché surtout pour son extrême rusticité et pour la facilité de sa culture. Le Fusain du Japon peut atteindre jusqu'à 4 mètres et plus de hauteur ; son feuillage, d'un beau vert en toute saison, est très ornemental. Il en existe des variétés remarquables, à feuillage diversement panaché de jaune d'or et de blanc argenté ; l'une d'elles, nommée *Fusain à pointes dorées*, présente, au printemps, des jeunes pousses d'un beau jaune, qui tranchent d'une manière agréable sur les autres parties de la plante qui restent vertes. Cette coloration se montre dès février ; elle persiste pendant plusieurs mois et rend cet arbrisseau très ornemental. Toutes ces variétés sont très vigoureuses et des plus recommandables. On peut les cultiver à l'ombre aussi bien qu'en plein soleil et dans n'importe quel sol. Multiplication par boutures.

E. RADICANS Sieb. et Zucc., *Fusain rampant.* — Cette espèce atteint à peine 25 centimètres de hauteur ; ses tiges rampent sur le sol en émettant çà et là des racines, ce qui rend la plante très précieuse pour former des bordures ou des tapis de verdure à l'instar du Lierre. Il en existe des variétés à feuilles bordées ou panachées de blanc, de rose ou de jaune. Ce sont de jolis petits arbustes parfaitement rustiques, venant également bien dans tous les sols et à toutes les expositions. Multiplication par séparation des tiges enracinées.

Faux-Ebénier.— Voy. CYTISUS LABURNUM.

Ferula COMMUNIS L. *Férule* (Famille des Ombellifères). — Superbe plante vivace formant d'énormes touffes, à feuillage d'un beau vert et très finement découpé et dont la tige florale peut atteindre jusqu'à 2 m. 50 de hauteur. Cette plante produit un très bon effet lorsqu'elle est isolée sur les pelouses ; elle prospère surtout dans les terres meubles et profondes. Multiplication par semis faits dès la maturité des graines ; mettre en place avant que les racines, qui deviennent énormes, aient pris un trop grand développement.

Filipendule. — Voy. SPIRÆA FILIPENDULA.

Flambe, Flamme. — Voy. IRIS.

Flèche d'eau, Fléchière. — Voy. SAGITTARIA.

Fleur de veuve. — Voy. SCABIOSA ATROPURPUREA.

Flox. — Voy. PHLOX.

Forsythia VIRIDISSIMA Lindl. (Famille des Oléacées). — Arbrisseau de la Chine septentrionale, d'environ 2 m. 50 de hauteur, dont les rameaux se couvrent, en mars-avril, d'un nombre considérable de fleurs jaunes, en forme de petites cloches, lesquelles apparaissent avant le développement des feuilles. C'est l'un des plus beaux ornements des bosquets au printemps. Le *Forsythia* doit être taillé après la floraison, comme le Lilas ; on le multiplie par boutures qui s'enracinent facilement.

F. SUSPENSA Vahl. et F. FORTUNEI Lindl. — Ces deux plantes sont originaires de la Chine et du Japon. Ce sont des arbrisseaux buissonnants, à rameaux grêles sarmenteux, longs et retombants, très recommandables par leur extrême floribondité, leur vigueur et leur rusticité. Comme l'espèce précédente, ils se couvrent de fleurs jaune d'or depuis le mois de mars jusqu'en avril. Multiplication des plus faciles par boutures et par marcottes qui s'enracinent très rapidement.

Fougère mâle. — Voy. POLYSTICHUM FILIX MAS.

Fougère royale. — Voy. OSMUNDA REGALIS.

Fragaria INDICA Andr. *Fraisier des Indes* (Famille des Rosacées). — Plante vivace originaire du Népaul. Comme les autres Fraisiers, sa souche émet de nombreux **rejets** très allongés, feuillés. Mais, contrairement aux autres espèces du genre, les fleurs sont jaunes ; elles s'épanouissent successivement pendant tout l'été et donnent naissance à de nombreux fruits rouges, à peine charnus, non comestibles, enveloppés en partie par le calice persistant.

Le Fraisier des Indes est propre à orner les vases suspendus, à constituer des bordures, etc. Il est très rustique et se multiplie par division des touffes.

Fig. 89. — Couronne impériale (*Fritillaria*).

Fritillaria IMPERIALIS L. *Fritillaire, Couronne impériale* (Famille des Liliacées) (fig. 89). — Belle plante bulbeuse, originaire d'Orient, donnant

en avril une tige d'environ 1 mètre de hauteur, terminée par
un petit bouquet de feuilles au-dessous desquelles pendent
plusieurs grandes fleurs ressemblant à des Tulipes renver-
sées et d'un rouge brique. La Couronne impériale produit
un bel effet dans les parterres ; elle exige un sol profond,
meuble, bien sain et une exposition aérée. Cette plante est
très rustique ; on doit la relever tous les deux ou trois ans,
vers le mois de juillet, alors qu'elle a cessé de végéter, pour
détacher les caïeux qui servent à la multiplication. On
doit replanter de suite les gros bulbes qui, s'ils restaient
trop longtemps hors du sol, ne fleuriraient pas l'année suivante. Il en existe plusieurs variétés.

Fritillaire. — Voy. FRITILLARIA.

Fuchsia (Famille des Onagrariées). — Charmants arbrisseaux, la plupart originaires du Chili et du Mexique,
dont les jolies fleurs, pendantes, simples ou doubles, offrent
les coloris les plus variés. Il existe dans les jardins un
nombre considérable de variétés qu'il est souvent difficile
de rattacher aux espèces botaniques ; les unes présentent
des fleurs unicolores, les autres ont le calice et la corolle de
couleurs différentes. Parmi les espèces le plus généralement connues, nous citerons :

F. COCCINEA Ait. — Arbrisseau pouvant atteindre 1m.50
de hauteur, donnant pendant l'été un grand nombre de
petites fleurs à calice rouge cocciné et à corolle violette ;

F. GLOBOSA Lindl. — Arbrisseau pouvant atteindre 2
mètres de hauteur, à fleurs globuleuses, à calice rouge
pourpre et à corolle violette ;

F. FULGENS Moç. et Sessé. — A feuilles très larges, ovales, en cœur, à fleurs réunies en grappes, d'un rouge vermillon et dont le calice est très long et cylindrique ;

F. GRACILIS Lindl. — Du Mexique, à rameaux très grêles
et à fleurs petites, effilées, mais d'une abondance extrême.
C'est le plus rustique des Fuchsia. Il forme dans le sud-
ouest de la France et sur le littoral de la Manche, jusqu'à
Cherbourg, d'énormes buissons qui se couvrent de fleurs
pendant toute la belle saison.

Le F. Riccartoniana Hortorum est, pense-t-on, un hybride des *F. coccinea* et *globosa*. C'est celui qui peut être cultivé avec le plus de succès, en plein air, sous le climat de Paris. Ses fleurs sont grêles mais abondantes. Les tiges gèlent lorsque les hivers sont rigoureux, mais la souche peut être facilement protégée à l'aide d'une couverture de feuilles sèches et émet de nouvelles pousses au printemps.

Les *Fuchsia* peuvent servir à l'ornementation des parterres pendant l'été, à la condition de les planter à mi-ombre et dans un sol meuble, substantiel et frais. Il est nécessaire de les relever à l'automne pour les mettre en pots, et les hiverner dans un endroit éclairé, à l'abri du froid et de l'humidité. Les *Fuchsia* se multiplient de boutures faites sur couche, au printemps, l'enracinement se fait très rapidement. Pendant l'été, le bouturage se fait à l'air libre.

Fumeterre bulbeuse, Fumeterre jaune, F. tubéreuse. — Voy. Corydalis.

Fig. 90. — Hémérocalle bleue.

Funkia ovata Spreng. *Hémérocalle bleue* (Famille des Liliacées) (fig. 90). — Belle plante vivace originaire de la Chine, à feuilles ovales cordiformes, fortement nervées, à tige florale d'environ 50 centimètres de hauteur, portant un certain nombre de fleurs tubuleuses et d'un bleu violacé, qui s'épanouissent de mai en juillet.

F. subcordata Spr. *Hémérocalle du Japon.* — Feuilles plus grandes que celles de l'espèce précédente, plissées, d'un vert gai. En juillet-septembre, fleurs plus grandes que celles de l'Hémérocalle bleue, mais moins nombreuses, blanches et formant un épi unilatéral.

F. lancifolia Thunb. — Espèce à feuilles plus étroites et

à fleurs bleuâtres. Il en existe une variété à feuilles rubanées de blanc.

F. Sieboldiana Lodd. — Espèce à fleurs blanchâtres, remarquable par ses feuilles ovales, glauques à la face inférieure.

Les *Funkia* sont de fort jolies plantes qui conviennent surtout à orner les parties ombragées et fraîches des jardins. Les *F. subcordata* et *lancifolia* doivent être protégés du froid à l'aide de feuilles sèches pendant l'hiver. Ces plantes forment de charmantes bordures. On les multiplie par division des touffes au printemps.

Fusain. — Voy. Evonymus.

Gaillardia picta Sweet (G. Drummondii Dc.). *Gaillarde peinte* (Famille des Composées) (fig. 91). — Superbe plante vivace originaire du Mexique, à rameaux couchés, puis dressés, d'environ 50 centimètres de hauteur. Capitules nombreux, se succédant de juin-juillet en septembre, grands, à disque d'abord jaune, puis brun, entouré de pétales (ligules) purpurins, bordés de jaune au sommet. Il existe nombre de variétés, les unes présentant des fleurs unicolores, purpurines, les autres à fleurs bicolores, dont les pétales ont une partie blanche et une partie rouge. Dans la variété *Aurore boréale* (fig. 91), les fleurs de la périphérie des capitules sont longuement développées en entonnoir et forment une élégante collerette comme dans le Bleuet.

Le G. p. *Lorenziana* ou *à fleurs doubles* est une ravissante variété dans laquelle la plus grande partie des fleurs des capitules sont développées en cornet et présentent des coloris très divers, allant du jaune pâle au jaune orangé plus ou moins vineux et au pourpre foncé. Cette variété a donné naissance à des sous-variétés remarquables par la dimension de leurs capitules qui peuvent atteindre jusqu'à 8 centimètres de diamètre.

Les Gaillardes sont des plantes d'un mérite exceptionnel pour l'ornement des jardins ; quoique vivaces, on les cultive le plus généralement comme plantes annuelles. On les sème sous châssis, en février-mars, on les repique sous châssis et on les met en pleine terre en avril-mai. Le semis ne reproduisant pas toujours exactement les variétés, il faut multiplier celles que l'on veut conserver, au moyen de boutures

Fig. 91. — Gaillarde peinte « Aurore boréale ».

que l'on fait sous cloche au premier printemps ou à la fin de l'été, et qui reprennent facilement. Les Gaillardes aiment les terres légères et humeuses.

Galane barbue. — Voy. CHELONE BARBATA.

Galanthus NIVALIS L. *Perce-neige* (Famille des Amaryllidées) (fig. 92). — Petite plante bulbeuse indigène, d'environ 15 centimètres de hauteur, fleurissant en février-mars, ce qui constitue son principal mérite ; ses fleurs, peu nombreuses, sont petites, en forme de clochettes pendantes, blanches, avec une tache verte à l'extrémité des trois divisions intérieures. Il en existe une variété à fleurs doubles.

Le Perce-neige convient surtout à former des bordures

ou de petits groupes dans les parties fraîches et ombragées des jardins, en l'associant aux quelques plantes à floraison printanière *Crocus*, *Eranthis*, *Scilles*, etc. On peut laisser les bulbes en place pendant plusieurs années. On ne les relève que lorsqu'ils ont tout à fait cessé de végéter pour séparer les caïeux ou petits bulbes qui servent à la multiplication ; on doit alors replanter immédiatement le tout, soit dans un autre endroit, soit sur le même emplacement après avoir renouvelé la terre.

Fig. 92. — Perce-neige (*Galanthus*).

Galega officinalis L. *Rue de Chèvre* (Famille des Légumineuses) (fig. 93).— Plante vivace souvent cultivée dans les jardins sous le nom impropre de *Sainfoin d'Espagne*. Cette espèce est originaire de l'Europe méridionale ; elle forme des touffes compactes qui atteignent jusqu'à 1 m. 50 de hauteur. Fleurs petites, en épis nombreux, bleues ou blanches selon les variétés. Croît dans tous les terrains et à toutes les expositions. Multiplication par division des touffes au printemps.

Fig. 93. — Galéga officinal.

Gant de Notre-Dame. — Voy. Digitalis purpurea.

Gaura Lindheimeri Engelm. et Gray (Famille des Onagrariées). — Belle plante vivace originaire de l'Amérique septentrionale, de 1m. 50 et plus de hauteur, se couvrant, de juin en septembre, d'un nombre considérable de fleurs d'un blanc rosé, disposées en longues grappes légères et flexueuses, très élégantes. Le *Gaura de Lindheimer* convient à orner les plates-bandes ; associé à d'autres plantes, il donne aux corbeilles une légèreté incomparable ; aussi est-il recherché pour cet usage. On le cultive souvent comme plante annuelle en le semant en avril, en pépinière et à bonne exposition, ou mieux sous châssis ; on met le plant en place, en mai. Il faut couvrir les touffes avec des feuilles sèches pendant l'hiver, pour les garantir du froid.

Gazon. — Voy. article spécial, p. 56.

Gazon d'Olympe. — Voy. ARMERIA MARITIMA.

Gazon turc. — Voy. SAXIFRAGA HYPNOIDES.

Genêt d'Espagne. — Voy. SPARTIUM JUNCEUM.

Gentiana ACAULIS L. *Gentiane acaule* (Famille des Gentianées) (fig. 94). — Petite plante alpine vivace, gazonnante, propre à faire des bordures dans les parties mi-ombragées des jardins. La Gentiane sans tige est remarquable par ses fleurs d'un bleu superbe, très grandes comparativement aux dimensions de la plante entière, longues de 5 centimètres sur 4 de diamètre, en forme de cloche. La floraison a lieu en mai-juillet.

Fig. 94. — Gentiane acaule.

Multiplication par division des touffes, au printemps. Cette jolie petite plante ne réussit bien que dans les terres argilosiliceuses.

Géranium. — Voy. PELARGONIUM.

Geranium. — On distingue les *Geranium* vrais des *Pelargonium* par les fleurs à cinq sépales non bossus ni éperonnés ; par les pétales égaux au lieu d'être de dimensions inégales. Les *Geranium* sont des plantes indigènes, vivaces ou annuelles ; les *Pelargonium* cultivés sont des plantes du Cap de Bonne-Espérance, à tige ligneuse à la base.

G. sanguineum L. *Géranium sanguin* (Famille des Géraniacées). — Plante vivace, indigène, d'environ 30 centimètres de hauteur, rameuse, à fleurs purpurines se succédant de mai en juin, donnant souvent une seconde floraison à l'automne.

G. armenum Boissier. — Orient. Belle plante vivace de 60 centimètres de hauteur. Fleurs très grandes (4 centimètres de diamètre) d'un rouge violacé très brillant.

G. pratense L. *G. des prés.* — Espèce à fleurs assez grandes, bleues, blanches, simples ou doubles, selon les variétés.

G. platypetalum Fisch. et Mey. (fig. 95). — Belle plante ayant le port des précédentes, mais à fleurs mesurant 3 centimètres et plus de diamètre, et d'un bleu violacé superbe.

Fig. 95. — Géranium à larges pétales.

G. macrorhizum L. Espèce à fleurs rouge carmin.

Toutes ces plantes, et plusieurs autres espèces du même genre, fleurissent de mai en juin, et conviennent bien à l'ornement des jardins ; elles sont très rustiques et se plaisent dans tous les terrains et à toutes les expositions, quoiqu'elles préfèrent la lumière et les sols légers. Multiplication par division des touffes, au printemps.

Gerbe d'or. — Voy. Solidago.

Germandrée. — Voy. Teucrium.

Gesse. — Voy. Lathyrus.

Gilia tricolor Benth. (Famille des Polémoniacées). — Charmante plante annuelle originaire de la Californie, à tiges couchées ne dépassant pas 40 centimètres de hauteur, à feuillage très découpé. Fleurs nombreuses, petites, réunies par bouquets de 5 ou 6, s'épanouissant de juillet en août, à fond jaune, à gorge purpurine et à limbe d'un bleu pâle. Il en existe plusieurs variétés à fleurs blanches, roses ou bleues ; il y a aussi des variétés, dont la taille ne dé-

passe pas 25 centimètres (G. tricolore nain compact) (fig. 96). Les *Gilia* forment des bordures qu'il est nécessaire de voir de près, mais qui sont des plus élégantes. Semer sur place de mars en mai.

G. CORONOPI-FOLIA Pers. (Syn. *Ipomopsis elegans* Michx.). — De l'Amérique septentrionale.

Fig. 96. — Gilia tricolore nain compact.

Plante bisannuelle, de 75 centimètres à 1ᵐ20 de hauteur, à fleurs tubuleuses, rouge écarlate, rouge vif ou jaunâtre, selon les variétés, disposées en longues grappes dressées et s'épanouissant de juin en octobre. Cette superbe plante redoute l'humidité excessive ; on doit la semer en août, sur place, à bonne exposition.

Giroflée jaune. — Voy. CHEIRANTHUS CHEIRI.

Giroflée de Mahon. — Voy. HESPERIS MARITIMA.

Giroflée Quarantaine. — Voy. MATTHIOLA ANNUA.

Gladiolus. GLAÏEUL (Famille des Iridées). — On cultive quelquefois dans les jardins les G. COMMUNIS L. et G. BYZANTI-NUS, à fleurs peu grandes, roses, rouges ou blanches selon les variétés, s'épanouissant en juin. On suppose que les Glaïeuls à grandes fleurs, dits *Glaïeuls de Gand* (G. gan-

davensis Hort.), *hybrides*, sont issus du G. CARDINALIS Curt. croisé par le G. PSITTACINUS Hook., plantes originaires du Cap de Bonne-Espérance.

Le Glaïeul de Gand (fig. 97) a été mis au commerce par Van Houtte ; il a donné naissance à un nombre considérable de variétés, remarquables autant par les dimensions des fleurs que par la richesse et la diversité des coloris, qui comprennent toutes les nuances entre le rouge, le rose, le violet, le jaune et le blanc. Les fleurs, rarement unicolores, sont panachées, maculées, flammées, striées de tons plus clairs ou plus foncés.

Une race nouvelle de Glaïeuls a été obtenue par M. Lemoine, l'habile horticulteur de Nancy, auquel nous devons un bon nombre de plantes intéressantes, en hybridant le G. PURPUREO-AURATUS Hook. f., de Natal, par une variété du Glaïeul de Gand. Les deux premiers hybrides ont figuré à l'Exposition universelle de Paris en 1878, et aujourd'hui les catalogues des horticulteurs en énumèrent un grand nombre sous le nom de *Glaïeuls de Lemoine* (*G. Lemoinei*). Ces plantes présentent des coloris autrefois inconnus dans les

Fig. 97. — Glaïeul de Gand.

Glaïeuls, lesquels varient entre le cramoisi, l'écarlate, l'orangé, le jaune d'or, le carmin et le violet ; les fleurs portent en outre de larges macules pourpre brun à la base des divisions internes. Le *G. Lemoinei*, croisé à son tour par le *G. Saundersii* Hook. f., du Cap, a donné naissance à une race caractérisée par de très grandes fleurs : les *G. nanceianus*. La floraison des Glaïeuls a lieu de juillet en octobre.

La culture des Glaïeuls est des plus faciles. Après avoir fait un choix de variétés belles et vigoureuses, on plante les bulbes en mars-avril, dans une terre neuve, saine, n'ayant reçu comme engrais que du terreau ou du fumier très décomposé ; on les enterre de 7 à 8 centimètres en ménageant un écartement d'environ 20 centimètres entre eux. Lorsque la floraison est passée, on casse l'extrémité des tiges, afin que les bulbes ne s'épuisent pas à former des graines, si l'on n'en a pas l'emploi ; les feuilles ne tardent pas à jaunir et l'on peut alors procéder à l'arrachage. Les bulbes récoltés sont mis à se ressuyer dans un lieu aéré, à l'abri du soleil, puis serrés dans un endroit sec où ils resteront protégés contre le froid jusqu'au moment de la replantation.

La multiplication se fait avec les caïeux que l'on sépare des gros bulbes et que l'on cultive à part jusqu'à ce qu'ils soient de force à fleurir, ce qui arrive au bout de deux à quatre années.

On ne doit pas cultiver les Glaïeuls deux années de suite à la même place et éviter l'emploi du fumier frais comme engrais. Les bulbes sont très recherchés des vers blancs, auxquels on doit faire une chasse incessante jusqu'à leur disparition. Le semis n'est pratiqué que par l'obtention de nouvelles variétés.

Glaïeul. — Voy. GLADIOLUS.

Glaïeul bleu. — Voy. IRIS GERMANICA.

Glycine. — Voy. WISTARIA.

Godetia RUBICUNDA Spach (Syn. : *G. amœna* G. Don) ; *Enothère pourpre* (Famille des Onagrariées). — Belle plante annuelle originaire de la Californie, d'environ 60 centimètres de hauteur, donnant, de juin en août, un

grand nombre de fleurs larges d'environ 4 centimètres, en
forme de coupe, d'un beau rose violacé, portant une tache
purpurine à la base de chaque pétale ; il existe une variété dans laquelle les macules sont plus larges et de couleur plus accentuée (*Godétie éclatante*) ; cette variété a
elle-même donné naissance à une autre, dont les fleurs sont

Fig. 98. — Godétie Lady Albemarle.

doubles et très remarquables. Une autre race à fleurs d'un
blanc carné et à pétales maculés de pourpre porte le nom
de *Godétie de Schamin*. Mais ces plantes sont dépassées en
beauté par les variétés issues de la *Godétie* de *Whitney*
(G. Whitneyi Hort.), lesquelles sont plus naines et ont des
fleurs qui atteignent jusqu'à 6 centimètres de diamètre. Le
G. W. brillant a les fleurs d'un rouge éclatant ; le *G. Lady
Albemarle* (fig. 98) les a d'un rouge brillant un peu violacé ; enfin, elles sont d'un blanc pur dans les variétés *Duchesse d'Albany* et *Duchesse de Fife*.

Les *Godetia* sont des plantes d'un mérite exceptionnel
pour l'ornement des jardins. Presque tous présentent cet

avantage que leurs rameaux, coupés et mis en bouquets, dans l'eau, se maintiennent très longtemps, et qu'ils continuent même à épanouir leurs boutons à fleurs. Leur culture est facile ; il suffit de les semer de mars en mai, sur place, et d'éclaircir, afin que les plantes puissent se développer librement et vigoureusement. Les chaleurs les fatiguent souvent lorsqu'ils sont cultivés en terrain sec et léger ; ils préfèrent les sols consistants, frais et humeux. Ils sont souvent attaqués par la puce de terre ou altise.

Gomphrena GLOBOSA Linné. *Amarantoïde* (Famille des Amarantacées). — Inde. Plante annuelle de 25 centimètres de hauteur, à feuilles rappelant celles des Amarantes, mais à fleurs groupées en têtes globuleuses à l'extrémité des pédoncules qui naissent au sommet des tiges. Les fleurs sont d'un violet brillant dans le type de l'espèce, mais il en existe des variétés à fleurs roses, carnées, blanches ou blanches striées de violet. Cette jolie petite plante prospère surtout en sol fertile, léger, à exposition ensoleillée. Séchées avec soin, ses inflorescences peuvent servir à former des bouquets perpétuels. Semer les graines en avril, sous châssis, repiquer et mettre en place fin mai.

Gourde pèlerine. — Voy. LAGENARIA.

Goutte de sang. — Voy. ADONIS.

Groseilliers d'ornement. — Voy. RIBES.

Gueule-de-Lion, Gueule-de-Loup. — Voy. ANTIRRHINUM MAJUS.

Gynerium ARGENTEUM Nees. *Herbe à plumets* (Famille des Graminées) (fig. 99). — Herbe vivace originaire du Paraguay, formant des touffes énormes. Hampes florales de 2 mètres et plus de hauteur, terminées par des panicules ou plumets d'aspect soyeux et argenté d'un effet très ornemental. Ces magnifiques panaches se montrent de septembre en octobre et sont recherchés pour faire des bouquets perpétuels : ceux qui sont portés par les pieds mâles sont beaucoup plus légers que ceux des pieds femelles. Il en existe une variété à plumets roses. Cette belle plante convient surtout à orner les pelouses, sur lesquelles elle produit le meilleur effet lorsqu'elle est plantée en touffe isolée. Il est nécessaire d'attendre la fin de l'hiver pour couper les feuilles et les tiges florales qui peuvent garantir la souche contre les froids. Sous le climat de Paris, il est nécessaire de relever ces feuilles à l'entrée de la mauvais saison, après avoir supprimé dans la touffe tout ce qui pourrait se décomposer et déterminer la pourriture, puis de les rapprocher à l'aide de liens pour les envelopper d'une chemise de paille que l'on entoure de feuilles sèches à la base.

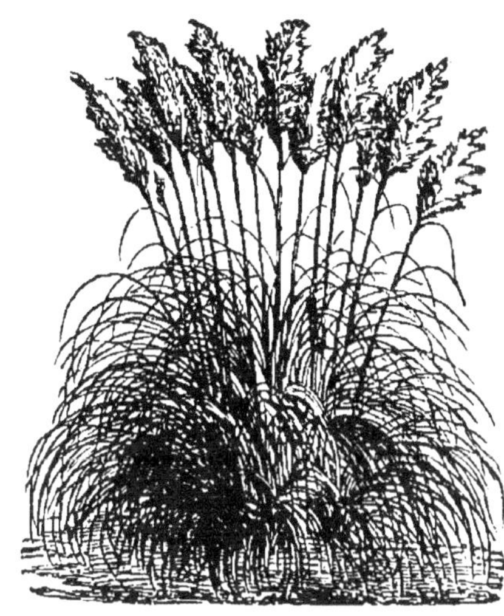

Fig. 99. — Herbe à plumets (*Gynerium*).

Le Gynérium prospère surtout dans les sols légers et secs ou, dans tous les cas, bien ameublis.

Multiplication par division des touffes, à l'automne (les éclats conservés en pots sous châssis pendant l'hiver sont mis en place en avril); ou bien par semis faits en mars-avril sur couche ; on repique le plant sur couche pour mettre en place fin mai.

Gypsophila PANICULATA L. *Œillet d'amour, Brouillard* (Famille des Caryophyllées). — Belle plante vivace originaire de la Sibérie, formant des touffes très rameuses et très élégantes d'environ 1 mètre de hauteur. De juin en août, fleurs blanches, extrêmement petites, mais très nombreuses, portées sur des rameaux grêles, d'une légèreté incomparable et des plus précieuses pour la composition des bouquets. Il en existe une très belle variété à fleurs doubles dont les fleurs ont une plus longue durée. La Gypsophile se plaît dans tous les terrains ; elle est très rustique ; on la multiplie, soit par semis faits d'avril en juin, en pépinière, pour repiquer en pépinière et mettre en place au printemps ; soit par division des touffes au printemps.

G. ELEGANS Bieb. — Espèce annuelle, du Caucase, d'environ 50 centimètres de hauteur. Même emploi que la précédente. Semer en avril-mai, sur place. La floraison a lieu en juillet-août.

Haricot d'Espagne. — Voy. PHASEOLUS MULTIFLORUS.

Hedera HELIX L. *Lierre* (Famille des Araliacées). — Arbrisseau grimpant indigène, dont les usages sont très nombreux dans les jardins, où l'on s'en sert pour garnir les vieux murs, le tronc des arbres dénudés, etc. ; on en fait aussi des bordures toujours vertes. Le Lierre a l'avantage d'être très rustique et de croître dans n'importe quels terrains et dans les endroits les plus ombragés. Il ne redoute que l'exposition en plein soleil et les sols trop secs. Il existe un grand nombre de variétés de cette plante, les unes à feuilles entières, quelquefois très grandes, les autres petites, laciniées, digitées, palmées, sagittées ; il y en a également de panachées, argentées, dorées, maculées, tricolores, etc. Multiplication par marcottes, ou par boutures qui s'enracinent facilement à l'automne.

Fig. 100. — Sainfoin d'Espagne.

Hedysarum CORONARIUM L. *Sainfoin d'Espagne* (Famille des Légumineuses) (fig. 100). — Plante vivace, de l'Europe méridionale, d'environ 1 mètre de hauteur ; en juin-juillet, fleurs en épis assez longs, d'un rouge brillant, blanches dans une variété. Le Sainfoin d'Espagne est une jolie plante ; il prospère surtout dans les terrains frais, profonds, meubles et à bonne exposition. Semer en avril-mai, en pépinière, repiquer en pépinière et mettre en place à l'automne ou au printemps suivant. Il est prudent de couvrir les touffes avec des feuilles sèches à l'entrée de l'hiver.

Helenium AUTUMNALE Linné (Famille des Composées). — Amérique septentrionale. Plante vivace très rustique, de 1ᵐ à 1ᵐ,50 de hauteur, dont les fleurs, d'un beau jaune d'or, sont produites en grand nombre à l'automne. On en cultive plusieurs variétés : *superbum*, *striatum*, etc.; dans cette dernière, les ligules sont striées de brun sur fond jaune. Multiplication par division des touffes.

Helianthus ANNUUS L. *Soleil*, *Tournesol* (Famille des Composées). — Grande plante annuelle originaire du Pérou, pouvant atteindre jusqu'à 2ᵐ,50 de hauteur, dont les fleurs sont réunies en capitules énormes, mesurant jusqu'à 40 centimètres de diamètre. Cette espèce a donné naissance à plusieurs variétés, de taille élevée ou naines, à fleurs simples ou doubles, à feuilles panachées, etc. La variété à fleurs en boule est certainement l'une des plus belles.

Fig. 101. — Immortelle à bractées (*Helichrysum*).

Le Soleil croît dans tous les terrains ; mais pour se développer vigoureusement, il a besoin d'engrais et d'arrosements copieux. Une bonne exposition lui est nécessaire. Semer en avril-mai, sur place ou en pépinière ; dans ce dernier cas, repiquer en place en mai-juin.

H. ARGOPHYLLUS Asa Gray. — Texas. Annuel. Ne diffère de

l'*H. annuus* que par ses tiges moins élevées, ses feuilles d'un blanc argenté, soyeuses ; ses capitules plus petits, mais plus nombreux, à disque pourpre noirâtre. Même culture.

H. MULTIFLORUS L. *Soleil vivace (variété à fleurs pleines).* — Belle plante vivace, très rustique, originaire de l'Amérique septentrionale, de 1 mètre à 1ᵐ,25 de hauteur, donnant, en août-septembre, un grand nombre de capitules beaucoup plus petits que ceux de l'espèce précédente également, jaunes et d'un effet très ornemental. Le Soleil vivace à fleurs doubles convient à orner les plates-bandes ; on le multplie par division des touffes, au printemps.

H. LÆTIFLORUS Pers. — Espèce vivace de l'Amérique septentrionale, à tiges atteignant 2 mètres de hauteur. C'est une fort belle plante dont les fleurs (capitules), larges de 8 à 10 centimètres, s'épanouissant en août-septembre, sont très recherchées pour la confection des bouquets. Il en existe plusieurs variétés.

H. RIGIDUS Desfontaines (Harpalium rigidum Desf.). — Amérique septentrionale. Plante vivace de 1 mètre à 1 m.50 de hauteur, à feuilles blanchâtres. En août-septembre, capitules jaunes, de 8 centimètres de diamètre, à disque brun. Même culture.

Helichrysum BRACTEATUM Willd. *Imortelle à bractées* Famille des Composées) (fig. 101). — Belle plante annuelle originaire de l'Australie, d'environ 1 mètre de hauteur, à fleurs (capitules) nombreuses, se succédant de juillet en octobre. Cette espèce et l'*Immortelle à grandes fleurs* (H. MACRANTHUM) ont donné naissance à des variétés naines dont la taille ne dépasse pas 40 centimètres ; il en existe à fleurs doubles, d'un jaune doré, orangé ou cuivré, blanches, roses, violettes, etc., qui conservent leur couleur étant séchées, et qui peuvent par conséquent servir à former des bouquets perpétuels.

Les Immortelles à bractées conviennent à orner les plates-bandes ; elles prospèrent surtout en sols légers et à exposition ensoleillée. Semer en mars-avril, à bonne exposition, et repiquer en place en mai.

Heliopsis LÆVIS Pers. (Famille des Composées). — Amérique septentrionale. Plante vivace à tiges de 1 m. 50 de hauteur, ramifiées au sommet et portant, en août-septembre et octobre, des capitules de 7 à 10 centimètres de diamètre, de couleur jaune d'or. Il en existe plusieurs variétés : *Pitcherianus*, *Soleil d'or*, à fleurs plus grandes, simples ou demi-doubles.

Ce sont de fort belles plantes, très rustiques et précieuses pour l'ornement des jardins à l'arrière-saison. Leurs fleurs ont une très longue durée. Multiplication par division des touffes.

Héliotrope. — Voy. HELIOTROPIUM.

Héliotrope d'hiver. — Voy. NARDOSMIA FRAGRANS.

Heliotropium PERUVIANUM L. *Héliotrope* (Famille des Boraginées). — Arbuste aux petites fleurs lilas, agréablement parfumées. Cette belle plante est des plus précieuses pour orner les jardins, où sa floraison se prolonge depuis le mois de juin jusqu'aux gelées. Il en existe plusieurs variétés à fleurs d'un bleu foncé, violet foncé, bleu pâle ou presque blanches, etc. M. Lemoine, de Nancy, et M. Bruant, de Poitiers, en ont obtenu des hybrides et des variétés à inflorescences très développées.

Les Héliotropes se recommandent autant par la nuance de leurs fleurs que par la délicieuse odeur qu'elles exhalent, soit pour orner les plates-bandes, soit pour la plantation des corbeilles ; il est nécessaire de les conserver l'hiver comme les *Pélargonium*, soit sous châssis, soit dans un local clair à l'abri du froid ; mais, comme les plantes obtenues de semis pratiqués de bonne heure arrivent à fleurir dès le mois de juin, il est possible de les cultiver comme plantes annuelles. Il faut alors semer les graines sur couche, en mars, repiquer sur couche, et mettre en place en mai-juin. On peut aussi faire, à l'automne, des boutures qui reprennent avec la plus grande facilité, et que l'on conserve sous châssis jusqu'à la fin de l'hiver, en ayant soin de ne pas les arroser trop.

Helleborus NIGER L. *Rose de Noël* (Famille des Renon-

culacées).— Plante vivace indigène, d'environ 25 centimètres de hauteur, à fleurs assez grandes, de 8 à 10 centimètres de diamètre, s'épanouissant de décembre en février-
mars, époque pendant laquelle il n'existe pas d'autres fleurs
dans les par-
terres. La Rose
de Noël a les
fleurs d'un
blanc rosé,
mais on culti-
ve maintenant
un grand nom-
bre d'espèces,
de variétés, de
métis et d'hy-
brides de cou-
leurs très va-
riées (fig. 102),
allant du blanc
pur au rose vi-
neux et au
rouge pourpre
plus ou moins
foncé ; il en
existe égale-
ment à fleurs

Fig. 102. — Hellébores (*Helleborus*).

jaunâtres et verdâtres ou diversement panachées.

Les Hellébores sont des plantes très précieuses pour orner les jardins pendant la mauvaise saison, et on ne saurait trop en recommander la culture. Elles sont très robustes et très rustiques, croissent dans tous les sols et à toutes
les expositions, mais préfèrent les terrains frais et consistants, argileux ou calcaires, et une exposition ombragée.
On les multiplie par division des touffes, au printemps,
après la floraison.

Helléborine. — Voy. Eranthis hyemalis.

Hemerocallis flava L. *Hémérocalle jaune* (fig. 103). *Lis* *jaune* (Famille des Liliacées). — Belle plante vivace originaire de l'Europe méridionale, d'environ 1 mètre de hauteur, à racines tubéreuses ; à feuilles longues et étroites, en touffes assez volumineuses. En mai-juin, fleurs rappelant, comme forme, celles du Lis, mais jaunes, et plus petites.

H. FULVA L. — Espèce à fleurs plus grandes, jaune fauve, à feuilles plus larges. Il en existe une

Fig. 103. — Hémérocalle jaune.

variété à fleurs doubles et une à feuilles panachées.

Les Hémérocalles sont des plantes très rustiques et très ornementales ; elles croissent à toutes les expositions et dans tous les terrains, pourvu qu'ils soient profonds, meubles et frais. Multiplication par division des touffes.

Hepatica TRILOBA Chaix. *Hépatique printanière* (Famille des Renonculacées) (fig. 104). — Charmante petite plante vivace, indigène, formant des touffes de 15 centimètres de hauteur, qui, en février-mars,

Fig. 104. — Hépatique printanière.

se couvrent d'un nombre considérable de jolies fleurs d'environ 2 centimètres de diamètre, bleues, blanches ou roses, selon les variétés. Il existe des variétés à fleurs doubles, bleues et roses. Les Hépatiques ne réussisent bien que dans les terrains frais et sains et à une exposition mi-ombragée. Multiplication par division des touffes à l'automne.

Herbe à plumets. — Voy. GYNERIUM ARGENTEUM.

Herbe à la ouate. — Voy. ASCLEPIAS CORNUTI.

Herbe aux gueux. — Voy. CLEMATIS VITALBA.

Hesperis MARITIMA Lamk. *Giroflée de Mahon. Julienne de Mahon* (Famille des Crucifères). — Petite plante annuelle, indigène, de 25 centimètres environ de hauteur, à fleurs d'abord roses, puis violettes, se succédant de juin en juillet. Il en existe une variété à fleurs blanches. La Giroflée de Mahon est très répandue dans les jardins ; elle est recherchée pour la rapidité de sa croissance et sa rusticité qui permettent de l'employer à former, en peu de temps, d'élégantes bordures, dans n'importe quels terrains, même dans les plus légers et les plus arides. Les plantes obtenues de semis faits en mars-avril, en place, fleurissent de juin en juillet ; en faisant un nouveau semis à cette dernière époque, on obtient une floraison à l'automne.

H. MATRONALIS L. *Julienne des jardins.* — Belle plante vivace d'environ 1 mètre de hauteur, dont les fleurs, assez analogues à celles des Giroflées, sont odorantes et s'épanouissent de mai en juillet. Les variétés à fleurs doubles sont les plus estimées : il y en a de blanches, de violettes et de rougeâtres, d'un très bel effet. Ces plantes prospèrent dans tous les sols et à toutes les expositions ; cependant elles préfèrent les terrains frais, substantiels et profonds et une exposition ombragée. Multiplication par division des touffes, au printemps.

Heuchera SANGUINEA Engelmann (Famille des Saxifragées). — Amérique septentrionale. Élégante petite plante vivace à feuilles cordiformes, 5-7 lobées, en touffe ; à tige de 25 à 40 centimètres, portant de nombreuses fleurs de petite dimension mais d'un rouge vif. La floraison est successive et dure pendant toute la belle saison. On connaît plusieurs variétés à inflorescences légères et du plus gracieux effet, à fleurs blanches, roses ou rouge vif.

M. Lemoine, l'habile horticulteur de Nancy, en a obtenu un hybride qu'il a nommé *H. brizoides*. La plante est plus vigoureuse ; les tiges florales plus élevées, de 1 mètre de hauteur, se succèdent de mai à septembre et portent des grappes nombreuses et légères de fleurs de couleur rose carminé. De cette plante sont issues d'autres variétés à fleurs blanches ou d'un rose plus ou moins foncé, toutes très élégantes.

Les fleurs ont une longue durée et conviennent tout particulièrement à la confection des bouquets. On cultive ces plantes en sol fertile et sain, à exposition mi-ombragée. Multiplication par division des touffes, en mars-avril.

Hibiscus syriacus L. *Althéa en arbre, Mauve en arbre* (Famille des Malvacées) (fig. 105). — Un des plus beaux arbrisseaux de nos jardins. Il est originaire d'Orient, atteint environ 2 mètres de hauteur, et se couvre, en août-septembre, d'un grand nombre de fleurs rappelant celles de la Rose trémière, mais plus petites, bleuâtres, violettes, pourpres, roses, rouges, blanches, simples ou doubles, unicolores ou diversement panachées. Il en existe aussi une variété à feuilles panachées. L'Althéa en arbre est très rustique ; il prospère surtout dans les sols légers et à

Fig. 105. — Hibiscus syriacus.

une exposition chaude. Comme les fleurs ne se montrent que sur les rameaux de l'année, il est bon de tailler, au printemps, avant la pousse, les vieux rameaux, pour ne conserver que les branches principales. On obtient ainsi des arbrisseaux d'un port plus régulier, tout en favorisant la floraison.

Hortensia. — Voy. HYDRANGEA.

Hoteia. — Voy. ASTILBE.

Houblon. — Voy. HUMULUS LUPULUS.

Houx. — Voy. ILEX AQUIFOLIUM.

Humulus LUPULUS L. *Houblon* (Famille des Cannabinées). — Plante vivace, grimpante, souvent employée pour garnir les tonnelles. Croît dans tous les sols et à toutes les expositions. Multiplication facile par division des touffes.

H. JAPONICUS Sieb. et Zucc. *Houblon du Japon.* — Espèce introduite par le Jardin des Plantes de Paris, qui en a reçu les graines du Dr Bretschneider. Le Houblon du Japon est une plante annuelle très vigoureuse, atteignant rapidement de très grandes dimensions, à beau feuillage, ample et dense, ayant sur le houblon commun l'avantage de ne pas être attaqué par les pucerons. Semer en mars-avril sur place.

Hyacinthus ORIENTALIS L. *Jacinthe* (Famille des Liliacées). — Belle plante bulbeuse, originaire d'Orient. Il en existe actuellement plus de 2.000 variétés, présentant des fleurs plus ou moins grandes, simples ou doubles, aux coloris les plus riches et les plus variés, dans lesquels on observe toutes les nuances, du bleu, du violet, du jaune, du rose, du rouge, allant du blanc jusqu'aux teintes les plus foncées.

Les Jacinthes ont été divisées en deux groupes : les *J. de Hollande*, les plus belles et les plus nombreuses, et les *J. de Paris*, à grappes grêles et peu fournies, mais plus rustiques que les précédentes.

La culture des Jacinthes, en pleine terre, est considérée comme difficile et bien des personnes hésitent à faire concourir ces plantes à l'ornement de leurs jardins. C'est là une erreur regrettable.

La plantation des bulbes de Jacinthes se fait depuis le 1er octobre jusqu'au milieu de novembre. Comme pour toutes les plantes bulbeuses, un terrain léger, perméable, plutôt sablonneux, dans tous les cas bien ameubli par des labours, est celui qui convient le mieux. On ne doit employer comme fumure que des engrais très décomposés, jamais de fumier frais. On plante les oignons à 10 centimètres de profondeur en les espaçant les uns des autres d'environ 15 centimètres. Pendant les fortes gelées, il est prudent de recouvrir la plantation d'une couche de feuilles sèches, qu'on enlève à la fin de l'hiver. Au mois de mai, on répand sur le sol du paillis exempt de crottin afin de garantir les bulbes contre le soleil, et on arrose en cas de sécheresse trop prolongée. La floraison a lieu de mars à la fin d'avril. Lorsqu'elle est terminée, il est bon de couper les tiges à fleurs afin d'éviter la produc-

Fig. 106. — Hortensia (*Hydrangea*).

tion des graines qui épuise les bulbes. L'arrachage des oignons a lieu lorsque les feuilles jaunissent, c'est-à-dire en juillet; on les laisse se ressuyer à l'air, puis on les serre dans un endroit bien sec et aéré, où ils doivent rester jusqu'à l'époque de la replantation. C'est à ce moment que l'on détache les caïeux, que l'on cultive à part jusqu'à ce qu'ils soient de force à fleurir. Au moment de la floraison, il est nécessaire de maintenir, à l'aide de tuteurs, les tiges qui pourraient se briser sous le poids des fleurs. Cette précaution est indispensable pour les variétés à fleurs doubles.

Hydrangea japonica Sieb. et Zucc. *Hortensia, Rose du Japon* (Famille des Saxifragées) (fig. 106). — Arbuste d'environ 1 mètre de hauteur, à feuilles grandes, semi-persistantes et d'un beau vert, panachées dans certaines variétés, à fleurs très nombreuses, formant de volumineux bouquets. Dans la plante typique, l'inflorescence est aplatie et formée de petites fleurs entourées par une couronne de fleurs beaucoup plus grandes et stériles. Dans l'*H.j.*var.*Hortensia*, toutes les fleurs sont stériles et leur ensemble constitue une boule énorme, compacte, du plus bel effet. La florai son a lieu de juin en octobre; les fleurs, d'abord d'un beau rose, deviennent violacées, puis d'un blanc sale. Dans l'ouest de la France, en Bretagne et en Normandie, l'Hortensia a souvent les fleurs bleues et cette coloration qu'il prend spontanément semble due à l'absence de calcaire dans le sol qui est plus ou moins ferrugineux. Dans cette région, les plantes atteignent des dimensions beaucoup plus grandes qu'aux environs de Paris, grâce à la douceur du climat et à la plus grande humidité de l'air. Il existe plusieurs variétés de cette belle plante. Les Hortensias exigent un sol frais et une exposition mi-ombragée. La terre de bruyère leur convient tout particulièrement.

Hypericum calycinum L. *Millepertuis à grandes fleurs* (Famille des Hypéricinées).— Plante vivace originaire d'Orient, d'environ 30 centimètres de hauteur, à rameaux retombants, garnis de feuilles persistantes d'un beau vert ; en juillet-septembre, fleurs solitaires, de 7 à 8 centimètres de diamètre, d'un jaune brillant, renfermant un très grand nombre d'étamines de même couleur. Cette plante forme des bordures superbes dans les sols frais et à mi-ombre. Cultivée à l'ombre, elle est remarquable par son feuillage, mais elle fleurit moins abondamment qu'aux expositions un peu ensoleillées. Multiplication par division des touffes au printemps.

Hyssopus officinalis Linné. *Hysope* (Famille des Labiées). — Région méditerranéenne. Plante vivace à tiges ligneuses à la base, ne dépassant guère 40 cent. de hauteur, aux fleurs bleu foncé, en glomérules disposés en épis terminaux. Toutes ses parties sont riches en huile essentielle aromatique. L'Hysope est l'une des plantes médicinales les plus cultivées dans les jardins. On l'emploie en infusion dans les affections des *voies respiratoires; on l'utilise aussi comme* tonique et stomachique.

Multiplication par division des touffes.

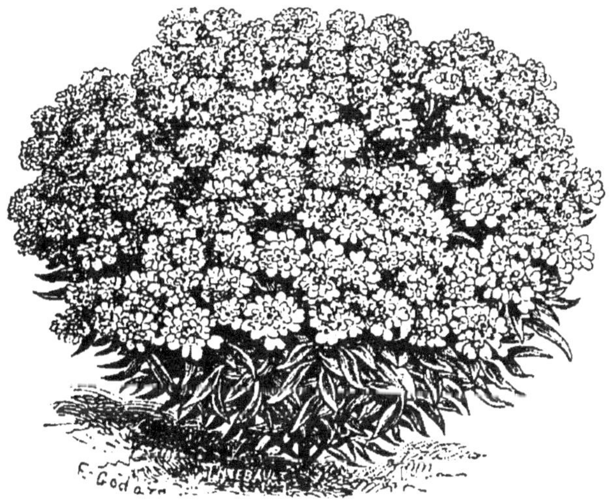

Fig. 107. — Thlaspi en ombelle (*Iberis*).

Iberis sempervirens L. *Corbeille d'argent. Téraspic vivace* (Famille des Crucifères). — Plante originaire de Candie, formant des touffes compactes qui ne dépassent pas 50 centimètres de hauteur, à feuilles épaisses, étroites, persistantes, à fleurs très nombreuses, en petits bouquets convexes, blanches, se succédant d'avril en juin. Cette espèce est très rustique et croît dans tous les terrains et à toutes les expositions. On en forme des bordures superbes, que l'on maintient régulières en les tondant après la floraison. Multiplication par division des touffes à l'automne.

I. UMBELLATA L. *Thlaspi en ombelle. Téraspic* (fig. 107). — Espèce annuelle, originaire de l'Europe méridionale, d'environ 40 centimètres de hauteur, à feuilles non dentées, à fleurs nombreuses, réunies en bouquets étalés, se succédant de juin en août, violet purpurin, violet foncé, lilas, carnées ou blanches, selon les variétés. Il en existe des variétés naines. Semer en mars-avril, en place ou en pépinière ; dans ce dernier cas, repiquer en place en avril-mai.

I. AMARA L. *Téraspic blanc.* — Espèce indigène, annuelle, qui diffère de la précédente par ses feuilles toutes lancéolées, celles du sommet des tiges, un peu dentées, et par ses fleurs, blanches, en inflorescence en tête d'abord aplatie, puis devenant conique, formant enfin des grappes cylindriques qui peuvent atteindre jusqu'à 10 centimètres de longueur (var. *hesperidiflora*). Les Téraspics sont des plantes précieuses pour l'ornement des jardins. Cette dernière espèce se cultive comme la précédente.

Ilex AQUIFOLIUM L. *Houx* (Famille des Ilicinées). — Arbre touffu, indigène, à feuillage persistant, d'un vert brillant, hérissé et épineux ; fleurs petites, blanchâtres, se montrant en mai-juin, auxquelles succèdent des baies rouges, de la grosseur d'un pois, mûrissant à l'automne et qui persistent sur l'arbre pendant tout l'hiver. Cet arbre, très ornemental et très rustique, a donné naissance à un grand nombre de variétés, les unes à feuilles larges ou étroites, entières, contournées, sinueuses, crispées, hérissées, ciliées, dentées, les autres à feuilles panachées, marginées de blanc ou de jaune, etc.

Immortelle annuelle. — Voy. XERANTHEMUM ANNUUM.

Immortelle blanche. — Voy. ANTENNARIA MARGARITACEA.

Immortelle à bractées. — Voy. HELICHRYSUM BRACTEATUM.

Immortelle rose. — Voy. ACROCLINIUM ROSEUM.

Impatiens BALSAMINA L. *Balsamine* (Famille des Balsaminées). — Plante annuelle originaire de l'Inde, d'environ

50 centimètres de hauteur, très fréquemment cultivée dans les jardins où elle a donné naissance à de nombreuses variétés qui diffèrent entre elles, soit comme taille, soit par la couleur des fleurs, unicolores, panachées ou striées, simples ou doubles parmi lesquelles la race appelée *Balsamine à fleurs de Camellia* a atteint le plus haut degré de perfection. On rencontre dans la Balsamine les coloris les plus brillants et les nuances intermédiaires les plus délicates comprises entre le blanc, le rose, le rouge, le carmin et le violet.

Les Balsamines supportent bien le repiquage ; on peut les transplanter au moment de leur floraison sans qu'elles en souffrent et les conserver en pépinière jusque-là. Les fleurs se succèdent de juin en septembre. Cette plante réussit surtout dans les terres fortement fumées ; elle exige de copieux arrosements pendant les chaleurs ; on doit semer les graines en avril-mai, en pépinière, repiquer en pépinière en espaçant suffisamment le plant, et mettre en place fin mai ou au moment de la floraison.

I. GLANDULIGERA Royle. *Balsamine de Royle.* — Grande

Fig. 108. — Volubilis.

plante annuelle originaire des Indes orientales, à tiges robustes, pouvant atteindre jusqu'à 2 mètres de hauteur et qui, de juillet en septembre, se couvrent de fleurs rouge violacé, ressemblant à celles de la Balsamine simple, mais un peu plus petites. Cette plante prospère surtout dans les sols légers et à mi-ombre ; son principal mérite est de croître rapidement, ce qui permet de l'utiliser pour combler les vides dans les plantations. Semer en avril-mai, en place ou en pépinière ; dans ce dernier cas, repiquer en place, en mai-juin.

Ipomæa PURPUREA Lamarck (*Pharbitis hispida* Choisy),

Volubilis (Famille des Convolvulacées) (fig. 108).— Belle
plante grimpante, annuelle, originaire de l'Amérique méri-

Fig. 109. — Iris xiphioïde.

dionale, très répandue dans les jardins. De juillet en septembre, fleurs nombreuses, grandes, en forme d'entonnoir,
blanches, roses, rouges, violettes, panachées ou striées, etc.
Semer sur place, en avril-mai.

Ipomopsis. — Voy. GILIA.

Iris (Famille des Iridées).—Ce genre renferme un nombre
considérable d'espèces ornementales.

Les IRIS BULBEUX se cultivent comme les Jacinthes, voy.
HYACINTHUS; à ce groupe appartiennent les *I. d'Espagne* (I.
XIPHIUM I.) et *I. d'Angleterre* (I. XIPHIOIDES Ehrh.) (fig. 109),
dont il existe un grand nombre de belles variétés. Ces plantes
atteignent en moyenne 50 centimètres de hauteur; elles

donnent, en juin-juillet, de grandes fleurs violettes, bleues ou blanches, avec des tons plus ou moins foncés ou diversement combinés, auxquels s'associe le jaune.

Les Iris a rhizome forment un groupe très nombreux en espèces parmi lesquelles nous citerons surtout :

I. pumila L. *Petite Flambe.* — Espèce qui ne dépasse pas

Fig. 140. — Iris germanica hybrides.

15 centimètres de hauteur, très propre à former des bordures. Ses grandes fleurs se succèdent d'avril en mai. Plante très rustique. Variétés à fleurs violet foncé, bleu pâle, jaunes, blanc et jaune.

I. chamæiris Bertol. — Peu différent du précédent ; fleurs jaune pâle ; mêmes emplois ;

I. VARIEGATA L. — Plante d'environ 60 centimètres de hauteur ; en mai-juin, fleurs jaune pâle, les divisions extérieures veinées de pourpre foncé, portant une ligne médiane de poils jaune d'or ;

I. BELGICA Hort., à pétales purpurins, à sépales jaune orangé, veinés de pourpre brun ;

I. GERMANICA L. *Grande Flamme, Glaïeul bleu* (fig. 110). —D'environ 80 centimètres de hauteur. En mai-juin, fleurs superbes, violettes, très odorantes. L'une des espèces les plus belles et les plus répandues. Il en existe une variété à fleurs blanches et une à fleurs bleues. A donné naissance à de superbes hybrides aux coloris les plus brillants et les plus variés.

I. FLORENTINA L. *Iris de Florence.*— Voisin du précédent ; fleurs blanches très odorantes.

I. FŒTIDISSIMA L. — Espèce indigène à feuilles vertes et luisantes. Variété à feuilles panachées de bandes longitudinales blanches sur fond vert. La fleur n'est pas ornementale.

I. PALLIDA Lamk.— Peu distinct de l'I. *germanica*; fleurs bleu pâle en bouquets de 7 à 9 sur la tige florale ;

I. PLICATA Lamk. ; I. SWERTI Lamk. ; SAMBUCINA L. ; SQUALENS L. ; VERSICOLOR, etc.

Ces belles plantes et leurs variétés sont très précieuses pour orner les jardins au commencement de l'été ; il existe peu de fleurs aussi décoratives et présentant une telle richesse et une telle diversité de coloris ; elles sont très rustiques et peuvent être cultivées dans tous les sols et à toutes les expositions pourvu qu'elles soient aérées. Multiplication par division des souches, à l'automne.

Jacinthe. — Voy. HYACINTHUS ORIENTALIS.

Jasmin Trompette. — Voy. TECOMA RADICANS.

Jasmin de Virginie. — Voy. TECOMA RADICANS.

Jasminum OFFICINALE L. *Jasmin* (Famille des Jasminées.) — Arbrisseau à longs rameaux sarmenteux, verts, portant des feuilles à sept petites folioles ; fleurs blanches, délicieusement parfumées, se succédant de juillet jusqu'aux gelées. Cette belle plante ne réussit bien, sous le climat de Paris, que plantée en plein soleil et en terre légère. Tailler au printemps. Multiplication par boutures et par marcottes.

J. NUDIFLORUM Lindl. *Jasmin jaune.* — Espèce très buissonnante et à rameaux retombants, qui dépasse rarement 2 mètres de hauteur ; ses fleurs, jaunes et sans odeur, se succèdent de février en mars ; c'est le principal mérite de cette plante qui, d'ailleurs, est très rustique. On peut la cultiver même dans les sols les plus arides et à toutes les expositions.

Jeannette. — Voy. NARCISSUS POETICUS.

Jonc fleuri. — Voy. BUTOMUS UMBELLATUS.

Jonquille. — Voy. NARCISSUS.

Joubarbe. — Voy. SEMPERVIVUM.

Julienne de Mahon. — Voy. HESPERIS MARITIMA.

Julienne des jardins. — Voy. HESPERIS MATRONALIS.

Kalmia LATIFOLIA L. (Famille des Éricacées). — Bel arbrisseau rustique originaire de l'Amérique septentrionale, d'environ 2 mètres de hauteur, donnant, en juin, un grand nombre de fleurs roses très élégantes. *Emplois et culture des Rhododendrons.*

Kerria JAPONICA DC. *Corchorus* (Famille des Rosacées). — Arbrisseau buissonnant originaire du Japon, de 1 m.50 à 2 mètres de hauteur. De février en juin, et quelquefois plus longtemps, fleurs nombreuses, d'un jaune brillant. Il en existe une variété à fleurs doubles, ressemblant à de petites roses, et une autre à feuilles panachées. La variété à fleurs doubles est souvent cultivée ; c'est une plante vigoureuse, ornementale, qui se plaît à mi-ombre et dans les sols légers. Se bouture facilement.

Kniphofia. — Voy. TRITOMA.

Lagenaria VULGARIS L. *Gourde de pèlerin* (Famille des Cucurbitacées). — Plante annuelle, grimpante, originaire des régions tropicales, souvent cultivée comme curiosité pour garnir les tonnelles et les treillages. Ses grandes feuilles et ses fleurs blanches, frangées, sont assez ornementales. Fleurit de juillet en septembre. Ses fruits mûrissent à l'automne : ils présentent une grande diversité de formes.

Semer en avril, en place, à bonne exposition et dans un sol copieusement fumé ; des arrosements abondants sont nécessaires.

Lamium MACULATUM L. *Lamier taché* (Famille des Labiées). — Jolie plante vivace indigène, d'environ 30 centi-

Fig. 111. — Pois de senteur (*Lathyrus*).

mètres de hauteur, remarquable par son feuillage panaché de blanc argenté, de vert et de rose. Ses fleurs, très nombreuses, se succèdent d'avril en juillet ; elles sont d'un beau rose. Cette plante croît dans tous les sols et à toutes les expositions ; elle prospère surtout à mi-ombre. Multiplication par division des touffes.

Lathyrus ODORATUS L. *Pois de senteur* (Famille des Légumineuses) (fig. 111). — L'une des plantes annuelles grimpantes les plus répandues dans les jardins, et l'on peut dire aussi, l'une des plus jolies. Le Pois de senteur est originaire de l'Europe méridionale ; ses tiges, de 1 m 50 à 2 mètres de hauteur, portent des feuilles terminées en vrilles ; ses fleurs, très nombreuses, s'épanouissent en juillet-août ; elles répandent une odeur très suave, analogue à celle de la fleur d'Oranger ; leurs coloris varient du blanc au rose, au rouge et au violet ; il en existe des variétés à fleurs panachées. Semer en place en mars-avril.

L. latifolius L. *Pois vivace.* — Très belle plante vivace ayant à peu près les mêmes dimensions que le Pois de senteur, mais formant des touffes plus volumineuses, qui se couvrent de nombreux bouquets de fleurs roses ou blanches, selon les variétés, inodores, se succédant de juillet en septembre. Multiplication par division des touffes au printemps, ou par graines que l'on sème sur place, en avril-mai.

Laurier-Amande. Laurier-Cerise. — Voy. Cerasus Lauro-cerasus.

Laurier de Saint-Antoine — Voy. Epilobium spicatum.

Laurier-Rose. — Voy. Nerium.

Lavandula vera De Candolle. *Lavande* (Famille des Labiées).— Europe méridionale. Arbrisseau aromatique, de 75 centimètres à 1 mètre de hauteur, à feuilles étroites, persistantes, à fleurs bleu tendre, disposées en épi grêle, longuement pédonculé. Les épis florifères récoltés avant l'épanouissement complet des fleurs et séchés sont couramment employés pour parfumer les armoires et le linge, qu'ils préservent contre les mites, les teignes, etc.

L'essence de Lavande est employée en pharmacie et en parfumerie. Cette plante est rustique même sous le climat de Paris. Elle prospère surtout en sols légers à exposition ensoleillée. Multiplication par boutures.

Lavatera trimestris L. *Mauve fleurie* (Famille des Malvacées). — Belle plante annuelle originaire de l'Europe méridionale, d'environ 1 mètre de hauteur, donnant, en juillet-septembre, de grandes fleurs larges d'environ 5 centimètres, d'un beau rose. Il y en a une variété à fleurs blanches. La Mauve fleurie prospère dans tous les terrains, pourvu qu'ils ne soient pas trop compacts. C'est une plante recommandable. Semer en avril-mai, en place.

Leptosiphon ANDROSACEUS Benth. (Gilia androsacea) (Famille des Polémoniacées) (fig. 112). — Jolie petite plante annuelle, d'environ 25 centimètres de hauteur, originaire de la Californie ainsi que les autres espèces de ce genre. En juillet-septembre, fleurs nombreuses, réunies en petits bouquets, blanches, lavées de bleu ou de pourpre, très élégantes, mais ne s'épanouissant qu'au soleil. Le L. DENSIFLORUS est une espèce voisine ; il forme des touffes un peu plus larges et un peu plus élevées ; ses fleurs,

Fig. 112. — Leptosiphon à fleur d'Androsace.

nombreuses, sont d'un blanc rosé et deviennent d'un bleu clair en vieillissant. Il en existe une variété à fleurs blanches. Semer sur place, en mars-avril, en terre légère et à bonne exposition. Les L. PARVIFLORUS Benth. var. ROSEUS Hook, f., LUTEUS Benth., et leurs variétés sont de charmantes plantes qui ne dépassent pas 10 centimètres de hauteur, et qui, lorsqu'elles sont cultivées en terrain léger et en plein soleil, se couvrent d'un nombre considérable de petites fleurs rose vif, jaunes, jaune doré, mordoré, saumon, etc On peut en former de ravissantes bordures. Même culture que le *L. androsaceus*.

Leucanthemum. — Voy. CHRYSANTHEMUM.

Leucoium VERNUM L. *Nivéole du printemps* (Famille des Amaryllidées). — Plante ressemblant beaucoup au Perceneige (Voy. *Galanthus nivalis*) ; elle fleurit à la même époque et peut être employée aux mêmes usages. Même culture.

L. ÆSTIVUM L. — Fleurs plus grandes, réunies au nombre de 3 ou 4 au sommet des tiges, s'épanouissant en mai-juin. Culture du Perce-Neige.

Lierre. — Voy. HEDERA HELIX.

Ligustrum. *Troëne* (Famille des Oléacées). — Ce genre comprend un certain nombre d'arbrisseaux, employés dans la plantation des bosquets.

L. VULGARE L. *Troëne commun.* — Les branches, buissonnantes, atteignent de 2 à 3 mètres de hauteur, et se couvrent, en juin-juillet, de petites grappes de fleurs blanches. A ces fleurs, dont l'odeur miellée ne plaît pas à tout le monde, succèdent de petits fruits noirs. Il en existe une variété à feuilles panachées, une à fruits blancs, etc.

L. OVALIFOLIUM Hassk. — Du Japon. Plus répandu dans les jardins ; ses feuilles, plus ornementales, sont semi-persistantes ; on en cultive également une variété à feuilles panachées.

L. JAPONICUM Thunb. et LUCIDUM Ait. — A grandes feuilles d'un beau vert. Ce sont des arbrisseaux de 3 à 4 mètres, dont les grandes panicules de fleurs ne se montrent qu'à l'automne.

L. SINENSE Lour. — De la Chine. Est remarquable par l'abondance de ses fleurs, d'un blanc pur, s'épanouissant en juillet.

Ces trois dernières espèces sont les plus belles du genre ; elles croissent dans tous les sols et à toutes les expositions.

Lilas. — Voy. SYRINGA VULGARIS.

Lilium. *Lis* (Famille des Liliacées). — Ce genre comprend les plantes bulbeuses les plus belles ; leurs fleurs, quelquefois très grandes, présentent des coloris variés et exhalent souvent le parfum le plus suave.

Il en existe un nombre considérable d'espèces qui, malheureusement, ne sont pas toutes également rustiques. Parmi celles qui supportent sans aucun abri nos hivers les plus rigoureux, on peut citer :

LILIUM CANDIDUM L. *Lis blanc.* — Superbe espèce trop connue pour que nous la décrivions ; elle a donné naissance à plusieurs variétés : à fleurs doubles, à fleurs panachées de pourpre et à feuilles panachées. Le Lis blanc s'accommode de tous les terrains, pourvu qu'il soit planté à bonne exposition ; on le multiplie par séparation des caïeux, opération qu'on ne doit faire que tous les quatre ou cinq ans, afin de ne pas déranger les touffes que l'on empêcherait de fleurir en la répétant plus souvent.

L. TIGRINUM Gawl. *Lis tigré.* — De la Chine et du Japon. A fleurs penchées, très grandes, dont les divisions, roulées en dehors, sont de couleur jaune orangé, ponctuées de pourpre brun ; c'est aussi une belle espèce rustique, fleurissant en juin-juillet. Culture du Lis blanc.

L. CROCEUM Chaix. *Lis safrané* (fig. 113). — Indigène ; à grandes fleurs en forme de cloche, d'un rouge orangé, ponctuées de purpurin ; est encore plus rustique que le précédent ; il peut être cultivé dans tous les terrains et à n'importe quelle exposition, même à l'ombre. Il forme des touffes superbes. Il en existe plusieurs variétés. Multiplication du Lis blanc.

Deux autres espèces, certainement les plus belles du genre, mais plus délicates que les précédentes, sont également très répandues. Ce sont : le L. DORÉ

Fig. 113. — Lis safrané.

DU JAPON (*Lilium auratum* Lindl.) et le LIS DES JARDINIERS (*L. speciosum* Thunb., *L. lancifolium* Hort.), tous les deux originaires du Japon. Les fleurs du *Lis doré* (fig. 114), portées au nombre de 3-5 sur une tige d'environ 1 mètre de hauteur, sont en forme de cloche et mesurent jusqu'à 20 centimètres de diamètre ; elles sont blanches avec des bandes jaune d'or et des ponctuations ou taches rouge pourpre ; elles sont très odorantes. Il fleurit en juillet-août. Le *Lis des jardiniers* est une plante d'environ 1 mètre de hauteur, portant de 1 à 15 fleurs, très ouvertes, à divisions roulées en dehors, mesurant environ 15 centimètres de diamètre, roses ou blanches avec des taches rouges ou blanches, selon les variétés. Fleurit en avril-septembre.

Fig. 114. — Lis à bandes dorées.

Ces deux espèces sont fréquemment cultivées en pots pour orner les apparte-ments et les fenêtres. On peut les faire figurer dans les jardins en les plantant dans les massifs de terre de bruyère, avec les *Rhododendron*. On doit alors mettre les bulbes en terre, de mars en mai, à une profondeur d'environ 30 centimètres. Après la floraison, et lorsque la végétation est achevée, on les relève pour les rempoter et les placer dans un endroit sec, à l'abri du froid, où ils passent l'hiver.

Lin rouge. — Voy. LINUM GRANDIFLORUM.

Lin vivace. — Voy. LINUM PERENNE.

Linaria BIPARTITA **Willd. (Famille des Scrophularinées).**

— Plante annuelle originaire de l'Afrique boréale, d'environ 30 centimètres de hauteur, dont les nombreuses petites fleurs, d'un violet purpurin, réunies en longs épis, se succèdent de juillet en septembre. Il en existe une variété à fleurs blanches et une à fleurs roses. Semer sur place en terre bien meuble, en avril-mai.

L. MAROCCANA Hort. Thompson. — Charmante plante annuelle qui ressemble à la précédente dont elle a les dimensions. Il en existe plusieurs variétés : à fleurs violettes, liliacées, roses ou blanches. Culture du L. *bipartita*.

L. RETICULATA Desf., var. AUREO-PURPUREA. — Ravissante plante annuelle originaire du Portugal, à fleurs nombreuses, d'un rouge brun velouté et à gorge jaune. Cette espèce est la plus belle du genre. Culture des précédentes.

L. CYMBALARIA Mill. *Cymbalaire*. — Petite plante indigène, vivace, aux tiges grêles, couchées ou un peu grimpantes, aux feuilles nombreuses, d'un vert gai, à petites fleurs violacées se succédant d'avril à octobre. La Cymbalaire convient à orner les vieux murs et les rocailles ; on en fait aussi de jolies garnitures de suspensions. Multiplication par division des touffes, pendant toute l'année.

Linum GRANDIFLORUM Desf. *Lin à fleurs rouges* (Famille des Linées) (fig. 115). — Très belle plante annuelle originaire d'Algérie, formant des touffes de 25 cen-

Fig. 115. — Lin à grandes fleurs.

timètres de hauteur, à fleurs très nombreuses, grandes, d'un rouge brillant, se succédant de juillet en septembre. Le Lin rouge a produit une variété à fleurs roses. Cultiver en terre légère et à bonne exposition. Semer en avril-mai, sur place, cette plante ne supportant pas les repiquages.

L. PERENNE L. *Lin vivace.* — Jolie espèce à fleurs bleues, très fugaces, mais qui se renouvellent sans cesse depuis le commencement de juin jusqu'à la fin de juillet. Elle forme d'élégantes touffes à tiges grêles et flexueuses, qu'il est bon de changer de place tous les ans, à la fin de l'été, pour obtenir une meilleure floraison, et qu'on divise pour les multiplier. On peut aussi en semer les graines en pépinière, en mai-juin, repiquer en pépinière et mettre en place à l'automne ou au printemps. La variété dite *Lin de Sibérie* est peu différente.

Lippia CITRIODORA Kunth *Citronelle. Verveine odorante* (Famille des Verbénacées). — Chili. Petit arbrisseau de 1 mètre à 1 m.50 de hauteur, à feuilles longues et étroites, étagées 3 par 3 sur les tiges. Les fleurs en sont petites, lilacées, insignifiantes. La plante est recherchée pour le parfum que dégagent ses feuilles et qui rappelle celui du Citron. Multiplication par boutures. Hiverner en orangerie ou en appartement, sous le climat de Paris.

Lis.— Voy. LILIUM.

Lis d'eau. — Voy. NYMPHÆA ALBA.

Lis jaune. — Voy. HEMEROCALLIS FLAVA.

Lis Saint-Jacques. — Voy. AMARYLLIS.

Liseron (Petit) à fleurs pleines. — Voy. CALYSTEGIA PUBESCENS.

Lobelia ERINUS L. *Lobélie* (Famille des Lobéliacées) (fig. 116). — Très jolie petite plante vivace en serre ou sous châssis, mais souvent cultivée comme plante annuelle, les pieds obtenus de semis faits au printemps pouvant fleurir dès le commencement de l'été. Le *Lobelia Erinus* est originaire de l'Afrique australe ; il forme des touffes compactes ne dépassant guère 15 centimètres de hauteur et qui se couvrent d'élégantes petites fleurs bleues, depuis juin jus-

qu'aux gelées. C'est une excellente plante pour bordures.
Il en existe des variétés plus ou moins naines ou compactes
à feuillage vert ou brunâtre, à fleurs purpurines, blanches,
panachées de blanc sur fond bleu ; on en connaît aussi
une à fleurs doubles. Lorsqu'on dispose d'une serre ou de
châssis, le meilleur moyen pour obtenir des plantes de couleur et de taille uniformes, ce
qui est indispensable pour former des bordures bien régulières, est de bouturer, à la fin
de l'été et en automne, les pieds
que l'on veut reproduire ; les
boutures, mises en pots, sont
conservées à l'abri du froid pendant l'hiver et dans une situation bien éclairée. On peut aussi
relever quelques pieds que
l'on abrite pendant la mauvaise
saison et sur lesquels on prend
des boutures au printemps. Le
semis donne des plantes qui

Fig. 116. — Lobélie Erine.

diffèrent, non seulement par la teinte plus ou moins foncée
des feuilles et des fleurs, mais aussi par la taille, ce qui est un
grave inconvénient ; on le pratique, soit en mars-avril, sur
couche, pour repiquer le plant sur couche et le mettre en
place fin mai, soit en avril-mai, à bonne exposition, pour
repiquer en pépinière et mettre en place dans les premiers
jours de juin. Ne récolter les graines que sur des pieds bien
sélectionnés.

L. FULGENS Willd., SPLENDENS Willd., CARDINALIS L.,
SYPHILITICA L. ou *Cardinales* et leurs hybrides. — Très belles
plantes vivaces, de 70 centimètres à 1 mètre de hauteur, à
longs épis de fleurs variant du rouge éclatant au rose, au
violet, au bleu et au blanc. Elles sont malheureusement trop
délicates pour être cultivées en pleine terre ; il est nécessaire de les abriter sous châssis pendant l'hiver, sous le climat de Paris.

Lonicera Caprifolium L. *Chèvrefeuille des jardins* (Famille des Caprifoliacées). — Bel arbrisseau grimpant dont les tiges peuvent atteindre 5 mètres de hauteur. En mai-juin, fleurs nombreuses, jaune blanchâtre à l'intérieur, rougeâtres extérieurement, odorantes. Il en existe plusieurs variétés à fleurs pâles, à fleurs presque rouges, etc. Parmi les autres Chèvrefeuilles cultivés, nous citerons encore les L. etrusca Santi, très florifère ; L. Periclymenum L. *Chèvrefeuille des bois* ; L. flava Sims, très belle espèce dont les tiges ne s'élèvent guère au delà de 2ᵐ,50, à fleurs odorantes, en bouquets assez volumineux, d'abord d'un jaune clair, puis orangées.

L. japonica Thunberg. (*L. chinensis* Wats). — De la Chine et du Japon. Plante à sarments nombreux, pouvant atteindre un grand développement, à feuilles persistantes, glabres ou légèrement pubescentes en dessous. Les fleurs, d'abord blanches, puis jaunes, sont très odorantes ; leur odeur rappelle celle de la fleur d'Oranger et elles se succèdent sans interruption pendant tout l'été ; le fruit est une petite baie d'un noir bleuâtre. Cette superbe espèce possède une variété, le *L. j.* var. *aureo-reticulata* (*L. brachypoda reticulata* Witte), dont les tiges ont un développement moindre ; les feuilles, plus petites, sont très élégamment panachées, les nervures constituant un réseau de couleur jaune d'or sur fond vert.

L. sempervirens L. (*L. coccinea superba* Hort.; *L. fuchsioides* Hort.). — Superbe espèce de l'Amérique septentrionale, à longues tiges volubiles, à fleurs de couleur rouge écarlate très brillant. Fleurit de juin en octobre. A cultiver en situation mi-ombragée.

L. tatarica L. *Chamécerisier de Tartarie.* — Cette espèce et toutes celles du même groupe forment des arbrisseaux buissonnants, non grimpants. Le Ch. de Tartarie atteint environ 2ᵐ,50 de hauteur ; il convient à orner les bosquets ; ses fleurs, assez grandes, nombreuses, s'épanouissent en mai; elles sont jaunâtres, rouges ou blanches, selon les variétés.

L. fragrantissima Paxt., de 1ᵐ,50 à 2 mètres de hauteur;

fleurit en février-mars ; ses fleurs sont blanches et exhalent une délicieuse odeur de fleur d'Oranger.

Lunaria biennis Mœnch. *Monnaie du pape. Monnoyère, Semelle du pape* (Famille des Crucifères) (fig. 117). — Plante bisannuelle indigène, assez ornementale, de 1 mètre et plus de hauteur, à fleurs petites, mais nombreuses, d'un violet purpurin, réunies en longues grappes dressées, s'épanouissant de mai en juin et auxquelles succèdent des fruits aplatis et arrondis, dont la forme rappelle celle d'une pièce de monnaie. Ces fruits, séchés, servent à confectionner des bouquets perpétuels.

Fig. 117. — Monnoyère (*Lunaria*).

Cette plante se plaît dans tous les sols ; elle préfère cependant les terrains meubles et frais. Semer en juin-juillet, en pépinière, repiquer en pépinière et mettre en place à l'automne.

Lupinus polyphyllus Dougl. *Lupin vivace* (Famille des Légumineuses). — Belle plante vivace originaire de l'Amérique septentrionale, d'environ 1 mètre de hauteur, formant de fortes touffes qui, en juin-juillet, se couvrent de longs épis de fleurs bleues, blanches ou panachées de bleu et de blanc, selon les variétés. Comme les autres espèces de Lupins, cette plante prospère surtout dans les terres non calcaires, silico-argileuses, ou bien meubles et fraîches et à bonne exposition. Semer en avril-mai, en place.

L. nanus Dougl. *Lupin nain.* — Petite espèce annuelle, de la Californie, haute de 25 centimètres, à fleurs très nombreuses, bicolores, blanc et bleu, se succédant de juin en juillet. Il en existe une variété à fleurs blanches.

L. mutabilis Sweet. *Lupin à fleurs changeantes.* — Espèce de la Colombie, de 1 mètre et plus de hauteur ; en juillet-septembre, fleurs très odorantes, en grappes, d'un blanc légèrement bleuâtre en s'épanouissant, puis d'un bleu violacé en vieillissant.

Ces deux dernières espèces doivent être semées sur place, en avril-mai.

Lychnis CHALCEDONICA L. *Croix de Jérusalem* (Famille des Caryophyllées). — Plante vivace originaire de l'Asie Mineure, d'environ 1 mètre de hauteur, donnant, de juin en août, des fleurs nombreuses, réunies en bouquets, à cinq pétales disposés en forme de croix de Malte, rouge écarlate, carnées ou blanches, simples, ou doubles, selon les variétés. La Croix de Jérusalem est une fort belle plante qui affectionne les terrains meubles, substantiels et frais, et qui prospère surtout à bonne exposition. Multiplication par division des touffes, à l'automne ou au printemps.

L. VISCARIA L. *Œillet de janséniste. Bourbonnaise.* — Plante vivace indigène, atteignant au plus 50 centimètres de hauteur, dont il existe deux belles variétés à fleurs doubles, blanches et roses. Fleurit de mai en juillet. Ces plantes sont des plus ornementales. Multiplication par division des touffes, au printemps.

L. CORONARIA Lamk. *Coquelourde, Œillet de Dieu.* — Plante vivace originaire de l'Europe méridionale, de 50 à 60 centimètres de hauteur, à tiges et à feuilles cotonneuses. De juin en août, fleurs rouge purpurin, blanc pur ou blanches avec centre rose. Il en existe une variété à fleurs doubles. Préfère les terres légères. Semer en mai-juin, en pépinière, repiquer en pépinière et mettre en place au printemps. On peut aussi reproduire cette plante par division des touffes, au printemps.

L. CŒLI-ROSA Desr. (L. *oculata* Backh.). *Rose du ciel* (fig. 118). — Jolie plante annuelle originaire de l'Europe méridionale, d'environ 50 centimètres de hauteur, dont la floraison a lieu de juin en août. Fleurs nombreuses, roses, pourpres ou blanches. Il en existe des variétés à port plus trapu et d'autres qui ont les pétales frangés. Semer en avril-mai, sur place.

Fig. 118. — Lychnis cœli-rosa.

Lythrum VIRGATUM Linné (Famille des Lythrariées). — Europe orientale. Élégante plante vivace dont les tiges d'environ 1 mètre de hauteur, grêles, portent des épis de fleurs roses qui s'épanouissent en juillet-août. Ornement des plates-bandes. Multiplication par division des touffes.

Magnolia. — Arbres ou arbrisseaux superbes, malheureusement délicats sous le climat de Paris où on ne peut les cultiver qu'en terre de bruyère et à l'exposition du nord.

M. GRANDIFLORA L. — Arbre originaire de la Caroline, à grandes feuilles persistantes, coriaces, luisantes en dessus ; à fleurs d'environ 15 centimètres de diamètre, d'un blanc pur, exhalant un parfum des plus suaves, se succédant pendant presque tout l'été. Cette superbe espèce réussit bien dans l'ouest de la France ; elle souffre souvent de nos hivers sous le climat de Paris, même étant plantée dans une situation abritée. La variété Gallissonieri est plus rustique que le type.

Il existe d'autres espèces de Magnolia. Nous citerons,

parmi les plus répandues, les deux suivantes, dont les feuilles sont caduques.

M. CONSPICUA Salisb. (*M. Yulan* Desf.) — Originaire de la Chine et du Japon, à fleurs nombreuses, grandes, odorantes, d'un blanc pur, s'épanouissant dès le mois de mars, mais qui, en raison de leur précocité, sont malheureusement souvent atteintes par la gelée ;

M. OBOVATA Thunb. — Espèce japonaise, à fleurs rose violacé extérieurement, s'épanouissant au mois d'avril. Il en existe plusieurs variétés.

Mahonia AQUIFOLIUM Pursh. (Famille des Berbéridées). — Arbrisseau de l'Amérique septentrionale, dont les tiges atteignent 1 à 2 mètres de hauteur, à feuilles persistantes, un peu épineuses, formées d'une demi-douzaine de folioles en avril-mai, fleurs nombreuses, petites, d'un beau jaune, réunies en grappes denses. Fruits charnus, noirs.

Le Mahonia peut être cultivé dans les terrains les plus arides et aux expositions les plus ensoleillées.

Maïs panaché du Japon. — Voy. ZEA MAYS.

Malope TRIFILA Cav., var. *grandiflora. Malope à grandes fleurs* (Famille des Malvacées) (fig. 119). — Belle plante annuelle originaire de l'Algérie, d'environ 1 mètre de hauteur, dont les grandes fleurs, rose purpurin, rouges ou blanches, ressemblant à celles des Mauves, se succèdent sans interruption de juillet en septembre. Semer en place, en avril-mai.

Fig. 119. — Malope à trois lobes.

Malus. *Pommier* (Famille des Rosacées). — Nous n'avons pas à parler ici des variétés fruitières du Pommier dont il est question dans une autre partie de ce livre, mais des espèces et variétés ornementales qui, souvent, sont d'une grande beauté et qu'on ne rencontre que trop rarement dans les jardins. Il s'agit, notamment, du *Pommier à bouquets* (MALUS SPECTABILIS Desf.), originaire de la Chine et du Japon, arbre peu élevé qui, en avril, se couvre de grandes fleurs simples, semi-doubles ou pleines, d'un blanc rosé et dont les boutons sont rouges. Citons aussi les *Pommiers* dits *baccifères* ou *microcarpes*, groupe formé par plusieurs espèces : *Malus floribunda* Sieb., *baccata* L., *Halliana* Parsons, du Japon, dont les fleurs, plus ou moins grandes, sont très nombreuses et très jolies. A ces fleurs succèdent des fruits dont la grosseur varie entre celle d'un pois et celle d'une noix, et qui sont diversement colorés de rouge vif, de pourpre noir ou de blanc jaunâtre, d'un très bel effet. Ces petits arbres sont des plus précieux pour orner les bosquets.

Malva CRISPA Linné. *Mauve à feuilles crépues* (Famille des Malvacées). — Syrie. Plante annuelle atteignant 1 m. à 1 m. 50 de hauteur, à fleurs petites et peu ornementales, mais à feuilles amples, élégamment ondulées frisées sur les bords. Semer en avril-mai, sur place ou en pépinière.

Marguerite.—Voy. BELLIS PERENNIS.

Marguerite en arbre. — Voy. CHRYSANTHÈMES FRUTESCENTS.

Matricaire mandiane. — Voy. CHRYSANTHEMUM.

Fig. 120. — Giroflée Quarantaine.

Matthiola ANNUA L. *Giroflée Quarantaine* (Famille des

Crucifères) (fig. 120). — Plante bisannuelle, indigène, ayant donné naissance à un grand nombre de variétés qui diffèrent les unes des autres par leur port plus ou moins trapu, par les dimensions des fleurs, leur degré de duplicature, et enfin par les coloris variés qu'elles présentent et parmi lesquels on observe le rouge, le rose, le blanc, le lilas, le violet et le jaune, avec un grand nombre de nuances intermédiaires. On sème la Quarantaine : 1º en février-mars, sur couche, on repique sur couche ou en pleine terre, en terrain meuble et à bonne exposition, et on met en place au début de la floraison, de façon à pouvoir éliminer les plantes à fleurs simples qui sont toujours nombreuses dans les semis ; 2º en avril-mai, en place ou en pépinière. Dans le premier cas, la floraison a lieu de juin en août ; dans le second, de juillet en septembre.

M. GRÆCA Sweet. *Giroflée grecque.* — Diffère de la précédente par ses feuilles qui sont glabres au lieu d'être velues, d'un vert gai, rappelant celles de la Giroflée (*Cheiranthus Cheiri*). Il en existe aussi nombre de variétés cultivables comme la Quarantaine.

M. INCANA DC. *Giroflée des jardins.* — Plante bisannuelle et quelquefois même vivace, alors que les précédentes sont cultivées comme plantes annuelles. La culture de cette espèce n'est possible, sous le climat de Paris, que lorsqu'on dispose de châssis pour abriter, pendant l'hiver, les pieds obtenus de semis pratiqués, en mai-juin, en pépinière et à bonne exposition. Les plantes mises en place au printemps fleurissent de mai à octobre.

M. FENESTRALIS L. Br. *Giroflée Cocardeau.* — Exige les mêmes soins que la Giroflée des jardins.

Mauve. — Voy. MALVA.

Mauve en arbre. — Voy. HIBISCUS SYRIACUS.

Mauve fleurie. — Voy. LAVATERA TRIMESTRIS.

Melissa OFFICINALIS Linné. *Mélisse* (Famille des Labiées). —Région méditerranéenne. Plante vivace, aromatique, cultivée de toute antiquité pour ses feuilles dont l'odeur rappelle celle du Citron. Les fleurs sont petites et sans intérêt pour l'ornement des jardins. Les feuilles sont parfois employées en infusion comme celles de la Menthe. Prospère en tous terrains et à toutes les expositions. Multiplication par division des touffes.

Mélisse turque. — Voy. DRACOCEPHALUM MOLDAVICA.

Mentha PIPERITA Smith. *Menthe poivrée* (Famille des Labiées). — Origine inconnue. Plante vivace très répandue dans les jardins où on la cultive pour ses feuilles à odeur et à saveur aromatique poivrée, employées en infusions stomachiques. Prospère en tous terrains et à toutes les expositions. Multiplication par division des touffes.

Menyanthes TRIFOLIATA L. *Trèfle d'eau* (Famille des Gentianées). — Plante aquatique vivace, indigène, à feuilles d'un vert gai, à fleurs d'un blanc rosé, élégamment frangées, se succédant d'avril en juin. La plante entière ne dépasse pas 25 centimètres de hauteur. Planté dans des pots ou dans des baquets immergés dans l'eau, le Trèfle d'eau convient à l'ornement des bassins. La souche ne doit pas être recouverte de plus de 10 à 20 centimètres d'eau. Multiplication par division des touffes.

Mignardise. — Voy. DIANTHUS PLUMARIUS.

Millefeuille à fleurs roses. — Voy. ACHILLEA MILLEFOLIUM.

Millepertuis à grandes fleurs. — Voy. HYPERICUM CALYCINUM.

Mimulus MOSCHATUS L. *Musc* (Famille des Scrophularinées). — Petite plante vivace originaire de l'Amérique boréale, haute de 10 à 15 centimètres, velue, visqueuse sur toutes ses parties, exhalant une forte odeur de musc, donnant de mai en octobre un grand nombre de petites fleurs jaunes, peu ornementales. Le Musc est surtout cultivé pour son odeur ; il ne réussit bien qu'à mi-ombre, en terre de bruyère ou en terre légère.

Mirabilis JALAPA L. *Belle-de-Nuit* (Famille des Nyctaginées) (fig. 121). — Plante vivace à racine tubéreuse, originaire du Pérou, de 1 mètre de hauteur, mais dont il existe des variétés naines ne dépassant pas 30 centimètres. De juillet jusqu'aux gelées, fleurs nombreuses, en forme d'entonnoir, rouges, roses, jaunes, blanches ou panachées de ces diverses couleurs, s'épanouissant le soir vers 5 heures et se fermant le lendemain dans la matinée, dès que la lumière devient un peu intense. Il en existe une variété à feuilles panachées. Bien qu'on pourrait relever, à l'automne, les tubercules pour les conserver comme ceux du Dahlia, il est préférable de ressemer la Belle-de-Nuit chaque année, à moins qu'on ne veuille conserver certaines variétés, le semis ne les reproduisant pas toujours fidèlement. Semer

Fig. 121. — Belle-de-Nuit variée (*Mirabilis*).

en avril-mai, en place ou en pépinière; dans ce dernier cas, repiquer, et planter à demeure en mai. La Belle-de-Nuit se plaît dans les sols meubles et profonds. Ornement des plates-bandes et des massifs.

Miroir de Vénus. — Voy. SPECULARIA SPECULUM.

Moldavique. — Voy. DRACOCEPHALUM MOLDAVICA.

Monarda DIDYMA L. *Monarde écarlate* (Famille des Labiées) (fig. 122). — Belle plante vivace, de l'Amérique septentrionale, formant des touffes de 70 à 80 centimètres de hauteur, à fleurs nombreuses, réunies en têtes terminant

les tiges, d'un rouge vif, s'épanouissant en juin-juillet.
Cette plante est très rusti-
que ; elle se plaît surtout
dans les terrains meubles
et frais et à mi-ombre ; on
ne saurait trop la recom-
mander pour l'ornement
des plates-bandes. Multi-
plication par division des
touffes, au printemps.

*Monnaie du pape, Mon-
noyère*. — Voy. LUNARIA
BIENNIS.

Moulin à vent. — Voy.
NARCISSUS POETICUS.

Montbretia CROCOSMIÆ-
FLORA Hortorum (Famille des Iridées) (fig. 123). — On

Fig. 122. — Monarde écarlate.

Fig. 123. — Montbrétia.

désigne sous ce nom des plantes aujourd'hui très répandues

dans les jardins et d'origine horticole. Elles sont en effet un produit hybride dont l'obtention est due à M. Lemoine, de Nancy.

La première plante obtenue est issue du croisement du *Tritonia Pottsii* Bentham et Hooker, par le *Crocosmia aurea* Planchon, originaire du Cap de Bonne Espérance.

Ce sont des plantes bulbeuses voisines des Glaïeuls, mais à fleurs plus petites. Les inflorescences sont légères et portent de nombreuses fleurs dont le coloris varie du jaune au rouge orangé. On en possède aujourd'hui de nombreuses variétés précieuses pour orner les plates-bandes, les corbeilles, etc. Leur culture est la même que celle des Glaïeuls (voy. Gladiolus).

Muflier. — Voy. Antirrhinum majus.

Muguet. — Voy. Convallaria.

Muguet (Petit). — Voy. Asperula odorata.

Muscari comosum L., var. *monstruosum. Lilas de terre, Jacinthe chevelue* (Famille des Liliacées). — Plante bulbeuse indigène ne dépassant pas 35 centimètres de hauteur, donnant, en mai-juin, une inflorescence formée de fleurs atrophiées remplacées par de petites ramilles plus ou moins allongées, contournées, d'un bleu violacé et d'un aspect plumeux très élégant. La Jacinthe chevelue croît dans tous les terrains, pourvu qu'ils soient meubles et bien drainés ; elle produit un très bon effet lorsqu'elle est plantée en groupes ou en bordures. On la multiplie en arrachant les bulbes, à la fin de l'été, pour séparer les caïeux, que l'on cultive à part jusqu'à ce qu'ils soient de force à fleurir ; les gros bulbes doivent être replantés de suite. Il est bon de ne faire cette opération que tous les trois ou quatre ans, afin de ne pas fatiguer la plante.

Myosotis palustris With. *Souvenez-vous de moi ; Ne m'oubliez pas ; Plus je vous vois, plus je vous aime,* etc. (Famille des Boraginées). — Charmante petite plante vivace indigène, des terrains marécageux, à cultiver en pots, dans les bassins, de manière que la base des tiges soit seule submergée. Le Myosotis peut aussi être cultivé à l'ombre, en terrain entretenu humide. Fleurit de juin en octobre. Multiplication par division des touffes.

Fig. 124. — Myosotis des Alpes nain.

M. ALPESTRIS Schmidt. *Myosotis alpestre* (fig. 124). — Plante vivace indigène, formant des touffes compactes d'environ 35 centimètres de hauteur. Cette espèce est très précieuse pour orner les jardins au printemps, concurremment avec le Silène pendant, la Pâquerette, les Primevères et les Pensées. Ses fleurs, extrêmement nombreuses, se succèdent d'avril en juin. Il en existe une variété à fleurs blanches, une à fleurs roses ; il y a enfin des variétés naines et compactes des plus recommandables. Le Myosotis alpestre est très rustique ; il croît dans tous les terrains et à toutes les expositions ; on ne le cultive guère que comme plante annuelle et on l'arrache après la floraison, en conservant quelques pieds de choix destinés à produire les grains nécessaires pour les semis ultérieurs. On en fait de charmantes cor-

beilles et des bordures. Semer de mai en juillet, en pépinière, à mi-ombre, repiquer à mi-ombre et mettre en place
à l'automne ou au printemps, en espaçant les pieds d'environ 25 centimètres.

Narcissus POETICUS Linné, *Narcisse des Poëtes, Jeannette,
Moulin à vent* (Famille des Amaryllidées) (fig. 125). —
Belle plante bulbeuse indigène, très rustique, formant des

Fig. 125. — Narcisse des poëtes.

touffes d'environ 40 centimètres de hauteur, à fleurs penchées, blanches, munies, au centre, d'une petite couronne
jaune orangé, liserée de purpurin. Cette espèce convient à
orner les plates-bandes ; sa floraison a lieu en avril-mai. Il
en existe une variété à fleurs doubles. Cultiver en terre légère, et n'arracher que tous les quatre ou cinq ans pour séparer les caïeux qui servent à la reproduction. Cette opéra-

tion doit être faite à l'automne et on doit replanter de suite les gros bulbes.

N. Pseudo-Narcissus L. *Aiault. Porillon, Narcisse trompette* (fig. 126). — Espèce indigène fleurissant en mars-avril. Fleurs grandes, jaune pâle, à couronne (godet) aussi longue que les pétales, jaune plus foncé. Il en existe de superbes variétés.

N. incomparabilis Miller. — Europe. Belle plante à tige de 40 cent. de hauteur, portant une très grande fleur

Fig. 126. — Narcisse trompette var. Empereur, Impératrice.

odorante, blanc crème, à couronne (godet) très évasée, frangée sur les bords, plus courte que celle du Porillon (moitié plus courte que les pétales).

Il en existe un grand nombre de variétés, à fleurs variant du blanc pur au jaune, avec la couronne blanche, jaune ou rouge orangé. Certaines variétés à fleurs pleines, de très grandes dimensions, sont particulièrement recherchées.

N. ODORUS Linné, *Grande Jonquille*. Europe méridionale. Tige de 30 à 40 cent., portant en avril-mai, une ou deux fleurs odorantes, d'un jaune uniforme, à couronne très courte. Plante rustique. Culture du N. *poeticus*. Culture et multiplication du Narcisse des poètes.

Il existe un grand nombre d'autres espèces de Narcisses, mais elles sont trop délicates pour être cultivées en plein air sous le climat de Paris.

Nardosmia FRAGRANS Cass. *Héliotrope d'hiver* (Famille des Composées). — Plante vivace, indigène, de 30 centimètres de hauteur, à feuilles larges et arrondies, à fleurs lilacées, en capitules formant des épis courts, dressés, s'épanouissant de décembre en janvier, avant le développement des feuilles, et répandant une délicieuse odeur d'Héliotrope. Cette plante plus intéressante que belle se plaît surtout dans les endroits ombragés et dans les sols frais. Multiplication des plus faciles par division des touffes.

Negundo. — Voy. ACER.

Nemesia STRUMOSA Bentham. *Némésia d'Afrique* (Famille des Scrophularinées). — Cap de Bonne Espérance. Élégante petite plante annuelle d'introduction récente et dont il existe déjà de nombreuses variétés améliorées par la culture. Les tiges, de 15 à 20 centimètres de hauteur, portent des feuilles étroites et, au sommet, un bouquet de fleurs qui rappellent celles de la Linaire pourpre, mais de dimensions plus grandes et dont les coloris, souvent brillants, varient du blanc au jaune et au rouge vif avec tous les tons du rose et de l'orangé. Semer sous châssis en mars-avril et mettre en pleine terre fin mai. En coupant l'extrémité des rameaux lorsque les premières fleurs sont passées, on provoque une nouvelle floraison.

Nemophila INSIGNIS Dougl. *Némophile remarquable* (Fa-

mille des Hydrophyllées) (fig. 127). — Jolie plante annuelle,
originaire de la
Californie, à ra-
meaux couchés,
formant des
touffes assez
denses qui, de
juin en août,
se couvrent de
fleurs en forme
de coupe, de 2
centimètres et
demi de diamè-
tre, d'un beau
bleu d'azur et à
centre blanc. Il
en existe des
variétés à fleurs
blanches, à
fleurs bleues

Fig. 127. — Némophile remarquable.

bordées de blanc et enfin à fleurs panachées. La Némophile est une bonne plante pour bordures. Cultiver en terre
légère et à exposition ensoleillée. Semer sur place, de mars
en mai.

Ne m'oubliez pas. — Voy. MYOSOTIS PALUSTRIS.

Nénufar blanc. — Voy. NYMPHEA ALBA.

Nerium OLEANDER Linné, *Laurier-rose*, *Oléandre* (Famille des Apocynées). — Région méditerranéenne. Le Laurier
rose est un arbrisseau bien connu, qui croît à l'état sauvage
dans le voisinage des cours d'eau dans le midi de la France.
Il peut atteindre de 2 à 5 mètres de hauteur. Les variétés en
sont nombreuses, à fleurs simples ou doubles, roses, rouges,
saumonées, jaunes ou blanches, unicolores ou panachées.
Dans le centre de la France, le Laurier rose exige d'être conservé à l'abri de la gelée pendant l'hiver. Un local aéré et
bien éclairé suffit pour cela. Multiplication facile par le bouturage des rameaux aoûtés.

Nez-coupé. — Voy. Staphylea pinnata.

Nicotiana Tabacum L. *Tabac* (Famille des Solanées). — Grande plante annuelle originaire de l'Amérique méridionale, atteignant 2 mètres et plus dé hauteur, à feuilles amples et d'un port très ornemental. Il en existe plusieurs variétés, à feuilles plus ou moins grandes, à fleurs d'un rose plus ou moins foncé ou rouges, s'épanouissant de juillet en octobre et formant de grandes grappes terminales dressées. Le *Tabac du Maryland* (N. macrophylla Spreng.) n'en est qu'une variété robuste.

Le Tabac est souvent cultivé pour son port superbe ; sa culture, en tant que plante industrielle, est interdite aux particuliers, à moins d'autorisation spéciale ; cependant, par tolérance, la loi permet aux amateurs d'en avoir quelques pieds. Semer en avril-mai sous châssis ou à bonne exposition et en terrain bien meuble et bien terreauté, repiquer et mettre

Fig. 128. — Tabac odorant (Nicotiana affinis).

en place au commencement de juin. Cette plante n'acquiert tout son développement que dans les sols profonds, riches en engrais ; elle exige de copieux arrosements. Les graines, très petites, doivent être à peine recouvertes de terre lorsqu'on les sème.

N. AFFINIS T. Moore. *Tabac odorant* (fig. 128.— Brésil. Plante vivace, cultivée comme plante annuelle. La tige, de 75 centimètres à 1^m,25 de hauteur, porte des fleurs tubuleuses évasées qui rappellent celles du Pétunia à fleurs blanches, simples ; ces fleurs sont très agréablement odorantes ; elles s'épanouissent le soir et se succèdent pendant toute la belle saison (Culture du Tabac ordinaire).

N. SANDERÆ Hort.—Plante hybride issue par croisement des *N. affinis* et *Forgetiana* Hort. Sander, cette dernière espèce ayant été introduite tout récemment du Brésil. On en possède de nombreuses variétés à fleurs abondantes, aussi grandes que celles des *N. affinis*, mais dont les coloris comprennent toutes les nuances du rose, du rouge et du violet. Ces belles plantes fleurissent successivement et abondamment pendant toute la belle saison (Culture du Tabac ordinaire).

N. SILVESTRIS Speggazini et Comes.—République Argentine. Plante vivace mais pouvant être cultivée comme plante annuelle. La tige peut atteindre 1^m,50 de hauteur ; elle porte de grandes feuilles qui rappellent celles du Tabac ordinaire. Les fleurs très nombreuses, à tube très long, un peu inclinées, blanches, forment de longues grappes paniculées, terminales ; elles se succèdent de juillet à octobre. Cette plante est surtout propre à orner les grandes plates-bandes ou les grandes corbeilles. Son port est très ornemental (Culture du Tabac ordinaire).

Nierembergia GRACILIS Hook (Famille des Solanées).— Plante vivace en serre, originaire de Buenos-Ayres, cultivée souvent comme plante annuelle de pleine terre, à rameaux très grêles, formant de petites touffes buissonnantes compactes, de 25 centimètres de hauteur, donnant, de juin jusqu'aux gelées, des fleurs nombreuses, en forme de coupe, lilas clair avec stries plus foncées disposées en étoile, à centre jaunâtre. Cette jolie petite plante est précieuse pour former des bordures qui se couvrent de fleurs pendant toute la belle saison. Semer en mars, sous châssis et en pots, repiquer et mettre en place fin mai. Le plus habituellement, on conserve quelques vieux pieds en serre froide ou sous châssis, pendant l'hiver, afin de les bouturer au printemps.

N. FRUTESCENS Durieu. — Espèce du Chili qui diffère de la précédente par ses dimensions un peu plus grandes et par son port plus dressé. Les fleurs, de couleur plus pâle, sont plus larges et également très jolies. Même emploi et même culture que le *N. gracilis*. Ces deux plantes prospèrent surtout dans les terrains légers et à bonne exposition.

Nigella DAMASCENA L. *Nigelle de Damas* (fig. 129), *Cheveux de Vénus* (Famille des Renonculacées). — Plante annuelle de 50 centimètres de hauteur, à feuilles très finement découpées. Fleurs de 3 à 4 centimètres de diamètre, nombreuses, bleu pâle ou blanchâtres, entourées d'une collerette verte, à découpures capillaires, légères et très élégantes. La floraison a lieu en juin-juillet. Il existe une variété naine et une autre à fleurs doubles.

N. HISPANICA L. *N. d'Espagne.* — Fleurs plus grandes

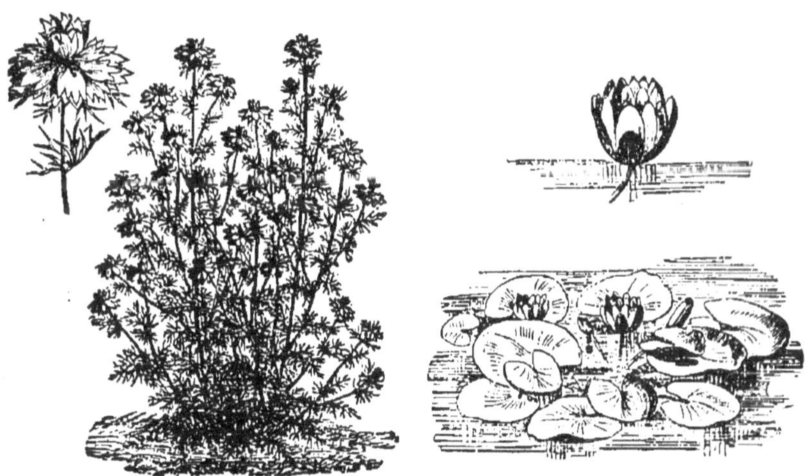

Fig. 129. — Nigelle de Damas.   Fig. 130. — Nénufar blanc (*Nymphæa*)

que celles de l'espèce précédente, bleues, blanches ou violet pourpré. Les Nigelles se sèment sur place, en mars-avril.

Nycterinia SELAGINOIDES Walpers (Famille des Scrophularinées). — Afrique australe. Plante annuelle de 10 à 15 centimètres de hauteur, à tiges couchées sur le sol, portant des feuilles étroites, dentées. Les fleurs naissent en grappes terminales courtes, qui s'allongent pendant la floraison dont la durée est assez longue ; elles ont les pétales échancrés, étalés en étoile, d'abord blancs ou blanc lilacé au début de l'épanouissement, puis carmin violacé. Les dimensions exiguës de cette plante la rendent très propre à la formation des petites corbeilles et surtout de très élégantes bordures en sol léger, à bonne exposition. Semer en mars-avril, sous châssis, pour repiquer et mettre en place fin mai.

Nymphæa ALBA L. *Nymphéa, Lis d'eau, Nénufar blanc* (Famille des Nymphéacées) (fig. 130). — Indigène. C'est la plus belle plante aquatique de plein air que l'on puisse cultiver dans les pièces d'eau un peu profondes. Ses larges feuilles, arrondies, luisantes et d'un beau vert, flottent à la surface de l'eau ; ses grandes fleurs, d'environ 8 centimètres de diamètre, sont bien pleines et d'un blanc pur ; elles se succèdent de juin en septembre. Cette superbe plante a donné naissance à une variété à fleurs légèrement teintées de rose, qui a été introduite dans les jardins sous le nom de *N. Caspary*.

N. ODORATA Ait. *Nénufar odorant*. — De l'Amérique septentrionale. Il a les feuilles rouges au revers ; ses fleurs, blanches, ressemblant à celles du Nénufar blanc, répandent une agréable odeur de Vanille. Cette espèce a produit plusieurs variétés : le N. ODORATA MINOR et le N. ODORATA ROSEA, cette dernière à fleurs roses, ravissantes.

M. Latour Marliac a obtenu toute une série de superbes *Nymphæa* par sélection, ou par hybridation des espèces précédentes avec d'autres, dont quelques-unes originaires de régions chaudes.

Lorsqu'on n'a pas de bassin, on peut cultiver les *Nymphæa* dans de petites cuves garnies d'un peu de terre au fond et remplies d'eau de fontaine ou de pluie. Le récipient peut être placé sur le sol ou enterré jusqu'à son orifice. Les rhizomes doivent être plantés au printemps, soit dans la vase du fond des bassins, soit dans des pots ou dans des paniers qu'on plonge dans l'eau. Lorsque les plantes sont jeunes, elles ne doivent être que faiblement recouvertes d'eau ; on ne les submerge profondément que lorsque les rhizomes sont arrivés à une grosseur moyenne. Le *N. alba* est très rustique.

Ocimum Basilicum Linné. *Basilic* (Famille des Labiées). — Plante annuelle originaire de l'Asie tropicale, à tiges rameuses formant des touffes de 25 à 30 cent. de hauteur. La plante entière est très aromatique et elle est souvent employée en cuisine comme condiment. Il en existe plusieurs variétés, les unes naines, les autres de taille plus élevée, à feuilles plus ou moins grandes, de couleur verte ou d'un violet brunâtre. Le Basilic doit être cultivé en sol fertile, à exposition ensoleillée. Semer les graines sous châssis, en mars ou avril, repiquer sous châssis et mettre en place fin mai.

Œillet d'amour. — Voy. Gypsophila paniculata.

Œillet de Chine. — Voy. Dianthus chinensis.

Œillet de Dieu. — Voy. Lychnis coronaria.

Œillet Flon. — Voy. Dianthus semperflorens.

Œillet d'Inde. — Voy. Tagetes patula.

Œillet de janséniste. — Voy. Lychnis Viscaria.

Œillet des jardins. — Voy. Dianthus Caryophyllus.

Œillet mignardise — Voy. Dianthus plumarius.

Œillet de poète. — Voy. Dianthus barbatus.

Œnothera suaveolens Desf. (*Œ. grandiflora* Willd.) (fig. 131). *Enothère odorante* (Famille des Onagrariées).— Plante bisannuelle originaire de l'Amérique septentrionale, d'environ 1ᵐ,50 de hauteur ; fleurs s'ouvrant le soir et se fermant le lendemain, dans la matinée, de 8 à 9 centimètres de diamètre, jaunes, exhalant une odeur analogue à celle de la fleur d'Oranger, se succédant de juillet en septembre et formant de longues grappes dressées. Semer sur place ou en pépinière, en avril-mai.

OE. speciosa Nutt. — Belle plante vivace originaire de l'Amérique septentrionale, très traçante, formant des touffes buissonnantes de 50 centimètres et plus de hauteur, à fleurs nombreuses, de 6 à 8 centimètres de diamètre, d'abord d'un blanc pur, devenant d'un blanc rosé en vieillissant,

se succédant de juillet en octobre. Cette espèce est très rustique ; elle convient à l'ornement des plates-bandes, surtout dans les sols légers et à bonne exposition. Multiplication par division des touffes, au printemps.

OE. macrocarpa Pursh. — Plante vivace originaire de l'Amérique septentrionale, à tiges épaisses, couchées, ne dépassant pas 30 centimètres de hauteur, à grandes fleurs jaunes, superbes, de 6 à 8 cen-

Fig. 131. — Enothère odorante.

timètres de diamètre, s'épanouissant successivement de juillet en octobre. Cette belle plante exige d'être cultivée en terre légère et à bonne exposition. Multiplication par division des touffes, au printemps.

Omphalodes linifolia Mœnch. *Cynoglosse à feuille de Lin* (Famille des Boraginées). — Charmante petite plante annuelle originaire de l'Europe, dont les tiges, ramifiées et dressées, ne dépassent pas 35 centimètres de hauteur. De juin en août, fleurs nombreuses, blanches, en petites grappes légères dont l'ensemble

Fig. 132. — Cynoglosse printanière.

est très élégant. On en fait de jolies bordures. Semer en mars-avril, sur place.

O. verna Mœnch. *Cynoglosse printanière* (fig. 132). — Espèce vivace indigène, à tiges peu élevées, dont l'ensemble atteint à peine 15 centimètres de hauteur, et dont les gracieuses petites fleurs, d'un bleu d'azur, s'épanouissent de mars en mai et rappellent beaucoup celles du Myosotis, quoique plus grandes. Cette plante est précieuse pour orner les jardins au printemps ; on la multiplie par division des touffes à l'automne, ou au printemps avant la floraison. Cultiver à mi-ombre et en terrain frais.

Opuntia vulgaris Mill. *Raquette commune, Nopal vulgaire* (Famille des Cactées) (fig. 133). — Petite plante grasse à tiges épaisses, formées d'articles aplatis, ovales, charnus, couverts de poils très ténus, quelquefois accompagnés d'aiguillons assez robustes. En juillet-août, fleurs nombreuses, jaune pâle,

Fig. 133. — Raquette (*Opuntia*).

auxquelles succèdent de petits fruits comestibles qui sont recherchés par les indigènes dans les parties de l'Amérique septentrionale où croît la plante. Cette espèce est rustique sous le climat de Paris ; on peut en orner les rocailles et la planter dans tous les terrains bien exposés et bien drainés. Les poils des tiges pénètrent dans la peau et occasionnent de vives démangeaisons : on doit donc ne toucher à cette plante qu'avec certaines précautions. Multiplication par bouturage des ramifications qui s'enracinent très facilement.

O. Rafinesquiana Engelm. — Espèce voisine de la précédente. Mêmes emplois et même culture.

Oreille-d'Ours. — Voy. Primula Auricula.

Ornithogalum umbellatum L. *Dame-d'onze-heures, Belle-d'onze-heures* (Famille des Liliacées). — Plante bulbeuse indigène, d'environ 15 centimètres de hauteur, dont les fleurs, blanches, en forme d'étoiles, réunies en ombelle, s'ouvrent vers onze heures du matin et se ferment dans le milieu de l'après-midi. La floraison a lieu en mai-juin. Culture des Narcisses.

Orpin. — Voy. SEDUM.

Osier fleuri. — Voy. EPILOBIUM SPICATUM.

Osmunda REGALIS L. *Osmonde, Fougère royale.*—Plante vivace indigène, d'environ 1ᵐ,50 de hauteur, d'un port superbe. C'est une des plus belles Fougères rustiques. Cultiver dans les parties ombragées des jardins, à l'exposition du nord et en sol frais.

Oxalis FLORIBUNDA Link et Otto. *Oxalide floribonde* (Famille des Oxalidées). — Élégante petite plante vivace, d'environ 25 cent. de hauteur, à feuilles ressemblant à celles du Trèfle et acides comme celles de l'Oseille. Les fleurs, d'un beau rose, en bouquets à l'extrémité des pédoncules, se succèdent sans interruption pendant toute la durée de la belle saison. Variétés à fleurs rose pâle et à fleurs blanches. L'Oxalide floribonde se prête on ne peut mieux à la culture en pots. On en fait aussi de charmantes bordures. Cultiver de préférence en sol léger, à exposition ensoleillée. Dans le centre de la France, il est nécessaire de le rentrer sous chassis ou en local éclairé à l'abri du froid pendant l'hiver. Multiplication par division des touffes.

O. TROPÆOLOIDES Hortorum. On cultive sous ce nom une variété de l'*Oxalis corniculata*, petite plante vivace indigène à souche rampante dont les feuilles sont d'un pourpre brun, couleur sur laquelle se détachent de très petites fleurs d'un jaune d'or. La plante tout entière ne dépasse pas 5 à 6 cent. de hauteur ; elle peut être utilisée dans les compositions de mosaïculture et pour former des bordures de petites corbeilles. Multiplication par division des touffes.

Pæonia MOUTAN L. *Pivoine en arbre* (Famille des Renonculacées) (fig. 134). — Superbe plante originaire de la Chine et du Japon, formant un buisson de 1 mètre à 1ᵐ,50 de hauteur, à tiges ligneuses. Cet arbuste, l'un des plus beaux de nos jardins, a donné naissance à un nombre considérable de variétés, à fleurs simples, demi-pleines ou pleines, de dimensions énormes, blanches, carnées, lilacées ou roses, du plus bel effet ornemental. La Pivoine en

Fig. 134. — Pivoine en arbre (*Pæonia*).

arbre et ses variétés *papaveracea*, *Banksii*, *grandis*, etc., est très rustique ; elle prospère surtout dans les terres substantielles et meubles, à mi-ombre. La floraison ayant lieu en mai, il arrive fréquemment que les boutons à fleurs se trouvent détruits par les gelées tardives ; il est utile, pendant cette période, sous le climat de Paris, d'abriter les plantes avec des paillassons ou des toiles maintenues au-dessus d'elles à l'aide de bâtons piqués en terre. Grâce à cette simple précaution, on peut obtenir tous les ans une magnifique floraison.

P. OFFICINALIS Retz. *Pivoine des jardins, Pivoine*

Fig. 135. — Pivoine officinale (*Pæonia*).

femelle (fig. 135). — Espèce indigène, vivace, à tiges herbacées formant des touffes compactes d'environ 75 centimètres de hauteur, à très belles fleurs d'au moins 10 centimètres de diamètre, très pleines dans un certain nombre de variétés, rouges, rouge écarlate, rouge cramoisi foncé, roses, carnées, blanches ou panachées. Cette belle espèce, très rustique, se plaît dans tous les terrains et à toutes les expositions : c'est l'une des plantes les plus précieuses pour les jardins. Elle fleurit en avril-mai. Multiplication en août-septembre en séparant les tubercules devant chaque partie munie d'un œil au collet. Pour avoir des touffes plus fournies et plus florifères, il est bon de ne faire cette opération que tous les cinq ans.

P. ALBIFLORA Pall. *Pivoine à odeur de Rose, Pivoine de Chine.* — Espèce à floraison tardive (mai-juin), qui se distingue par ses tiges rameuses, portant plusieurs fleurs au lieu d'une seule. Elle a donné naissance à un très grand nombre de variétés remarquables par leurs fleurs très grandes, agréablement parfumées, simples, doubles ou pleines, aux pétales entiers ou frangés, de coloris très divers, blanches, saumonées, carnées, roses, rouges, rouge violacé, etc., unicolores ou panachées. La *Pivoine de Chine* est certainement l'une des plus belles plantes vivaces de nos jardins. Elle est d'une rusticité absolue.

Il existe plusieurs autres espèces de *Pivoines herbacées*, très rustiques, aussi faciles à cultiver que les précédentes, notamment : P. CORALLINA Retz. *Pivoine mâle*, à fleurs d'un rouge purpurin, s'épanouissant en mai ; P. PARADOXA Andr., dont il existe plusieurs belles variétés à fleurs très pleines et à pétales entiers ou frangés, rouges, rouge violacé, roses, etc. ; P. TENUIFOLIA L. *Pivoine Adonis*, belle espèce à feuilles très finement découpées, à fleurs rouge cramoisi. Il en existe une variété à fleurs pleines.

Pain de pourceau. — Voy. CYCLAMEN EUROPÆUM.

Palma Christi. — Voy. RICINUS COMMUNIS.

Palmier de Chine. — Voy. TRACHYCARPUS FORTUNEI.

Papaver RHŒAS L. *Coquelicot* (Famille des Papavéracées). — Plante annuelle indigène, dont les variétés à fleurs

doubles ou pleines, rouges, roses, carnées ou blanches, uni
colores ou panachées, sont très ornementales, mais ne se
reproduisent malheureusement pas exactement par le semis.
Il ne faut récolter les graines que sur des plantes bien sé-
lectionnées. Semer de mars en mai, sur place.

P. SOMNIFERUM L. *Pavot des jardins* (fig. 136). — Une
des plus belles plantes annuelles. Il en existe un nombre
considérable de variétés qui diffèrent, soit par leur taille plus

Fig. 136. — Papaver somniferum (Pavot somnifère double).

ou moins élevée, soit par les dimensions, la forme et le degré
de duplicature des fleurs dont les pétales sont, tantôt en-
iers, tantôt plus ou moins frangés. Leurs coloris, riches et

variés, se reproduisent assez fidèlement par le semis. La floraison des Pavots ne dure malheureusement que très peu de temps ; elle a lieu de juin en juillet. Semer en mars-avril, sur place, et éclaircir en ménageant un espace de 30 centimètres entre les plants.

P. ORIENTALE L. *Pavot d'Orient.* — Plante vivace formant des touffes énormes, d'au moins 1 mètre de hauteur, donnant, en mai juin, de très grandes fleurs mesurant ordinairement 12 centimètres de diamètre et d'un rouge vermillon. Le Pavot d'Orient produit un très bon effet lorsqu'il est isolé sur les pelouses ou planté dans le milieu des grandes plates-bandes. Il croît dans tous les terrains, pourvu qu'ils soient bien sains. Il est difficile de le multiplier par division des touffes, car il supporte mal la transplantation ; le mieux est d'en semer les graines en pots et de mettre en place à l'automne ou au printemps, en touchant le moins possible aux racines.

P. BRACTEATUM Lindl. *Pavot à bractées* (fig. 137). — Ne diffère du précédent que par la présence de bractées (petites feuilles situées sur le pédoncule, au-dessous du calice), et par ses fleurs superbes, plus grandes et d'un rouge éclatant. Cette magnifique espèce fleurit aussi en mai-juin. Culture et emplois du Pavot d'Orient.

P. CROCEUM Ledeb. *Pavot safrané.* — Plante vivace originaire de la Sibérie, d'environ 35 centimètres de hauteur, dont les fleurs, qui se succèdent de juin en août, ressemblent beaucoup à celles du Coquelicot, mais sont d'un jaune orangé. Il en existe des variétés à fleurs jaune soufre, blanches ou rougeâtres, simples ou doubles. Cette jolie espèce prospère surtout dans les terres légères. Semer en

Fig. 137. — Pavot à bractées (*Papaver*).

avril-mai, sur place. Comme les espèces précédentes, cette plante ne peut être que difficilement multipliée par division des touffes.

Pâquerette. — Voy. BELLIS PERENNIS.

Passe-Rose. — Voy. ALTHÆA ROSEA.

Passe-Velours. — Voÿ. CELOSIA.

Passiflora CŒRULEA L. *Fleur de la Passion* (Famille des Passiflorées) (fig. 138). — Plante grimpante à tiges ligneuses, originaire du Brésil et du Pérou. Cette belle liane tire son nom de la forme curieuse des organes de sa fleur qui rappellent les instruments de la Passion. Les tiges peuvent atteindre 6 à 8 mètres de hauteur ; elles sont garnies de feuilles palmées, d'un vert foncé. Les fleurs, larges de 6 à 8 centimètres, ont les pétales d'un blanc verdâtre ; le pistil et les étamines sont entourés d'une couronne formée de filaments moins longs que les pétales, bleus à l'extrémité et pourpres à la base. La Fleur de la Passion, délicate sous le climat de Paris, convient à garnir les murs exposés au midi ; il lui faut de la chaleur et un sol léger. Sa floraison a lieu pendant tout l'été et une grande partie de l'automne.

Pavot. — Voy. PAPAVER.

Pavot épineux. — Voy. ARGEMONE.

Pêcher de Chine à fleurs doubles. — Voy. PERSICA VULGARIS.

Pelargonium (Famille des Géraniacées). — Les plantes qui composent ce genre sont le plus habituellement désignées, d'une manière impropre, sous le nom de *Géraniums*, qui s'applique à d'autres végétaux avec lesquels il importe de ne pas les confondre. Les Géraniums (voy. ce mot) sont des plantes pour la plupart originaires des régions tempérées, vivaces ou annuelles, rustiques sous notre climat et à fleurs régulières ; les Pélargoniums, au contraire, habitent les régions chaudes, surtout le Cap de Bonne-Espérance ; ils exigent un abri pendant l'hiver, sont ordinairement frutescents, et leurs fleurs ont les pétales de dimensions inégales, du moins dans les plantes non modifiées par la culture.

Les Pélargoniums sont maintenant répandus dans tous les jardins ; ils y occupent, sans contredit, le premier rang comme plantes ornementales. La vogue dont ils jouissent,

Fig. 138. — Fleur de la Passion (*Passiflora*).

à juste titre, est due autant à leurs qualités exceptionnelles comme floribondité, richesse et variété de coloris, qu'à la facilité de leur culture.

Les *Pélargoniums à grandes fleurs* sont surtout des plantes d'appartement, de serre froide et d'orangerie ; les *P. des jardins*, dits *P. zonales* (fig. 139), sont des hybrides obtenus par le croisement des P. ZONALE Willd. INQUINANS Ait. entre eux et avec d'autres espèces.

Le nombre des variétés de *Pélargoniums des jardins* est considérable ; les unes ont des fleurs très grandes, simples ou doubles, réunies en bouquets plus ou moins volumineux, aux coloris parfois éblouissants ; les autres présentent, au contraire, un feuillage richement panaché qui les rend très propres à former des bordures ou des corbeilles et avec lesquels on obtient les contrastes les plus variés.

Les *Pélargoniums à feuille de Lierre*, P. LATERIPES

L'Hérit. et *peltatum* Soland (fig. 140), sont moins cultivés que les précédents ; leurs longues tiges grêles ne permettent guère de les employer que pour garnir les vases sus-

Fig. 139. — Pélargoniums zonalos.

pendus dans lesquels ils produisent le meilleur effet ; on peut encore en former des bordures, en orner les rocailles, etc. Il en existe des variétés à fleurs simples, à fleurs doubles, de coloris variés et à feuilles panachées.

Malheureusement, toutes ces belles plantes ne sont pas rustiques, et les moindres gelées les détruisent lorsqu'elles sont encore en pleine floraison à la fin de l'automne.

Fig. 140. — Pélargonium à feuille de Lierre.

Les propriétaires de grands jardins et qui possèdent, à défaut de serre, un certain nombre de châssis, peuvent conserver leurs Pélargoniums en faisant, pendant le cours de l'été, des boutures qu'ils abritent du froid durant l'hiver; mais l'amateur qui ne dispose que d'un petit parterre, et dont le matériel horticole est presque nul, se voit, chaque année, obligé d'acheter les plantes nécessaires pour remplacer celles que l'hiver a détruites.

Lorsqu'on dispose de châssis ou de serres, ou, à défaut, d'un local sec, aéré, bien éclairé, on fait en août-septembre des boutures, en prenant, à cet effet, des tiges bien saines munies de 3 ou 4 yeux, auxquelles on coupe les feuilles, à l'exception de la terminale; ces boutures sont placées sous châssis, soit en pleine terre, soit dans de petits godets, en employant un compost formé de terre de jardin, de terreau et de terre de bruyère, le tout par tiers ; on donne de l'ombre en couvrant les châssis avec des claies, chaque fois qu'il y a à craindre les effets des rayons brûlants du soleil, puis au bout d'une huitaine de jours, on commence à soulever les châssis pour donner un peu d'air. Un mois après, on procède à un premier rempotage, dans des vases de 6 à 7 centimètres de diamètre et dans une terre analogue à celle que nous avons indiquée plus haut. Les pots sont alors placés dans une serre ou mis sous châssis sur couche froide, les coffres étant entourés de feuilles sèches, de fumier sec, de paille ou de tannée. Les soins, durant l'hiver, consistent à donner de l'air chaque fois que la température extérieure le permet, à couvrir les châssis, pendant les grands froids, avec des paillassons qu'il est nécessaire d'enlever lorsque cela est possible pour qu'ils n'interceptent pas la lumière, ce qui, au bout d'un certain temps, déterminerait l'étiolement des plantes. Les arrosements doivent être très modérés, destinés seulement à empêcher le desséchement des racines. La température ne doit pas être inférieure à 2 degrés au-dessus de zéro ; elle ne doit pas dépasser + 5 à 8, car elle provoquerait la végétation intempestive des plantes. Au mois de mars,

Fig. 144. — Pentstémon hybride.

on procède à un second rempotage dans des vases plus

grands, et enfin, après avoir graduellement habitué les plantes à la température extérieure, en aérant le plus souvent possible, on les laisse exposées à l'air jusqu'au moment de la plantation, qui s'effectue dans la seconde quinzaine de mai. Les jeunes sujets sont soumis à des pincements destinés à leur faire prendre la forme que l'on désire. En résumé, pour conserver des Pélargoniums pendant l'hiver, il faut les placer dans un endroit bien éclairé et bien aéré, à l'abri de la gelée et de l'humidité. On ne sème les graines de Pélargoniums que pour obtenir des variétés nouvelles.

Pensée. — Voy. Viola tricolor hortensis.

Pentstemon Hartwegii Benth. (Famille des Scrophularinées). — Superbe plante vivace qui a donné naissance à des variétés et à des hybrides (*P. hybrides*) (fig. 141) très recherchés, mais non rustique sous le climat de Paris. On la re-

Fig. 142. — Pêcher à fleurs doubles (*Persica*).

produit chaque année par boutures faites en juillet-août, abritées sous châssis pendant l'hiver et mises en pleine terre en avril-mai. Culture et emplois des Pélargoniums. Le genre Pentstemon renferme un bon nombre d'espèces ornementales, dont quelques-unes supportent notre climat. On peut citer comme étant de ce nombre : les P. *barbatus* Roth. (Synonyme *Chelone barbata* [voy. *Chelone*]), *ovatus*

Dougl., plante de 50 à 60 centimètres de hauteur, à fleurs bleuâtres. Ces deux espèces se multiplient par division des touffes.

Perce-Neige. — Voy. Galanthus nivalis.

Perilla nankinensis Decaisne, *Périlla de Nankin* (Famille des Labiées). — Chine. Plante annuelle à tige rameuse formant une touffe de 75 centimètres de hauteur, au feuillage ample, d'un violet noirâtre métallique, rappelant celui de certains Coléus. Les fleurs sont petites et sans intérêt au point de vue ornemental. La beauté de la plante réside dans son feuillage qui la rend propre à former des corbeilles, en l'associant à des plantes de couleur différente.

Semer les graines en mars-avril, sous châssis, pour mettre en place fin mai.

Persica vulgaris Mill. var. (Famille des Rosacées) (fig. 142). — Sous le nom de *Pêchers de Chine*, on cultive dans les jardins plusieurs belles variétés de Pêchers à fleurs doubles ou pleines. Ces arbrisseaux sont remarquables par l'abondance et l'élégance de leurs fleurs, rose pâle, rose vif, rouge cocciné ou blanches, qui s'épanouissent en mars-avril, époque à laquelle ils constituent certainement l'un des plus beaux ornements de nos jardins. Il en existe une variété qui présente, à la fois sur le même rameau, des fleurs blanches, blanches panachées de rouge et d'autres entièrement rouges, ce qui produit un effet des plus singuliers. Les Pêchers de Chine exigent un sol bien meuble, une exposition chaude et abritée du vent; leurs fruits sont mangeables.

Persicaire d'Orient. — Voy. Polygonum orientale.

Petit muguet. — Voy. Asperula.

Pervenche. — Voy. Vinca.

Petunia nyctaginiflora Juss. *Petunia blanc* (Famille des Solanées). — Plante vivace en serre ou sous châssis, mais généralement cultivée comme plante annuelle. Il en est de même du *P.* violacea Lindl., espèce à fleurs violettes qui, avec la précédente, a donné naissance à de nombreuses variétés et hybrides d'une grande valeur ornementale. Le

semis ne reproduisant pas fidèlement les variétés, on se
sert du bouturage pour conserver les plus remarquables.
Le même procédé de reproduction est aussi employé pour
les variétés à fleurs pleines, qui ne donnent pas de graines.
Les boutures doivent être faites à l'automne, placées en
serre ou sous châssis pendant l'hiver et plantées à demeure
en mai. Les soins à donner sont les mêmes que ceux indiqués pour les Pélargoniums.

Les P. blanc et violet sont originaires de l'Amérique méridionale ; leurs tiges, rameuses et couchées, ne dépassent
guère 50 centimètres de hauteur ; leurs fleurs, en forme
d'entonnoir, larges d'environ 5 centimètres, se succèdent
avec la plus grande abondance depuis juin jusqu'à la fin de
l'automne. Ce sont des plantes extrêmement précieuses et
d'une culture des plus faciles.

La variation a atteint de très grandes proportions dans
les *Pétunias hybrides*. Il en existe à fleurs énormes dont
le diamètre dépasse 10 et
même 12 centimètres, à limbe
plus ou moins chiffonné,
quelquefois très élégamment
frangé : ces fleurs simples,
doubles ou pleines, présentent des coloris très variés,
allant du blanc au violet
purpurin, en passant par toutes les nuances du rose et du
lilas ; elles sont unicolores
ou panachées (fig. 143). Il
existe enfin des variétés formant des touffes plus ou
moins compactes, à tiges
couchées ou dressées.

Fig. 143. — Pétunia hybride.

Les Pétunias sont précieux pour l'ornement des jardins ;
on les emploie, soit en corbeilles, soit en bordures, en garnitures de vases ou de treillages, etc.

Semer en plein air, en avril-mai, à bonne exposition, en

terre légère et bien terreautée, les graines que l'on aura recueillies sur des exemplaires de choix. Lorsque le plant est
suffisamment développé, mettre en place, en espaçant les
pieds d'environ 50 centimètres. La graine, étant très fine,
doit être à peine recouverte de terre. Comme nous l'avons
indiqué plus haut, les variétés de choix ou à fleurs pleines
doivent être reproduites par le bouturage.

Phacelia CAMPANULARIA Asa Gray (Famille des Hydrophyllées). — Californie. Jolie plante annuelle de 20 à 25
centimètres de hauteur, à tiges rameuses, et à feuilles élégamment découpées. Les fleurs, en forme de clochettes, de
2 cent. de longueur, sont d'un bleu intense.

P. BIPINNATIFIDA Michaux. — Amérique septentrionale.
Plante annuelle, de 50 cent. de hauteur, à feuilles très découpées. Fleurs petites, en épis contournés comme ceux de
l'Héliotrope, de couleur bleu violacé pâle.

P. PARRYI Torrey. — Californie. Plante annuelle de 20 à
25 cent., à fleurs nombreuses, en forme de coupe, de 2 cent.
de diamètre et d'un bleu violacé.

P. VISCIDA Torrey (Syn. : *Eutoca viscida* Bentham). Californie. — Plante annuelle, visqueuse, de 30 cent. de hauteur. Fleur en forme de coupe, de 2 cent., de diamètre,
d'un bleu foncé, avec le centre blanc et violacé.

P. WITHLAVIA Asa Gray (Syn. : *Withlavia grandiflora*
Harvey). — Californie. Plante annuelle, de 30 à 40 cent. de
hauteur. Fleurs en forme de cloche, longues de 2 cent. d'un
beau bleu violacé.

Les Phacelia sont d'élégantes petites plantes propres à
la culture en pots ou à l'ornement des plates-bandes, fleurissant de juin en septembre, selon l'époque à laquelle les
graines ont été semées. Semer en avril-mai, en plein air,
en pépinière ou en place, en sol léger et à bonne exposition.

Phalaris ARUNDINACEA L., var. PICTA. *Chiendent panaché.
Roseau panaché. Ruban de bergère* (Famille des Graminées). — Herbe vivace indigène, très rustique, dont le feuillage, élégamment rubané de vert, de blanc jaunâtre ou de
rose, est souvent employé pour garnir les bouquets. Cette

jolie plante croît dans tous les sols et à toutes les expositions. Multiplication facile par division des touffes, au printemps.

Pharbitis. — Voy. Ipomæa.

Phaseolus multiflorus L. *Haricot d'Espagne. Haricot à fleurs rouges* (Famille des Légumineuses). — Plante grimpante, vivace, originaire de l'Amérique méridionale, ordinairement cultivée comme plante annuelle. Ses tiges, volubiles, atteignent 3 mètres et plus de hauteur ; ses fleurs, réunies en petites grappes, se succèdent de juin en septembre : elles sont, suivant les variétés, rouge écarlate, blanches ou bicolores, avec une partie rouge et l'autre blanche. Les graines, très grosses, sont d'un rouge vineux marbré de brun ou blanches. Le Haricot d'Espagne croît très rapidement; c'est une des plantes grimpantes les plus précieuses pour garnir les tonnelles, les treillages, etc. Semer en place, en mai.

Fig. 144. — Seringat (*Philadelphus*).

Philadelphus coronarius L. *Seringat* (Famille des Saxifragées) (fig. 144). — L'un des arbrisseaux les plus répandus dans les jardins. Cette plante est originaire de l'Europe australe ; ses fleurs, blanches, très abondantes, s'épanouissent en juin et exhalent un parfum pénétrant. Le Seringat est très rustique et s'accommode de tous les terrains et de toutes les expositions ; il forme des buissons touffus, de 2 mètres à 2^m,50 de hauteur. Il en existe de belles variétés à fleurs simples ou doubles. L'odeur que répandent les fleurs du Seringat est si forte qu'elle est désagréable à certaines personnes, auxquelles nous recommandons la culture des PHILADELPHUS INODORUS L. et LATIFOLIUS, à fleurs plus grandes et presque sans parfum.

Phlox DRUMMONDII Hook. *Phlox de Drummond* (Famille des Polémoniacées) (fig. 145). — L'une des plus belles

Fig. 145. — Phlox subulata.

plantes annuelles de pleine terre. Elle est originaire de l'Amérique septentrionale ; ses tiges, rameuses, atteignent de 30 à 50 centimètres de hauteur ; elles se terminent par d'élégants bouquets de fleurs assez grandes, présentant les coloris les plus divers, allant du blanc au rose, au lilas, au rouge et au violet avec toutes les nuances intermédiaires et les panachures les plus variées. La floraison est abondante depuis le mois de juin jusqu'à la fin de septembre. Il y a des variétés à fleurs oculées, c'est-à-dire qui présentent au centre une tache plus pâle ou plus foncée qui se détache sur la couleur du fond ; il y en a de striées, d'étoilées. Dans les *Phlox de Drummond à grandes fleurs*, la dimension des fleurs a presque doublé ; dans une autre race encore peu répandue, les pétales sont frangés ou atténués en longue pointe ; dans ce dernier cas, ils forment par leur ensemble une étoile à cinq branches.

On sème les Phlox de Drummond sur place, en avril-mai, et on éclaircit en laissant un espace de 20 centimètres entre les plants.

Phlox vivaces hybrides (fig. 146). — On réunit sous ce nom un grand nombre de variétés superbes issues des P. paniculata L. et maculata L., espèces vivaces, originaires de l'Amérique septentrionale, dont la taille atteint environ 1 mètre, et dont les fleurs, très nombreuses, légèrement odorantes, disposées en volumineuses grappes pyramidales d'un très bel effet, s'épanouissent en juillet-août. Les Phlox vivaces hybrides sont des plantes d'un mérite exceptionnel, dont on ne saurait assez recommander la culture ; il en existe un nombre considérable de variétés. Les principaux coloris que présentent leurs fleurs sont : le blanc pur, blanc avec centre rose, blanc à centre rouge, blanc lilacé à centre violet, lilas, rose lilacé avec centre blanc, rose clair, rose vif, rouge clair, rouge foncé, rouge orangé, pourpre, pourpre violacé foncé ; il y a enfin des fleurs panachées et striées.

Fig. 146. — Phlox vivaces hybrides.

Les *Phlox vivaces hybrides* peuvent être cultivés dans tous les terrains, mais ils préfèrent les sols meubles et frais; ils sont très rustiques et on les multiplie par division des touffes, au printemps. Il faut les arracher pour les changer de place tous les deux ou trois ans, car ils finiraient par épuiser le sol, et leur végétation serait alors moins vigoureuse.

P. DIVARICATA Linné (Syn. : *P. canadensis* Sweet). — Amérique septentrionale. Belle plante vivace dont les tiges rameuses, de 30 à 35 cent. de hauteur, portent des bouquets de fleurs dont les dimensions et la forme rappellent quelque peu celles de la petite Pervenche, et d'un beau bleu d'azur. Il en existe une variété à fleur blanche. Ce Phlox fleurit en mai-juin ; il est précieux pour orner les jardins à cette époque de l'année. Multiplication par division des touffes, en juillet, après la floraison.

P. SUBULATA L. — Petite plante vivace originaire de l'Amérique septentrionale, à tiges couchées, atteignant à peine 15 centimètres de hauteur, formant des bordures compactes, ravissantes par le nombre considérable de fleurs roses qu'elles donnent en avril-mai. Variétés à fleurs rouges, rose pâle ou blanches. Cette charmante espèce se plaît surtout dans les sols légers et sablonneux, et à bonne exposition. Multiplication par division des touffes, après la floraison.

P. VERNA Sweet, de l'Amérique septentrionale. — C'est une élégante petite plante vivace à rameaux couchés, ne dépassant pas 10 à 15 centimètres de hauteur, à feuilles de la base ovales allongées et à fleurs d'un beau rose, réunies en bouquets par six ou huit, et s'épanouissant en avril-mai. Emplois et culture du *P. subulata*.

Phormium TENAX Forst. *Phormium, Lin de la Nouvelle-Zélande* (Famille des Liliacées). — Superbe plante vivace à feuilles longues de 1 mètre à 1^m,50, rubanées, coriaces, persistantes, réunies en touffe volumineuse. Employé pour orner les jardins pendant l'été, il produit un bel effet, étant isolé sur les pelouses. Il faut le rempoter à la fin de l'automne et l'abriter durant l'hiver dans une remise ou un endroit quelconque bien aéré et bien éclairé, où les grands froids ne se font pas sentir. Cette plante passe l'hiver en pleine terre dans l'ouest de la France.

Phyllostachys. — Voir BAMBOUS.

Physostegia VIRGINIANA Bentham. *Cataleptique, Dracocéphale de la Louisiane* (Famille des Labiées). — Amérique.

septentrionale. Belle plante vivace de 1 mètre de hauteur, à tiges carrées, portant des feuilles opposées ovales-allongées, dentées. Les fleurs, de couleur rose-lilacé, sont disposées sur quatre rangs, en grappes terminales rameuses et s'épanouissent en juillet-août. Elles sont comme articulées à leur point d'attache sur la tige et il est possible de les déplacer en les poussant à droite ou à gauche.

On en cultive une variété naine et d'autres à fleurs plus grandes, plus foncées ou blanches.

Le Cataleptique est une plante très rustique qui prospère en tous terrains et à toutes les expositions, pourvu qu'elles soient aérées. Multiplication par division des touffes en mars-avril.

Pied d'alouette. — Voy. DELPHINIUM.

Pivoine de Chine. — Voy. PÆONIA ALBIFLORA.

Pivoine en arbre. — Voy. PÆONIA MOUTAN.

Pivoine femelle. — Voy. PÆONIA OFFICINALIS.

Pivoine mâle. — Voy. PÆONIA CORALLINA.

Platycodon AUTUMNALE Decaisne (Famille des Campanulacées). — Belle plante vivace originaire de la Chine, à tiges hautes d'environ 60 centimètres, terminées par des grappes de fleurs à peu près semblables à celles de la Campanule à feuilles de Pêcher, d'un beau bleu, mesurant au moins 5 centimètres de diamètre, s'épanouissant en août-septembre. Il en existe plusieurs variétés, à fleurs bleues ou blanches, simples ou doubles.

P. GRANDIFLORUM D C. — Espèce qui diffère de la précédente par ses fleurs plus grandes.

Les Platycodons sont des plantes très recommandables ; ils prospèrent surtout à mi-ombre et en terre légère. Multiplication par division des touffes, au printemps.

Plumbago LARPENTÆ Lindley (Ceratostigma plumbaginoides Bunge), *Dentelaire de Lady Larpent* (Famille des Plombaginées). — Chine septentrionale. Plante vivace traçante, à tiges rameuses, plus ou moins couchées, formant des touffes de 30 cent. de hauteur, garnies de feuilles persistantes. Les fleurs, en bouquets à l'extrémité des tiges, sont d'une superbe couleur bleu foncé très pur ; elles s'épanouissent du 15 août au 15 octobre.

Cette plante accepte d'être cultivée dans les sols les plus arides et aux expositions les plus ensoleillées. On en fait des bordures. Multiplication par division des touffes, en mars-avril.

Le *Plumbago capensis* Thunberg, *Dentelaire du Cap*, est un très bel arbrisseau grimpant aux fleurs bleu d'azur. Il exige d'être hiverné en serre froide dans le centre de la France. On l'utilise pour l'ornement des jardins en le dressant sur tige basse.

Multiplication par boutures, faites avant l'hiver et conservées en serre pendant la mauvaise saison.

Podolepis GRACILIS Grah. (Famille des Composées). — Charmante plante annuelle originaire d'Australie, d'environ 50 centimètres de hauteur, à tiges grêles, portant un grand nombre de fleurs réunies en capitules, roses ou blancs, se succédant de juillet en septembre. Cette jolie espèce ne prospère que dans les sols légers et à bonne exposition. Semer en mai, sur place.

Pois de senteur. — Voy. LATHYRUS ODORATUS.

Pois vivace. — Voy. LATHYRUS LATIFOLIUS.

Fig. 147. — Polémoine bleue.

Polemonium CŒRULEUM L. *Valériane grecque, Polémoine bleue* (Famille des Polémoniacées) (fig. 147). — Plante vivace originaire de l'Europe australe, haute d'environ 50 centimètres, donnant de juin en juillet de nombreuses fleurs, assez grandes, réunies en bouquets, d'un beau bleu ou blanches selon les variétés. Fréquemment cultivée dans les jardins pour l'ornement des plates-bandes, elle se plaît surtout dans les sols légers. Il faut l'arracher pour la changer de place et pour renouveler les touffes au moins tous les deux ans. Multiplication par division des touffes.

Polygonum ORIENTALE L. *Persicaire d'Orient. Bâton de Saint-Jean* (Famille des Polygonées). — Grande plante annuelle, de 2 à 3 mètres de hauteur. De juillet en octobre, fleurs nombreuses, petites, rouge brillant ou blanches, réunies en épis pendants d'un bel effet. Disséminée dans les massifs d'arbrisseaux, sur les pelouses ou dans le milieu des plates-bandes, cette plante est très ornementale. Semer en avril, en pépinière, et mettre en place en mai.

P. BALDSCHUANICUM Regel. Turkestan. — Très belle plante grimpante à tiges ligneuses pouvant atteindre une dizaine de mètres de hauteur, aux feuilles d'un beau vert, aux fleurs d'un blanc rosé, en longues grappes composées, pendantes très élégantes auxquelles succèdent des fruits ailés, d'abord blancs, puis roses, très décoratifs et d'une longue durée.

Le *Polygonum baldschuanicum* prospère surtout en sols sains, à exposition ensoleillée ou tout au moins très éclairée et bien aérée.

Polystichum FILIX MAS Roth. *Fougère mâle.* — Belle Fougère indigène, propre surtout à orner les parties ombragées et fraîches des jardins.

Pommiers d'ornement (microcarpes ou baccifères). — Voy. MALUS.

Pontederia CORDATA L. (Famille des Pontédériacées). — Plante aquatique de plein air, originaire de l'Amérique septentrionale. Ses feuilles sont cordiformes ; ses fleurs, d'un beau bleu, sont réunies en épis cylindriques et se succèdent de juin en août. Cette plante convient à orner les bassins, mais il ne faut pas que sa souche soit recouverte de plus de 5 ou 6 centimètres d'eau. Pour la garantir contre le froid, il suffit de plonger assez profondément dans l'eau, avant l'hiver, les pots dans lesquels elle est plantée. Multiplication par division des touffes.

Populage. — Voy. Caltha palustris.

Porillon. — Voy. Narcissus Pseudo-Narcissus.

Portulaca grandiflora Lindl. *Pourpier à grandes fleurs*
(Famille des Portulacées) (fig. 148). — Ravissante petite plante vivace originaire de l'Amérique méridionale, généralement cultivée comme plante annuelle. Ses tiges, charnues, couchées, d'environ 15 centimètres de hauteur, portent de petites feuilles épaisses, cylindriques. De juillet en septembre, fleurs assez grandes et très nombreuses, simples, doubles ou pleines, présentant les coloris les plus

Fig. 148. — Pourpier à grandes fleurs
(*Portulaca*).

brillants, variant du blanc au rose, au rouge, au violet, à l'orangé et au jaune, unicolores ou panachées. Le Pourpier à grandes fleurs ne réussit bien que planté en terre légère et en plein soleil. Ses variétés se reproduisent assez fidèlement par le semis. Semer en pépinière, à bonne exposition, en avril-mai; mettre en place en juin, en espaçant les pieds d'environ 15 centimètres.

Potentilla atrosanguinea Lodd. (Famille des Rosacées). — Belle plante vivace originaire du Népaul, dont les tiges atteignent 60 centimètres de hauteur, à feuilles rappelant celles du Fraisier, et dont les fleurs nombreuses, assez grandes, d'un rouge pourpre presque noir, se succèdent de juin en juillet-août. Sous le nom de *Potentilles hybrides* (fig. 149), on cultive dans les jardins un certain nombre de plantes, variétés ou hybrides, issues de cette espèce ou de son croisement avec des espèces voisines. Les fleurs en sont doubles ou pleines; elles ressemblent à de petites Roses et présentent des coloris variant depuis le jaune jusqu'au pourpre noir, en passant par l'orangé et le rouge. Ces superbes plantes prospèrent surtout dans les sols meubles et frais ; on

Fig. 149. — Potentilles hybrides à grandes fleurs doubles.

Fig. 150. — Primevère des jardins (*Primula*).

les multiplie, au printemps, par division des touffes. Sous

le climat de Paris, il est prudent de les couvrir de paille ou de feuilles sèches lorsque les hivers sont rigoureux.

Pourpier à grandes fleurs. — Voy. PORTULACA GRANDIFLORA.

Primevère. — Voy. PRIMULA.

Primula VARIABILIS Goupil (P. HORTENSIS Hort.) *Primevère des jardins* (Famille des Primulacées) (fig. 150). — Plante vivace indigène, d'environ 15 centimètres de hauteur, dont les hampes sont terminées par des bouquets de fleurs assez grandes, jaune pâle dans le type sauvage, mais qui, dans les jardins, présentent les coloris les plus variés, dans lesquels on remarque surtout des tons jaunes, cuivrés, rouge brique, saumonés, bruns, pourpre velouté, rouge écarlate, lilas, violets, etc. Les fleurs sont unicolores ou panachées, striées, étoilées, oculées, etc. Il en existe des variétés à fleurs doubles, à corolles emboîtées les unes dans les autres.

Ces plantes sont d'autant plus précieuses qu'elles fleurissent de mars en mai, époque pendant laquelle les fleurs sont fort rares dans les jardins. On en fait de ravissantes corbeilles, des bordures, etc. ; elles prospèrent dans tous les sols, pourvu qu'ils soient substantiels, meubles et frais. Replanter tous les trois ou quatre ans. Multiplication par division des touffes, après la floraison.

P. GRANDIFLORA Lamk. (P. ACAULIS Linné), *Promenolle.* — Espèce indigène, qui diffère surtout de la précédente par ses fleurs naissant directement de la souche, au lieu de former des bouquets au sommet d'une hampe commune. On en cultive un certain nombre de variétés, dont quelques-unes à fleurs pleines fort belles, jaunes, blanches, rosées, carnées, violettes et même bleues.

La *Primevère à grandes fleurs* ne dépasse pas 10 centimètres de hauteur ; on peut donc l'employer à former des bordures autour des corbeilles plantées avec l'espèce précédente. Même culture.

P. AURICULA L. *Auricule* (fig. 151), *Oreille-d'Ours.* — Plante vivace originaire des parties montagneuses de l'Europe, cultivée depuis fort longtemps dans les jardins, où elle a donné naissance à un nombre considérable de variétés qui ont fait les délices de nos pères. Sous notre climat, cette plante n'est vraiment belle que traitée comme les plantes alpines, c'est-à-dire cultivée en pots et abritée sous châssis pendant l'hiver, afin de la soustraire aux alternatives de gel et de dégel et aux excès d'humidité. D'autres belles espèces de *Primula*, notamment le P. JAPONICA A. Gray, sont malheureusement trop délicates pour qu'il soit possible de les cultiver sans abri sous le climat de Paris.

Promenolle. — Voy. PRIMULA GRANDIFLORA.

Prunier à trois lobes. — Voy. PRUNUS TRILOBA.

Prunus TRILOBA Lindl (Famille des Rosacées). — Superbe arbrisseau originaire de la Chine, de 2 mètres à 2 m. 50 de hauteur, très rustique. En mars, il se couvre de grandes fleurs,

Fig. 151. — Auricule (*Primula Auricula*).

doubles, d'un beau rose garnissant entièrement de longs rameaux élégamment flexueux. C'est l'une des plus belles plantes dont on puisse recommander la culture dans les jardins.

P. PISSARDI Carr. — Petit arbre introduit de la Perse, dont la taille peut atteindre 4 ou 5 mètres, remarquable par son feuillage d'un beau pourpre violacé, couleur qui persiste pendant toute l'année. Ornement des bosquets.

Ptarmica. — Voy. Achillea Ptarmica.

Pyramidale. — Voy. Campanula pyramidalis.

Pyrèthre. — Voy. Chrysanthemum.

Quarantaine. — Voy. Matthiola annua.

Rameau d'or. — Voy. Cheiranthus Cheiri.

Ranunculus asiaticus L. *Renoncule des jardins* (Famille des Renonculacées) (fig. 152). — Belle plante vivace originaire d'Orient, à racines tubéreuses connues sous le nom de *griffes*. Tiges de 25 à 30 centimètres de hauteur, terminées par de grandes fleurs, simples, doubles ou pleines, s'épanouissant en mai ou juin. Il en existe un grand nombre de variétés présentant les coloris les plus divers, allant du blanc au rose, au rouge,

Fig. 152. — Renoncule des jardins
(*Ranunculus*).

au brun et au jaune, lesquels, en s'associant, forment des tons intermédiaires très variés ou des panachures sur fond plus pâle ou plus foncé. Cette plante est des plus recommandables pour l'ornement des jardins; il est regrettable de la voir à peu près abandonnée aujourd'hui. Les soins qu'elle réclame sont les mêmes que ceux indiqués pour l'Anémone des fleuristes. Voy. ce mot.

R. aconitifolius Linné, *à fleurs pleines. Bouton d'argent.* — Belle plante vivace indigène, alpine, dont les tiges peuvent atteindre 50 cent. de hauteur, à feuilles palmées, à fleurs nombreuses, pleines et d'un blanc pur, s'épanouissant en mai-juin. Affectionne les terrains frais et les expositions un peu ombragées. Multiplication par division des touffes, au printemps.

R. REPENS L., var. à fleurs pleines, *Bouton d'or*, *Bassin d'or*. — Jolie plante vivace indigène, à tiges rampantes, dont l'ensemble ne dépasse pas 20 centimètres de hauteur. De mai en juillet, fleurs nombreuses, bien pleines, d'un jaune d'or vernissé. Cette espèce se plaît dans tous les terrains, mais surtout dans ceux qui sont argileux et humides. Multiplication très facile par division des touffes.

R. ACRIS L., var. à fleurs pleines, *Bouton d'or*. — Espèce qui atteint des dimensions plus élevées que la précédente ; ses fleurs sont plus petites. Cultiver dans les sols consistants et frais, mais non humides.

R. BULBOSUS L., var. à fleurs pleines, *Pied de coq*. — Espèce à souche bulbeuse, de 25 à 30 centimètres de hauteur, à fleurs un peu plus grandes que dans les deux espèces précédentes, mais d'un jaune moins brillant. La Renoncule bulbeuse fleurit de mai en juillet ; on peut la cultiver dans les terrains légers. Multiplication par division des touffes, au printemps.

Raquette. — Voy. OPUNTIA.

Ravenelle. — Voy. CHEIRANTHUS CHEIRI.

Reine-Marguerite. — Voy. CALLISTEPHUS CHINENSIS.

Renoncule. — Voy. RANUNCULUS.

Reseda ODORATA L. *Réséda* (Famille des Résédacées). — Plante vivace originaire de l'Afrique septentrionale, ordinairement cultivée comme plante annuelle. Il en existe une variété à grandes fleurs et une à grosses inflorescences (*Réséda pyramidal*) plus recherchées que le type. Le Réséda vient dans tous les terrains et à toutes les expositions, mais il préfère les sols légers et humeux et une situation aérée et bien ensoleillée. Semer sur place de mai en juin. Supprimer les rameaux défleuris afin de provoquer le développement de nouvelles fleurs.

Rheum OFFICINALE H. Baillon. *Rhubarbe officinale* (Famille des Polygonées). — Superbe plante vivace originaire des montagnes du Thibet, remarquable par ses feuilles amples, élégamment dentées, formant des touffes volumineuses d'un bon effet lorsqu'elles sont isolées sur les pelouses. Les tiges florales de cette espèce atteignent de 2 mètres à 2 m. 50 de hauteur. La Rhubarbe officinale est très rustique ; elle croît dans tous les terrains, mais elle préfère les sols siliceux, profonds et frais.

R. PALMATUM L. et UNDULATUM L. — Peuvent être également employés à l'ornementation des jardins.

Rhododendron (Famille des Ericacées). — Ce genre renferme un grand nombre d'arbrisseaux à feuillage généralement persistant, à fleurs très grandes, superbes, formant d'énormes bouquets, s'épanouissant au printemps. Malheureusement toutes les espèces ne sont pas rustiques sous le climat de Paris. C'est le R. CATAWBIENSE Michx., originaire des parties élevées de la Caroline du Nord, ainsi que ses variétés et ses hybrides avec le R. PONTICUM L. et autres types, qui résistent le mieux aux rigueurs de notre climat. Ces magnifiques arbrisseaux atteignent de 1 m. 50 à 2 mètres de hauteur ; ils sont d'une culture facile à la condition d'être plantés à mi-ombre, en terre de bruyère ou siliceuse qu'il est nécessaire de maintenir toujours fraîche par des arrosements fréquents pendant l'été.

R. DAHURICUM L. — Espèce originaire de la Sibérie, de 1 mètre de hauteur, à feuilles caduques. A la fin de l'hiver, fleurs petites, mais nombreuses et d'un rose violacé.

Le groupe des Rhododendrons, plus généralement connu sous le nom d'AZALEA, renferme aussi des espèces et des variétés rustiques, cultivables comme les précédentes. De ce nombre sont :

R. MOLLE Siebold et Zuccarini (*Azalée de Chine*), et R. LEDIFOLIUM Hooker d'Asie qui l'une et l'autre ont donné naissance à de nombreuses et belles variétés.

R. CALENDULACEUM, NUDIFLORUM, VISCOSUM, etc.; originaires de l'Amérique septentrionale ; enfin l'*Azalée pontique* (AZALEA PONTICA L.) dont il existe de belles variétés.

Rhubarbe. — Voy. RHEUM.

Ribes SANGUINEUM Pursh. *Groseillier sanguin* (Famille des Grossulariées). — Bel arbrisseau originaire de l'Amérique septentrionale, de 1 m. 50 à 2 mètres de hauteur, donnant, en avril-mai, de nombreuses grappes de fleurs pendantes, d'un rouge vif, auxquelles succèdent des fruits noirâtres qui ne sont pas comestibles.

R. MALVACEUM. — Espèce très voisine de la précédente, à fleurs rose pâle, réunies en grappes plus courtes. Il en existe des variétés à fleurs pleines et à fleurs blanchâtres.

R. GORDONIANUM Lem. — Hybride du R. SANGUINEUM et du R. AUREUM ; ses fleurs sont d'un rouge cuivré.

Les Groseilliers d'ornement sont très rustiques ; ils prospèrent dans tous les terrains et à toutes les expositions, sauf dans les endroits très ombragés. Ils constituent, au printemps, l'un des plus beaux ornements des jardins. On doit les tailler après la floraison, en supprimant le moins possible de rameaux.

Richardia AFRICANA Kunth (Calla æthiopica Linné). *Arum d'Afrique* (Famille des Aroïdées). — Cap de Bonne Espérance. Belle plante vivace à feuilles en fer de flèche, pouvant atteindre 1 mètre de hauteur et formant une touffe du centre de laquelle naît une tige florale qui porte, à son sommet, une sorte de cornet (spathe) de couleur blanc pur, à odeur suave, enveloppant un épi cylindrique (spadice), jaune, sur lequel sont fixées les fleurs, nombreuses, mais de dimensions extrêmement réduites.

Cette plante est très ornementale par ses feuilles florales ou spathes qu'accompagne un élégant feuillage. Sous le climat de Paris elle exige la serre froide ou l'appartement pendant l'hiver. On peut la cultiver en pots, à exposition très éclairée.

Ricinus COMMUNIS L. *Ricin, Palma Christi* (Famille des Euphorbiacées) (fig. 153). — Belle plante, vivace en serre, cultivée comme plante annuelle dans les jardins. Le Ricin est originaire de l'Inde ; ses tiges peuvent atteindre 2 m.50 de hauteur ; elles portent de grandes feuilles palmées et dentées, d'un très bel effet. Les fleurs ne sont pas ornementales ; elles s'épanouissent en août-septembre : les mâles sont situées à la partie inférieure des grappes, les femelles au sommet. Le Ricin a donné naissance à plusieurs variétés,

à feuilles et à tiges d'un vert blanchâtre, rouge sanguin,
noirâtres, également recommandables. Semer en avril-
mai, sur couche, ou simplement en plein air et en place,
en terre fertile. Pour croître vigoureusement, cette plante
exige des engrais abondants, des arrosements copieux et
une exposition chaude.

Romarin. — Voy. ROSMA-
RINUS.

Roses. — Les Roses des
jardins sont, ou des variétés
ou des hybrides de diverses
espèces du genre ROSA (Famille
des Rosacées). Nous indique-
rons les principaux groupes horticoles, de manière à gui-
der les amateurs dans le choix des variétés et à faire connaître les soins qu'elles réclament.

Fig. 153. — Ricin.

ROSIERS THÉ, *Rosa indica* L. — Arbrisseaux à tiges atteignant souvent 2 mètres et plus de hauteur, couvertes de
gros aiguillons crochus, brunâtres. Feuilles à folioles allongées et luisantes. Les fleurs, ordinairement peu pleines et
de forme gracieuse, sont d'un blanc jaunâtre ou jaune plus
ou moins carné, plus rarement rouges, portées sur des pédoncules grêles qui souvent fléchissent sous leur poids.
Elles exhalent une odeur qui rappelle celle du thé. Sans être
grimpants, les Rosiers Thé ont des rameaux qui s'allongent
quelquefois beaucoup ; ce sont des plantes relativement délicates et qui gèlent à une température de 10 degrés au-
dessous de zéro. Ils fleurissent abondamment pendant toute
la belle saison, mais à la condition d'être placés à une bonne
exposition. Sous le climat de Paris, il est nécessaire de les
cultiver francs de pied et de couvrir les touffes avec des
feuilles sèches pendant l'hiver, ou simplement de les butter.

ROSIERS HYBRIDES DE THÉ. — A cette catégorie appartiennent de superbes variétés obtenues par croisement entre des Roses Thé et des Roses d'espèces différentes. Ces Roses comptent parmi les plus belles.

ROSIERS DE L'ILE BOURBON, *R. indica*, var. *borboniana*. — Arbrisseaux non grimpants, mais à rameaux plus robustes que dans la section précédente, portant des épines courtes, élargies à la base, crochues au sommet. Feuilles à folioles épaisses, d'un vert sombre, ovales-arrondies. Fleurs peu odorantes, de forme variable, présentant le plus généralement les nuances intermédiaires entre le blanc, le rose et le rouge, se succédant pendant toute la belle saison. Les Rosiers de l'ile Bourbon exigent les mêmes soins que les Rosiers Thé.

ROSIERS HYBRIDES REMONTANTS. — Les variétés qui appartiennent à ce groupe sont les plus rustiques connues ; la plupart peuvent supporter de 18 à 20 degrés au-dessous de zéro ; leurs rameaux sont ordinairement moins allongés que dans les sections précédentes ; ils sont couverts d'aiguillons de forme variable, souvent réduits à l'état de poils rigides et glanduleux ; les feuilles sont molles, gauf.ées et d'un vert tendre. Les Rosiers hybrides remontants sont d'une culture facile ; ils ont l'avantage de donner deux floraisons dans la même année, l'une au commencement de l'été, l'autre à l'automne, cette dernière d'autant plus belle qu'on supprime avec plus de soin les fleurs passées, afin d'empêcher la fructification et pour provoquer le développement de nouveaux bourgeons florifères. Fleurs superbes, odorantes, très variées comme formes et comme coloris. Les premières variétés de cette race, produit du croisement des *R. indica* ou *semperflorens* par le *R. gallica*, ont été désignées sous le nom de *R. de Portland* ou *R. perpétuels*.

ROSIERS DE NOISETTE, *R. Noisettiana* Redouté. — Variétés à rameaux très allongés, presque sarmenteux, garnis d'aiguillons. Fleurs peu odorantes, généralement réunies en bouquets, apparaissant après la première floraison des Hybrides remontants et se succédant pendant toute la belle saison jusqu'aux premières gelées. Feuilles à folioles ovales-allongées, luisantes. Les Rosiers de Noisette commencent à souffrir à 10 degrés au-dessous de zéro. On suppose que les *R. Noisettiana* sont le produit d'un croisement entre le R. Thé (*R. indica*) ou le R. de Bengale (*R. semperflorens*) avec le R. musqué (*R. moschata*).

Rosiers multiflores, *R. multiflora* Thunb. — Variétés peu nombreuses, sarmenteuses, peu résistantes aux froids. Fleurs disposées en bouquets. Ces Rosiers sont propres à palisser sur les murs ou sur les treillages à bonne exposition ; ils ne fleurissent qu'une fois dans l'année. Ne réussissent bien qu'étant cultivés francs de pieds. Par croisement sur le *R. indica*, cette espèce a donné naissance à toute une série de variétés désignées en horticulture sous le nom de *Rosa Polyantha* Hort., qui sont très recherchées. Les *R. Polyantha nains remontants* sont particulièrement précieux pour la rapidité de leur croissance qui permet d'en obtenir la floraison dans l'année même du semis. Ce sont des plantes de petite taille, propres à former des corbeilles et des bordures ; les fleurs en sont petites, mais elles sont produites en grand nombre pendant toute la belle saison. Telles sont les Roses *Mignonette, Miniature, Madame Norbert, Levavasseur*.

Rosiers du Bengale, *R. diversifolia* Vent. Ne supportent guère plus de 10 degrés au-dessous de zéro ; vigoureux surtout francs de pied. Tiges peu élevées, munies d'aiguillons peu nombreux. Fleurs peu pleines se succédant pendant presque toute l'année, inodores. C'est à ce groupe qu'appartient la *Rose verte*, variété curieuse, mais sans intérêt pour l'ornement des jardins.

Rosiers capucine, *R. Eglanteria* L. — Arbrisseaux peu élevés, peu délicats, bien caractérisés par la couleur jaune pur de leurs fleurs, dont l'odeur est désagréable. Il n'en existe qu'un très petit nombre de variétés. Le *R. Persian Yellow*, à fleurs pleines, de couleur jaune pur, et le *R. Capucine*, à fleurs simples, jaunes, avec le revers des pétales rouge capucine, sont les plus répandus. Les Rosiers Capucine ne fleurissent qu'une fois dans l'année.

Rosiers pompon, *R. Lawrenceana* Sweet. — Arbuste très nain, à fleurs extrêmement petites, bien pleines, sans odeur. Variétés peu nombreuses, sensibles aux froids, très remontantes. Ces Rosiers sont communément désignés sous le nom de *R. Pompon*.

Rosiers de Provins, *R. gallica* L. — Plantes très rustiques, mais peu recherchées ; à ce groupe appartiennent cependant un certain nombre de variétés à fleurs panachées. Les Rosiers de Provins ont été autrefois très en vogue ; on les a abandonnés surtout parce qu'ils ne sont pas remontants.

Rosiers Cent-feuilles, *R. gallica*, var. *centifolia*. — Arbrisseaux de 1^m,50 de hauteur, à tiges munies d'aiguillons gros et crochus, mêlés à d'autres, fins et droits. Non remontants. Rustiques. Réussissent surtout francs de pied ; se multiplient difficilement de boutures, mais se reproduisent facilement par marcottage ou par division des touffes.

Rosiers moussus, *R. gallica*, var. *centifolia muscosa*. — Ne sont que des variétés du Rosier Cent-feuilles. Arbrisseaux peu élevés et peu vigoureux, à tiges garnies d'aiguillons grêles et presque droits. Pédoncules et calices couverts de nombreux poils glanduleux qui font paraître les fleurs comme entourées d'une mousse plus ou moins abondante.

Les *R. Ayrschire* (Rosa arvensis Hudson), *toujours vert* (Rosa sempervirens Linné), *à feuilles de Ronce* (Rosa rubifolia Robert Brown), les *R. Boursault* (Rosa alpina Linné) sont des arbrisseaux grimpants dont les rameaux atteignent de grandes dimensions et qui sont recherchés pour garnir les façades de maisons, les tonnelles, etc.

Les *R. Banks*, très répandus dans le midi de la France, sont trop délicats pour le climat de Paris.

Les Rosiers Pimprenelle (Rosa pimpinellifolia Linné) sont de très petits arbustes à rameaux couverts de nombreux aiguillons aciculaires ; les feuilles sont petites, à folioles arrondies ; les fleurs, également petites, sont blanches, jaunâtres ou roses, plus ou moins doubles. Ces Rosiers sont, en général, peu remontants.

Les Rosiers microphylles (Rosa microphylla Roxburgh), de l'Asie orientale, sont très délicats. Ils sont remarquables par leurs feuilles de très petites dimensions et par leur fleur dont le calice est hérissé d'aiguillons, ce qui a fait donner à ces plantes le nom de *Roses Châtaigne*.

Les Rosiers rugueux (Rosa rugosa Thunberg), de la Chine et du Japon, sont des arbrisseaux robustes, très rustiques, dont les rameaux sont couverts de nombreux aiguillons droits. Les feuilles sont amples, un peu bullées, d'un beau vert ; les fleurs, de grande dimension, se montrent en juin et donnent naissance à des fruits ornementaux, très volumineux, sphériques, qui persistent jusqu'au commencement de l'hiver. Il en existe des variétés à fleurs simples ou doubles, blanches, roses ou rose violacé.

Le Rosier de Wichura (Rosa Wichuraiana Crépin), originaire de la Chine et du Japon, est un arbrisseau à rameaux très allongés, rampants, à feuilles coriaces et d'un vert brillant, à fleurs blanches, en bouquets ; les fruits sont petits, globuleux, rougeâtres. Ce Rosier a donné naissance à des hybrides, dont quelques-uns sont remarquables par leur beau feuillage, leurs abondantes et superbes fleurs.

Le nombre des variétés de Roses est si considérable que l'amateur est presque toujours fort embarrassé pour faire un choix. Il existe bien des catalogues d'horticulteurs spécialistes, mais il est rare d'y trouver indiquée la valeur de chacune d'elles par rapport aux autres. Le Jardin des plantes et le Jardin du Luxembourg, à Paris, mettent sous les yeux du public des collections étiquetées avec soin et dont nous recommandons la visite aux amateurs. En voyant les variétés cultivées les unes à côté des autres, on est mieux à même de les comparer et de les juger. Les expositions peuvent également rendre de grands services sous ce rapport.

Sans avoir la prétention d'indiquer les meilleures sortes. nous donnons ci-après une liste. de belles Roses choisies dans les différents groupes que nous avons énumérés :

ABEL CARRIÈRE (*Hybr. remontant*). Fleur grande, pleine, bien faite, de forme creuse, cramoisi pourpre à reflets violets et noirâtres, centre rouge feu.

AIMÉE VIBERT (*Noisette*). Sarmenteux. Réussit dans les terres les plus mauvaises. Plante rustique et vigoureuse. Fleur moyenne, très pleine, d'un blanc pur, très odorante.

ALBÉRIC BARBIER (*Hybr. de Wichuraiana*). Sarmenteux. Belle fleur, blanc crème.

ALFRED COLOMB (*Hybr. rem.*). Fleur grande, pleine, de belle forme, rouge feu vif.

ANDRÉ SCHWARTZ (*Thé*). Fleur rouge cramoisi, strié de blanc.

ANNA DE DIESBACH (*Hybr. rem.*). Fleur rose.

BARON NATHANIEL DE ROTHSCHILD (*Hybr. rem.*). Fleur grande, très bien faite, cramoisi vif uniforme.

BARONNE ADOLPHE DE ROTHSCHILD (*Hybr. rem.*). Fleur très grande, de forme parfaite, d'un rose tendre, glacé, superbe.

BARONNE PRÉVOST (*Hybr. rem.*). Fleur grande, très pleine, plate, d'un beau rose vif, très odorante. Variété vigoureuse, très répandue dans les jardins.

BEAUTÉ DE L'EUROPE (*Thé*). Sarmenteux. Fleur très grande, pleine, bien faite, jaune foncé, revers des pétales jaune cuivré.

BEAUTY OF STAPLEFORD (*Hybr. de Thé*). Fleur très grande, pleine, bien faite, centre rose foncé, pourtour rose tendre.

BELLE DE BALTIMORE (*Multiflore*). Rameaux sarmenteux ; fleurs petites, pleines, blanches, à reflet jaunâtre.

BELLE LYONNAISE (*Thé*). Fleur jaune.

BENGALE CRAMOISI SUPÉRIEUR (*Bengale*). Arbrisseau peu élevé ; fleur moyenne, pleine, cramoisi vif. Très répandue.

BOULE DE NEIGE (*Hybr. de Noisette*). Fleur moyenne, bien faite, blanc pur.

BOUQUET D'OR (*Noisette*). Rameaux sarmenteux ; fleur grande, pleine, bien faite, jaune foncé, centre jaune cuivré.

BOURSAULT (*alpina*). Sarmenteux, non remontant. Fleur rose vif.

CAMOENS (*Hybr. de Thé*). Fleur moyenne, pleine, rose vif, à fond jaune souvent rayé de blanc.

CAPTAIN CHRISTY (*Hybr. rem.*). Fleur très grande, pleine, incarnat très tendre, centre plus foncé.

CATHERINE MERMET (*Thé*). Fleur rose carné.

CÉLINE FORESTIER (*Noisette*). Sarmenteux. Fleur moyenne, pleine, jaune d'or. Variété vigoureuse.

CHARLES MARGOTTIN (*Hybr. rem.*). Fleur très grande, pleine, carmin éblouissant, centre rouge vif. Plus vigoureuse greffée que franc de pied.

CHROMATELLA (*Noisette*). Variété à rameaux allongés sarmenteux. Ne réussit bien que palissée sur mur ou treillage, à bonne exposition. Craint le froid. Fleur très grande, très pleine, de forme parfaite, d'un beau jaune vif.

Devoniensis (*Thé*). Fleur grande, blanc jaunâtre, centre plus foncé, parfum extrêmement suave.

Docteur Andry (*Hybr. rem.*). Fleur grande, pleine, rouge carmin foncé vif.

Docteur Félix Guyon (*Thé*). Fleur jaune foncé, centre clair.

Docteur Hogg (*Hybr. rem.*). Fleur grande, pleine, de forme globuleuse, violette, à reflet bleuâtre.

Duc Decazes (*Hybr. rem.*). Fleur grande, pleine, globuleuse, pourpre foncé.

Ducher (*Bengale*). Fleur moyenne, pleine, bien faite, blanc pur. Plus vigoureuse franc de pied que greffée.

Duchesse de Vallombrosa (*Hybr. rem.*). Fleur grande, pleine, bien faite, rose tendre, centre plus foncé.

Dupuy Jamain (*Hybr. rem.*). Fleur grande, pleine, rouge cerise vif.

Edouard Morren (*Hybr. rem.*). Fleur grande, très pleine, rose carminé très tendre.

Elisa Boelle (*Hybr. rem.*) Fleur moyenne, bombée, blanc légèrement rosé passant au blanc pur.

Emotion (*Bourbon*). Fleur grande, pleine, rose tendre.

Empereur du Maroc (*Hybr. rem.*). Fleur moyenne, pleine, bien faite, rouge noirâtre velouté et nuancé de carmin.

Étoile de Lyon (*Thé*). Fleur très grande, très pleine, très bien faite, jaune soufre, centre jaune vif, très odorante, superbe.

Eugène Appert (*Hybr. rem.*). Fleur grande, pleine, bombée, pétales étroits et repliés, rouge cerise velouté, reflété de noir, revers des pétales carminés.

Félicité Perpétue (*sempervirens*). Sarmenteux, très vigoureux, très florifère. Fleur blanc rosé.

Géant des Batailles (*Hybr. rem.*). Fleur grande, pleine, cramoisi velouté.

Général Jacqueminot (*Hybr. rem.*). Variété vigoureuse, l'une des plus florifères et des plus répandues dans les jardins. Fleur grande, à pétales peu serrés, gracieuse, rouge vif velouté, d'un grand effet, très odorante.

Gloire de Dijon (*Thé*). Sarmenteux. Variété superbe, rustique, très vigoureuse, très florifère. Fleur très grande, très pleine, jaune nankin saumoné, délicieusement parfumée.

Gloire de Ducher (*Hybr. rem.*). Fleur très grande, très pleine, rouge pourpre, pourtour ardoisé.

Gruss an Teplitz (*Hybr. de Bengale*). Sarmenteux, rouge brillant.

Her Majesty (*Hybr. rem.*). Fleur très grande, d'un beau rose tendre satiné, d'un parfum très fin.

Hermosa (*Bourbon*). Fleur moyenne, pleine, bien faite, rose tendre. Variété de taille peu élevée, rustique, très florifère, plus vigoureuse franc de pied que greffée.

Homère (*Thé*). Fleur grande, pleine, globuleuse, rose vif, centre carné.

Horace Vernet (*Hybr. rem.*). Cramoisi nuancé.

Jean Ducher (*Thé*). Fleur grande, pleine, globuleuse, pourtour jaune saumoné, centre rose.

Jean Liabaud (*Hybr. rem.*). Cramoisi noir.

Jean Pernet (*Thé*). Fleur jaune.

John Hopper (*Hybr. rem.*). Fleur grande, pleine, bien faite, rose carminé vif. Remontante, vigoureuse.

Jules Margottin (*Hybr. rem.*). Superbe variété, très remontante, vigoureuse et très florifère. Fleur très grande, pleine, rose carmin, éclatant.

Julius Finger (*Hybr. rem.*). Fleur moyenne, pleine, de forme parfaite, rose carné tendre.

Lady Mary Fitz Williams (*Hybr. de Thé*). Fleur très grande, pleine, blanc carné. Très belle.

La France (*Hybr. de Thé*). Variété superbe, très florifère. Fleur très grande, pleine, très odorante, blanc argenté à l'intérieur, rose lilacé à l'extérieur.

La Grifferaye (*Multiflore*). Plante vigoureuse à rameaux allongés, très florifère. Fleur moyenne, pleine, pourpre carminé vif.

Lamarque (*Noisette*). Variété à tiges allongées, sarmenteuses, un peu délicate, ne réussissant bien que palissée sur un mur à bonne exposition et franc de pied. Fleur grande, très pleine, blanc légèrement jaunâtre.

La Rosière (*Hybr. rem.*). Fleur grande, pleine, rouge amarante feu.

La Rubanée (*Provins*). Fleur presque pleine, rose violacé largement rubané et ligné de blanc.

Louis Van Houtte (*Hybr. rem.*). Belle variété. Fleur grande, pleine, rouge feu amarante, bordé de cramoisi foncé.

Louise Odier (*Bourbon*). Fleur moyenne, pleine, bien faite, rose vif.

Mabel Morisson (*Hybr. rem.*). Fleur grande, pleine, bien faite, blanc pur.

Madame Abel Chatenay (*Hybr. de Thé*). Superbe variété à fleurs rose nuancé. Sarmenteux.

Madame Alfred Carrière (*Hybr. de Noisette*). Sarmenteux. Blanc rosé.

Madame Alfred de Rougemont (*Hybr. de Noisette*). Blanc, teinté de rose.

Madame Bérard (*Thé*). Sarmenteux. Variété rustique. Fleur grande, très pleine, bien faite, rose pâle.

Madame Caroline Testout (*Hybr. rem.*). Rose à centre plus vif.

Madame Edouard Ory (*Mousseux*). Variété remontante. Fleur grande, bien faite, d'un beau rose.

MADAME EUGÈNE VERDIER (*Thé*). Fleur grande, bien faite, jaune chamois foncé, très odorante.

MADAME HIPPOLYTE JAMAIN (*Thé*). Rose pâle.

MADAME JOSEPH SCHWARTZ (*Thé*). Fleur rose carné.

MADAME LACHARME (*Hybr. rem.*). Fleur très grande, pleine, d'abord rose pâle, puis d'un blanc pur.

MADAME LOMBARD (*Thé*). Fleur grande, pleine, rouge vif, plus pâle à l'automne.

MADAME MARIE GARNIER (*Hybr. rem.*). Fleur grande, pleine, bien faite, blanc argenté, centre incarnat.

MADAME MÉLANIE VIGNERON (*Hybr. rem.*). Variété très florifère. Fleur grande, pleine, d'un beau rose lilacé, pétales extérieurs argentés.

MADAME NORBERT LEVAVASSEUR (*Multifl.* « *Polyantha nain remontant* »). Très jolie petite plante remontante, à fleurs abondantes, d'un beau rose.

MADAME PIERRE OGER (*Bourbon*). Fleur moyenne, pleine, globuleuse, blanc crème, pétales jaspés et bordés extérieurement de rose tendre lilacé.

MADAME S. MOTTET (*Noisette*). Rose cuivré.

MADAME TRIFLE (*Thé*). Sarmenteux. Variété rustique. Fleur grande, pleine, bien faite, jaune saumoné.

MADAME VERMOREL (*Thé*). Fleur jaune abricot.

MADAME VICTOR VERDIER (*Hybr. rem.*). Fleur grande, pleine, rose cerise vif.

MADAME VIGER (*Hybr. de Thé*). Rose tendre, revers argenté.

MADEMOISELLE AUGUSTINE GUINOISEAU ou *La France, à fleurs blanches* (*Hybride de Thé*).

MADEMOISELLE THÉRÈSE LEVET (*Hybr. rem.*). Fleur grande, pleine, bien faite, rose tendre.

MAMAN COCHET (*Thé*). Jaune saumoné.

MAGNA CHARTA (*Hybr. rem.*). Fleur très belle, rose.

MARÉCHAL NIEL (*Thé*). Sarmenteux. Fleur grande, pleine, jaune foncé vif.

MARIE BAUMANN (*Hybr. rem.*). Fleur moyenne, pleine, rouge.

MARIE VAN HOUTTE (*Thé*). Fleur jaune teinté de rouge.

MÉLANIE SOUPERT (*Thé*). Sarmenteux. Fleur grande, pleine, de forme parfaite, blanc pur.

MERVEILLE DE LYON (*Hybr. rem.*). Variété très florifère. Fleur très grande, très bien faite, blanc pur, centre légèrement lavé de rose.

MISTRESS BOSANQUET (*Bourbon*). Plante vigoureuse, très florifère. Fleur moyenne, blanc légèrement carné.

MONSIEUR BONCENNE (*Hybr. rem.*). Fleur grande, pleine, pourpre noirâtre velouté.

MOUSSELINE (*Mousseux*). Variété remontante. Fleur grande, pleine, d'abord d'un blanc rosé, puis blanc pur.

OPHIRIE (*Noisette*). Rameaux sarmenteux. Très vigoureux et très florifère. Réussit mieux franc de pied que greffé. Fleur moyenne, pleine, jaune nankin cuivré et rose tendre.

PANACHÉE A FLEUR PLEINE (*Provins*). Fleur pleine, bien faite, blanche, bordée, striée et rubanée de carmin clair.

PAPA GONTHIER (*Thé*). Fleur rouge carmin vif.

PAUL NEYRON (*Hybr. rem.*). Rustique, vigoureux. Fleur extraordinairement grande, pleine, bien faite, rose foncé superbe.

PAUL'S CARMINE PILAR (*Hybr. rem.*). Sarmenteux. Superbe variété à fleur rouge carminé éclatant.

PERSIAN YELLOW (*Capucine*). Variété non remontante, mais fleurissant abondamment au printemps, surtout étant greffée. Fleurs moyennes, chiffonnées au centre, jaune d'or.

PIERRE GUILLOT (*Hybr. de Thé*). Rouge vif.

POMPON BIJOU (*Pompon*). Fleur très petite, presque pleine, rose pâle. Plante très naine, très florifère, mais délicate.

PRÉSIDENT THIERS (*Hybr. rem.*). Fleur grande, pleine, très bien faite, rouge brillant.

QUEEN OF THE QUEENS (*Hybr. rem.*). Fleur grande, pleine, rose tendre.

REINE BLANCHE (*Mousseux*). Belle variété.

REINE MARIE-HENRIETTE (*Thé*). Sarmenteux. Fleur rouge.

REINE VICTORIA (*Bourbon*). Fleur grande, pleine, bien faite, rose vif.

RENÉ ANDRÉ (*Hybr. de Wichuraiana*). Sarmenteux. Belle fleur aurore foncé.

RÊVE D'OR (*Noisette*). Sarmenteux, vigoureux. Fleur grande, pleine, bien faite, jaune chamois.

RICHARD WALLACE (*Hybr. rem.*). Fleur très grande, pleine, de forme parfaite, rose vif, légèrement liseré de blanc.

ROSE DU ROI (La) (*Perpétuelle*). La plus cultivée. Floraison abondante et continue. Fleur moyenne, à pédoncule très court, épais. Fleur cramoisi vif.

RUBENS (*Thé*). Fleur grande, pleine, blanc légèrement rosé, centre aurore.

SAFRANO (*Thé*). Arbrisseau vigoureux, à feuillage pourpre. Fleur moyenne, jaune saumoné et nankin.

SOLEIL D'OR (*Hybr. de R. Eglanteria et de R. Thé*). Fleur très pleine, jaune, à reflets saumonés.

SOUPERT ET NOTTING (*Mousseux*). Remontant, très recommandable.

SOUVENIR D'ARTHUR DE SANSAL (*Hybr. rem.*). Fleur moyenne, pleine, de belle forme, rose tendre.

SOUVENIR DE LA MALMAISON (*Bourbon*). Superbe variété réussissant bien surtout franc de pied. Fleurissant jusqu'aux gelées. Fleur très grande, très pleine, de forme parfaite, blanc légèrement carné.

SOUVENIR DE LA REINE D'ANGLETERRE (*Hybr. rem.*). Fleurs en bouquels, grandes, assez pleines, carmin clair. Variété vigoureuse.

Souvenir de Madame Eugène Verdier (*Thé*). Blanc et jaune.

Souvenir de Paul Neyron (*Thé*). Fleur jaune, pourtour rose.

Souvenir de Thérèse Levet (*Thé*). Fleur rouge ponceau.

Souvenir d'un Ami (*Thé*). Belle variété vigoureuse. Fleur très grande, pleine, rose tendre.

Souvenir de William Wood (*Hybr. rem.*). Fleur grande, pleine, pourpre noirâtre. L'une des Roses les plus foncées.

Triomphe de l'Exposition (*Hybr. rem.*). Variété plus vigoureuse greffée que franc de pied. Très remontante. Fleur grande, pleine, bien faite, rouge carminé vif lavé de pourpre velouté.

Turner's Crimson Rambler (*Multiflore sarmenteux*). Fleurs abondantes, carminées, très abondantes. Non remontant.

Ulrich Brunner (*Hybr. rem.*). Rose carné.

Victor Verdier (*Hybr. rem.*). Belle variété très florifère. Fleur très grande, pleine, rose nuancé de carmin.

William Allen Richardson (*Noisette*). Sarmenteux. Belle variété, bien remontante. Fleur grande, pleine, jaune orangé.

William Francis Bennet (*Hybr. de Thé*). Cramoisi velouté.

Zéphyrine Drouhin (*Hybr. de Bourbon*). Sarmenteux. Rouge cramoisi.

On peut cultiver les Rosiers dans tous les terrains et à toutes les expositions, sauf dans les endroits très ombragés et peu aérés. Les conditions de milieu qui leur sont le plus favorables sont : un sol profond, meuble, frais et fertile et une exposition bien aérée, mais un peu abritée des rayons du soleil pendant les heures les plus chaudes. Pour les espèces grimpantes, les murs exposés à l'est ou à l'ouest sont ceux qui conviennent le mieux.

Le meilleur moment pour la plantation est le mois de novembre, avant les grands froids ; les variétés délicates, comme les Thé, les Bengale, etc., doivent être de préférence, plantées en février. Il ne faut pas enterrer profondément les racines, et ne pas employer de fumier frais pour mélanger à la terre ; il est préférable de couvrir le sol d'une couche de fumier consommé qui maintient le pied des plantes dans un bon état de fraîcheur tout en donnant l'engrais nécessaire. La plantation des Rosiers doit être faite de telle sorte que les fleurs soient à la portée de la main, afin qu'on puisse facilement les examiner de près, les sentir, ou les cueillir. En massifs, ils perdent beaucoup de leurs mérites. Leur vraie place est, selon nous, dans les plates-bandes où on peut les disposer en mettant dans le milieu les variétés *sur tige* et sur les côtés les *francs de pied* ou d'autres plantes basses.

Ce sont les Rosiers Bengale qui fleurissent les premiers ; en juin, les premières fleurs des Hybrides remontants s'é-panouissent à leur tour ; ces variétés donnent à l'automne une seconde floraison, qui est d'autant plus belle qu'on a enlevé avec plus de soin les fleurs passées, pour empêcher la fructification et favoriser le développement de nouveaux bourgeons florifères ; les Cent-Feuilles et les Provins fleu-rissent dans le milieu de l'été ; enfin les *Thé* ont une floraison ininterrompue depuis le milieu de l'été jusqu'au com-mencement de l'hiver.

La taille du Rosier doit être faite dans le courant du mois de mars. Elle a pour but : d'abord, la formation des plantes en favorisant l'émission de rameaux propres à constituer la charpente ; puis la suppression des branches malades ou qui pourraient être avantageusement remplacées, et aussi de celles qui, par leur trop grand développement, rom-praient l'équilibre entre les diverses parties dont l'ensemble doit être d'une forme aussi agréable que possible.

Les fleurs se développant sur les bourgeons de l'année, il faut supprimer tous les jeunes rameaux qui ont fleuri l'année précédente, afin d'en faire émettre de nouveaux qui donnent une floraison meilleure. La longueur à laisser aux tiges que l'on conserve varie suivant le degré de vigueur des variétés. Une taille trop courte provoque le développement du bois au détriment de la floraison ; une taille trop longue rend la végétation moins vigoureuse et détermine l'apparition de fleurs, nombreuses, il est vrai, mais imparfaites. La moyenne est de tailler sur trois ou quatre yeux ; cependant, les va-riétés vigoureuses doivent être taillées plus long.

Le Rosier peut être cultivé *franc de pied* ou *sur tige*.

Le Rosier sur tige a l'avantage de ne pas encombrer les plates-bandes, ce qui permet d'y placer d'autres plantes, et en

D. Bois. — *Le Petit jardin,* 3º édit.   15.

outre, d'avoir les fleurs plus à la portée des regards. Les variétés à végétation peu vigoureuse ou régulière, comme les Hybrides remontants sont celles qui donnent les résultats les meilleurs lorsqu'elles sont greffées sur tige.

Les Rosiers francs de pied poussent plus vigoureusement ; on peut les rajeunir à l'aide des drageons qu'ils émettent constamment, et leur multiplication est très simple par la division des touffes. On peut les conserver plus longtemps que les Rosiers tiges qui prennent, au bout d'un certain nombre d'années, l'apparence de chicots. Les Rosiers grimpants, les Cent-Feuilles, les Provins, les Thé, les Bengale et les Noisette réussissent mieux francs de pied. Ces variétés délicates peuvent être rabattues, et leur souche peut donner naissance à de nouvelles tiges, dans le cas où la gelée détruirait les parties aériennes soumises à l'influence du froid ; pour les variétés de taille peu élevée, il est plus facile de les abriter en les couvrant de terre ou de paille à l'approche de l'hiver.

La greffe des Rosiers tiges se fait ordinairement sur l'*É-glantier commun* (*Rosa canina* L. et autres espèces indigènes). L'Eglantier reprend facilement ; on doit choisir des sujets de bonne forme, d'environ 1 mètre de hauteur, âgés de 2 à 3 ans, ce que l'on reconnaît à l'écorce qui ne doit pas être luisante et verte, mais légèrement rugueuse et grisâtre : leur grosseur ne doit pas dépasser celle du petit doigt. On plante les Eglantiers, à la fin de l'hiver, en février-mars ; et les soins à donner pendant la végétation consistent à supprimer avec soin les pousses qui se développent pour n'en conserver que deux ou trois au sommet de la tige et autant que possible opposées. La greffe en écusson est celle qui est le plus habituellement pratiquée pour le Rosier ; on peut la faire dès le mois de juin, à *œil poussant* ; mais la greffe à *œil dormant* lui est préférée, et c'est de la fin de juillet en août l'époque la plus favorable pour cette opération ; la soudure a lieu avant l'hiver, mais l'œil ne pousse qu'au printemps suivant et il n'y a pas à craindre qu'il soit détruit par le froid. Le lecteur trouvera à la page 44 la manière de pratiquer la greffe en écusson.

Les rameaux doivent être inclinés vers le sol, quelques jours avant le greffage, et maintenus dans cette position jusqu'à ce que l'écusson qu'ils portent soit développé et ait atteint une longueur d'environ 15 centimètres ; on les taille alors au-dessus de l'écusson.

On pose habituellement deux greffes sur un même sujet afin d'arriver plus rapidement à former une belle tête : on choisit pour cela les deux rameaux les plus vigoureux et autant que possible opposés. Dans le cas où l'Églantier n'a pas de rameaux convenables pour être greffés, on place un écusson de chaque côté de la tige elle-même. Pour obtenir une prompte ramification, on pince la greffe au-dessus de la troisième ou de la quatrième feuille qu'elle développe.

Les Rosiers greffés doivent être débarrassés soigneusement des gourmands qui naissent sur le sujet et qui se développent au détriment de la greffe.

Les Rosiers, sauf les Provins et les Cent-Feuilles, se multiplient facilement de boutures. La meilleure époque pour faire cette opération est le mois de septembre. On prend de préférence des rameaux ayant porté des fleurs et munis de trois yeux, les pousses vigoureuses émettant plus difficilement des racines ; on supprime le limbe des feuilles inférieures, et on ne laisse subsister qu'une faible portion de celui de la feuille terminale. Les boutures sont coupées de manière à présenter autant que possible un talon, empatement ou point d'attache du rameau sur la branche qui le portait, puis on les plante verticalement, en enterrant peu profondément la base dans un sol léger et bien ameubli, à bonne exposition. Les plantations doivent être abritées avec des cloches que l'on couvre de paille ou de feuilles dans les premiers jours, afin d'intercepter les rayons du soleil qui dessécheraient tout. Après une vingtaine de jours, on soulève les cloches pour donner de l'air, puis, à l'approche des froids, on les abaisse et on les recouvre de feuilles sèches pour abriter les plantes contre les intempéries. Au printemps, les boutures entrent en végétation et elles peuvent être mises en place quelque temps après. Le bouturage est utile surtout pour les Rosiers tige, car les francs de pied peuvent être plus facilement reproduits par la division des touffes, soit en séparant les drageons et les gourmands, soit en éclatant les tiges qui reprennent sans difficulté, à la condition qu'elles soient munies de quelques racines. Ces dernières opérations se font à la fin de l'hiver, au moment des labours.

La multiplication par semis est surtout employée pour l'obtention de variétés nouvelles; les graines sont simplement semées en pleine terre, sous cloche, dès leur maturité; plus tard, elles germeraient très irrégulièrement.

Rose d'Inde. — Voy. TAGETES ERECTA.

Rose de Noël. — Voy. HELLEBORUS NIGER.

Rose trémière. — Voy. ALTHÆA ROSEA.

Rosmarinus OFFICINALIS L. *Romarin* (Famille des Labiées). — Arbuste indigène de 1 m. à 1ᵐ,50 de hauteur, aromatique, dont les feuilles étroites sont persistantes. Fleurs bleu pâle, s'épanouissant en mars-avril. Réussit surtout dans les terres légères et à bonne exposition. Multiplication de marcottes et de boutures. C'est une plante aromatique; ses feuilles s'emploient en infusions stomachiques.

Ruban de bergère. — Voy. PHALARIS ARUNDINACEA PICTA.

Rudbeckia LACINIATA Linné (Famille des Composées). — Amérique septentrionale. Plante vivace très vigoureuse, dont les tiges atteignent 1ᵐ,50 de hauteur, à feuilles de la base découpées en lobes ovales qui sont eux-mêmes à 3 lobes ou incisés, les feuilles de la partie supérieure des tiges ovales et entières. De juillet en septembre, fleurs nombreuses, jaunes. On en possède une variété *à fleurs pleines,* dont les capitules rappellent ceux du Soleil vivace à fleurs pleines par leur forme et leurs dimensions. C'est une plante précieuse par sa beauté autant que par sa grande rusticité. Multiplication par division des touffes, en mars-avril.

R. PURPUREA Linné (*Echinacea purpurea* Mœnch). — Amérique septentrionale. Plante vivace d'environ 1 m. de hauteur. Feuilles ovales, entières. Les capitules, de grandes dimensions, se succèdent du mois d'août au mois d'octobre ; ils sont de couleur rose lilacé dans le type de l'espèce, mais il en existe des variétés rose clair, rose violacé plus ou moins foncé (fig. 154). Ce sont de très belles plantes à cultiver en sol fertile, plutôt léger, à exposition aérée, un peu abritée des rayons du soleil. Division des touffes en mars-avril.

R. speciosa Wender. — Amérique septentrionale. Plante vivace d'environ 50 cent. de hauteur, remar-

Fig. 154. — Rudbeckia purpurea.

quable par ses capitules à ligules (pétales) jaune orangé et à disque (partie centrale) conique, brun noirâtre. Sa floraison a une longue durée, comme celle des espèces précédentes (juillet-octobre). Le *Rudbeckia speciosa* est une fort belle plante que l'on doit cultiver en sol fertile, à bonne exposition. Multiplication comme le *R. purpurea*.

Rue de Chèvre. — Voy. Galega officinalis.

Safran. — Voy. Crocus.

Sagittaria sagittæfolia L. *Sagittaire. Fléchière* (Famille des Alismacées). — Plante aquatique vivace, indigène, d'environ 75 centimètres de hauteur ; feuilles rubanées lorsqu'elles sont submergées, en forme de fer de flèche lorsqu'elles se développent au-dessus de l'eau ; fleurs blanches, en épi, s'épanouissant en juin-juillet. Il en existe une jolie variété à fleurs pleines.

S. sinensis Sims. *S. de la Chine*. — Superbe espèce, bien supérieure à la précédente, à fleurs d'un blanc pur. La variété à fleurs pleines est certainement l'une des plus belles plantes aquatiques de plein air. Quoique moins rustique que la Sagittaire commune, elle peut supporter facilement nos hivers lorsqu'on a la précaution d'en submerger assez profondément les souches, à l'entrée de la mauvaise saison.

Les Sagittaires peuvent être plantées au fond des petits bassins, ou dans des pots que l'on plonge dans l'eau, de manière que le collet des plantes soit recouvert d'environ 15 à 25 centimètres. Multiplication par division des touffes, au printemps.

Sainfoin d'Espagne. — Voy. Hedysarum coronarium.

Salpiglossis sinuata Ruiz et Pav. (Famille des Scrophularinées) (fig. 155). — Charmante plante annuelle originaire du Chili, de 75 centimètres à 1 mètre de hauteur, à fleurs en forme d'entonnoir, richement colorées : nuancées, striées, chamarrées de blanc, de jaune, de violet, de rose, et de brun avec des tons mordorés et veloutés d'un très bel effet. Le Salpiglossis présente un très grand nombre de variétés que le semis ne reproduit pas toujours très fidèlement ; il mérite d'être recommandé aux amateurs, autant pour la beauté de ses fleurs que pour l'abondance de la floraison qui a lieu de juin en août. Il existe des variétés naines. Semer en avril-mai, sur place, en terre légère et à bonne exposition.

Fig. 155. — Salpiglossis variés.

Salvia officinalis Linné (*Sauge officinale*) (Famille des Labiées). — Europe méridionale. Sous-arbrisseau de 1 m. à 1 m. 50 de hauteur, à feuilles persistantes, étroites, velues grisâtres, à fleurs violet clair, en grappes dressées. Toute la plante est aromatique. Les feuilles et les fleurs employées en infusion théiforme sont toniques stimulantes. Multiplication par division des touffes et par boutures. Il en existe une variété à feuilles panachées de vert, de jaune et de rose, assez ornementale (*Salvia officinalis tricolor*).

Le S. SPLENDENS Ker (*Sauge éclatante*), du Brésil, est une superbe plante dont les fleurs, en grappes, et les bractées (feuilles florales) qui les accompagnent, sont d'une couleur rouge écarlate brillant. Sous le climat de Paris on le multiplie par bouture que l'on fait à la fin de l'été, sur couche chaude et que l'on hiverne en serre tempérée. Ces boutures mises en plein air, fin mai ou dans les premiers jours de juin, donnent une floraison abondante du milieu de l'été jusqu'aux premières gelées. Il en existe plusieurs variétés.

Sambucus NIGRA L. *Sureau* (Famille des Caprifoliacées). — Arbrisseau ou petit arbre indigène s'accommodant de tous les sols et de toutes les expositions, d'une végétation très rapide et pouvant être multiplié avec facilité. Le Sureau commun, grâce à ses qualités multiples, est souvent cultivé dans les jardins ; il a donné naissance à des variétés beaucoup plus ornementales que le type de l'espèce, à feuilles laciniées, panachées ou jaune d'or, très recommandables.

Santolina CHAMÆCYPARISSUS L. *Santoline* (Famille des Composées). — Plante originaire de l'Europe australe, à tiges ligneuses à la base, formant de petites touffes compactes, de 50 centimètres de hauteur, à feuilles petites, dentées, cotonneuses. En juillet-août, fleurs nombreuses, jaunes, réunies en petits capitules. La Santoline peut servir à former des bordures dans les sols arides, elle se prête très bien à la tonte. Multiplication facile de marcottes ou de boutures.

Saponaria OFFICINALIS L. *Saponaire, Savonnière* (Famille des Caryophyllées). — Plante vivace indigène, d'environ 75 centimètres de hauteur, communément cultivée dans les jardins, où ses fleurs, d'un rose pâle, se montrent de juillet en septembre. Il en existe une variété à fleurs pleines qui est très recommandable. La Saponaire se plaît dans tous les terrains et à toutes les expositions. Multiplication très facile par division des touffes.

S. CALABRICA Guss. *Saponaire de Calabre*. — Plante annuelle d'environ 15 centimètres de hauteur, à tiges couchées, se couvrant d'une multitude de petites fleurs, rose vif ou blanches, qui se succèdent de juin en septembre. Cette charmante espèce se prête surtout à la formation de bordures ; elle réussit très bien dans les terres meubles. Semer en mars-avril, en pépinière, mettre en place en mai.

S. ocimoides L. — Espèce vivace indigène, à tiges rameuses et couchées, ne dépassant pas quelques centimètres de hauteur, disparaissant sous le nombre des fleurs, petites, d'un rose plus ou moins vif, qui se montrent de mai en juillet. Cette plante affectionne surtout les sols légers et arides. Multiplication par division des touffes, au printemps, ou de graines semées dès leur maturité, en terre légère et à bonne exposition.

Sauge. — Voy. Salvia.

Saxifraga hypnoides L. *Gazon turc* (Famille des Saxifragées). — Plante vivace indigène, à tiges radicantes, rameuses, portant des feuilles persistantes, divisées en lanières plus ou moins nombreuses ; elle forme des touffes très denses d'un beau vert, dont la taille ne dépasse pas 10 centimètres. Fleurs petites, blanches, abondantes, s'épanouissant en mai-juin. Le Gazon turc est fréquemment employé pour faire de charmantes bordures, et des tapis qui restent verts pendant toute l'année ; il croît dans tous les sols et à toutes les expositions, mais préfère, cependant, les terrains frais, un peu ombragés. Multiplication très facile par division des touffes, au printemps.

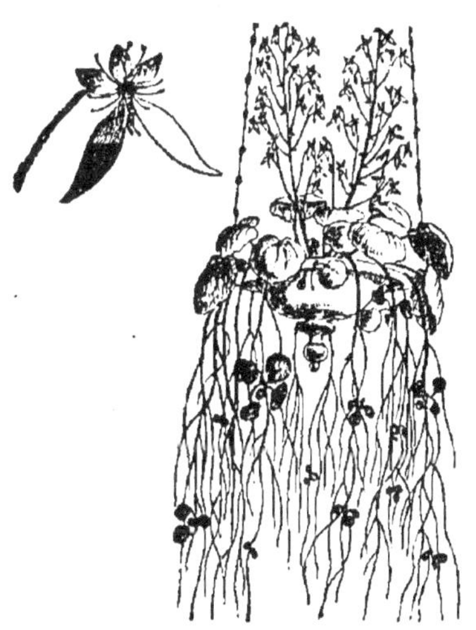

Fig. 156. — Saxifrage sarmenteuse.

On confond avec cette Saxifrage, sous le nom de *Gazon turc*, une autre espèce, le S. sponhemica Gmélin, du Jura, qui se prête aux mêmes emplois et qui exige les mêmes soins.

S. umbrosa L. *Désespoir des peintres.* — Elégante plante vivace indigène, à feuilles persistantes, réunies en rosettes du centre desquelles naissent, en mai-juin, des tiges florifères d'environ 15 centimètres de hauteur, terminées par un grand nombre de petites fleurs, disposées en grappes dressées, blanches, pointillées de purpurin et de jaune. Cette Saxifage prospère surtout dans les terrains frais, un peu ombragés. Multiplication par division des touffes.

S. sarmentosa L. (fig. 156). — Plante vivace originaire de la Chine et du Japon, émettant, comme le Fraisier, de nombreux rejets (stolons) qui se terminent par des rosettes de feuilles arrondies, dont la face supérieure est panachée de vert, de blanc et de rose. Des rosettes centrales naissent des tiges florales de 25 centimètres de hauteur, portant un grand nombre de petites fleurs blanches, tachetées de jaune. Cette plante est surtout cultivée pour son beau feuillage; comme l'espèce précédente, elle prospère dans les sols un peu frais et à mi-ombre. La *S. sarmenteuse* est très recherchée pour la culture en vases suspendus. Multiplication des plus faciles par séparation des rejets enracinés.

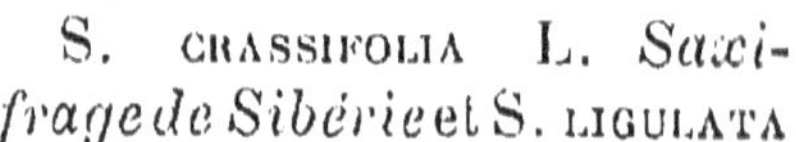

S. cordifolia Haw. *Saxifrage à feuilles en cœur* (fig. 157). — Superbe plante vivace originaire de la Sibérie, à feuilles amples, persistantes, luisantes. Fleurs d'un beau rose tendre, très nombreuses, réunies en bouquets étalés, s'épanouissant en avril-mai.

Fig. 157. — Saxifrage à feuilles en cœur.

S. crassifolia L. *Saxifrage de Sibérie* et S. ligulata Wall. — Espèces voisines, mais à fleurs d'un rose plus foncé.

Ces trois dernières espèces sont précieuses pour orner les

parterres au printemps, leur floraison ayant lieu dès que les grands froids cessent de se faire sentir. Leur culture est des plus faciles ; elles croissent dans tous les sols et à toutes les expositions, quoique les terrains un peu frais et un peu ombragés leur soient plus favorables. Multiplication par division des touffes. Ces Saxifrages peuvent être employées à former des corbeilles, ou plantées dans les plates-bandes avant l'hiver. Lorsque leur floraison est achevée, on les arrache pour les mettre en pépinière d'attente dans une partie quelconque du jardin, de manière à permettre la culture d'autres plantes sur l'emplacement qu'elles occupaient. Leur floraison est cependant plus abondante lorsqu'on les laisse en place pendant plusieurs années.

Scabiosa ATROPURPUREA L. *Scabieuse, Fleur de veuve* (Famille des Dipsacées). — Belle plante annuelle originaire de l'Europe méridionale, très répandue dans les jardins, et qui a donné naissance à des variétés remarquables par les dimensions de leurs fleurs, leur duplicature, et la richesse des coloris qu'elles présentent, variant du blanc au rose carminé, au lilas et au pourpre noir velouté. Il existe également des variétés naines.

Fig. 158. — Scabieuse des jardins à grandes fleurs.

Les Scabieuses à grandes fleurs doubles (fig. 158) sont des plantes extrêmement recommandables ; elles sont très rustiques et se plaisent dans tous les sols et à toutes les expositions. Semer en avril-mai, sur place ou en pépinière; dans ce dernier cas, repiquer en place, en mai-juin.

S. CAUCASICA M. Bieberstein. *Scabieuse vivace.*—Caucase.

Très belle plante vivace, à feuilles de la base ovales allongées, en touffes peu élevées. Les tiges florales, de 50 à 75 centimètres de hauteur, portent des capitules relativement très grands (8 centimètres de diamètre), formés de fleurs d'un bleu lilacé pâle ; celles du centre petites, régulières ; celles de la périphérie plus grandes, ayant les trois pétales extérieurs très développés. Fleurit de juin en août. Il en existe plusieurs variétés. Prospère surtout en sols sains et légers, à bonne exposition. Multiplication par division des touffes.

Schizanthus PINNATUS Ruiz et Pav. (fig. 159) (Famille

Fig. 159. — Schizanthe à feuilles pinnées.

des Scrophularinées). — Plante annuelle originaire du Chili, d'environ 50 centimètres de hauteur, à feuilles finement découpées. De juin en septembre, fleurs nombreuses, lilas clair, à gorge jaune, ponctuée de pourpre et entourée de quatre taches violettes. Cette panachure est très bizarre et produit un joli effet. Il en existe plusieurs variétés dont les fleurs ont l'apparence de petits papillons voltigeants (var. *papilionaceus*). Semer sur place, en avril-mai, en terre légère et à bonne exposition. Ornement des plates-bandes.

S. RETUSUS Hook. — Espèce à fleurs plus grandes et plus richement colorées que celles de la précédente, mais malheureusement plus délicate. Ses pétales, élégamment et curieusement découpés, sont d'un beau rose ; celui du milieu est taché de jaune. Cette plante, vraiment très remarquable, a donné naissance à plusieurs variétés, à fleurs blanches, rose vif, ou lilas, de taille plus ou moins élevée. Semer en avril-mai, en place ; floraison en mai-juillet.

Scilla SIBIRICA Andr. (Famille des Liliacées) (fig. 160).— Jolie petite plante bulbeuse dont la taille ne dépasse pas 20 centimètres, recherchée surtout pour sa floraison hâtive, qui a lieu en mars-avril. Ses fleurs, en forme de petites clochettes, sont d'un bleu intense. Associée aux Safrans et au Perce-Neige, elle peut servir à constituer de charmantes petites corbeilles ou des bordures.

Fig. 160. — Scille de Sibérie.

Cette plante doit être cultivée dans un sol léger et même sablonneux ; il est nécessaire de la laisser en place et de ne la relever que tous les trois ou quatre ans, après la floraison, pour replanter immédiatement les bulbes après avoir séparé les caïeux. Plusieurs autres espèces de Scilles pourraient aussi contribuer à orner les jardins.

Scolopendrium OFFICINARUM Smith. *Scolopendre.* —

Fougère indigène de 25 à 30 centimètres de hauteur, à feuilles entières, luisantes et d'un beau vert, propre surtout à orner les parties ombragées et humides des jardins. Il en existe plusieurs variétés.

Sedum FABARIUM Ch. Lem. (S. SPECTABILE Bor.). *Orpin à feuilles de Fève* (Famille des Crassulacées) (fig. 161). — Plante vivace originaire du Japon (?), très rustique, d'environ 40 centimètres de hauteur, donnant, en août-septembre, un nombre considérable de petites fleurs d'un beau rose, réunies en énormes bouquets. Ornement des plates-

Fig. 161. — Orpin à feuilles de Fève.

Fig. 162. — Sedum pulchellum.

bandes dans tous les sols et à toutes les expositions. Multiplication par division des touffes, au printemps.

S. PULCHELLUM Michaux. — Amérique septentrionale. Plante vivace à tiges couchées, portant des feuilles cylindriques ; les tiges florales, de 15 cent. de hauteur, portent une inflorescence terminale rameuse, formant une étoile à branches inégales, chacune d'elles étant garnie de petites fleurs roses (fig. 162). Cette jolie plante fleurit en août-septembre et convient à former des bordures. Elle prospère dans les sols arides, à exposition ensoleillée. Multiplication par division des touffes, au printemps.

Le S. sarmentosum Bunge, de la Chine septentrionale, à feuilles étroites, marginées de blanc, est souvent employé pour former des motifs de mosaïculture ; il exige d'être abrité sous châssis pendant l'hiver.

Le S. Sieboldi Sweet, du Japon, et sa variété à feuilles panachées, convient surtout à orner les vases suspendus ; ses rameaux retombants se couvrent, en septembre-octobre, d'élégants bouquets de fleurs roses. Comme la précédente, cette espèce est trop délicate pour être cultivée en pleine terre, sans abri, sous le climat de Paris.

S. spurium Bieberstein. Caucase. — Plante vivace de 10 à 15 cent. de hauteur, à tiges couchées portant des feuilles planes, arrondies, dentées. Les fleurs naissent en juillet-août ; elles sont roses ou rose carminé, selon les variétés, disposées en petits bouquets terminaux. Bonne plante pour bordures en terrains secs et ensoleillés. Multiplication par division des touffes, au printemps.

Sempervivum tectorum L. *Joubarbe des toits* (Famille des Crassulacées). — Plante grasse indigène, vivace, à feuilles formant des rosettes du centre desquelles s'élèvent des tiges florifères hautes d'environ 25 centimètres, se terminant par une dizaine de fleurs roses qui se succèdent de juin en juillet (fig. 163). Cette plante, ainsi que beaucoup d'autres espèces du même genre, est fréquemment employée en mosaïculture. L'une des Joubarbes les plus recherchées après la *J. des toits* est la *J. toile d'araignée* (S. ara-

Fig. 163. — Sempervivum arachnoideum.

chnoideum L.). La taille peu élevée de ces plantes, leur végétation lente les rendent très propres à ce genre de décoration. Multiplication facile par séparation des rejets, qui, souvent, sont produits en grand nombre, lorsque les rosettes adultes fleurissent.

Senecio ELEGANS L. *Seneçon d'Afrique* (Famille des Composées) (fig. 164). — Plante vivace en serre, originaire

Fig. 164. — Séneçon d'Afrique double.

de l'Afrique australe, cultivée comme plante annuelle de plein air. Tiges rameuses, hautes de 50 centimètres, dondant de juin en octobre un grand nombre de fleurs (capitules) simples ou doubles, blanches, carnées, lilacées ou violettes. Cette jolie espèce doit être semée en avril-mai, en place, en terre légère bien terreautée et à bonne exposition. On peut aussi la reproduire de boutures faites à l'automne et conservées sous châssis pendant l'hiver.

S. CINERARIA L. *Cinéraire maritime.* — Plante vivace originaire de la région méditerranéenne, à tiges ligneuses à la base, formant des touffes ramifiées ; les feuilles, irrégulièrement et profondément découpées, sont couvertes d'un duvet blanc fin et abondant qui donne à la plante un aspect argenté.

La Cinéraire maritime se prête bien aux pincements; aussi est-elle fréquemment employée pour former des bordures de corbeilles, la couleur de son feuillage faisant contraste avec les teintes des autres plantes. Sous le climat de Paris, cette plante doit être reproduite de boutures que l'on fait à l'automne, et que l'on met en place au printemps, après les avoir hivernées sous châssis.

Seringat. — Voy. PHILADELPHUS CORONARIUS.

Silene PENDULA L. *Silène pendant* (Famille des Caryophyl-

Fig. 165. — Silène pendant, nain compact.

lées) (fig. 165). — Charmante plante annuelle originaire de l'Europe méridionale et orientale, à tiges très rameuses, couchées, ne dépassant pas 25 centimètres de hauteur, se couvrant d'un nombre considérable de fleurs roses, rouges ou blanches, selon les variétés. Il en existe des variétés naines et à port compact très recherchées; il y en a aussi à fleurs doubles. On sème le Silène pendant en juillet-août, en pépinière ; on repique en pépinière et l'on plante à demeure à l'automne ou au printemps, en laissant entre les pieds un intervalle d'environ 30 centimètres ; la floraison a lieu d'avril en juin. Lorsque le semis est effectué en mars-avril, en place, la floraison a lieu en juillet-août. Cette plante est surtout précieuse pour orner les parterres, au printemps ; on en fait de jolies corbeilles ou des bordures.

S. Armeria L. *S. à bouquets.* — Jolie plante annuelle indigène, d'environ 50 centimètres de hauteur, donnant, de juin en août, un grand nombre de petites fleurs d'un beau rose, carnées ou blanches, réunies en bouquets terminaux. Cette espèce est très rustique ; elle se plaît dans tous les sols et à toutes les expositions ; on ne saurait trop en recommander la culture dans les petits jardins. Semer en place, en avril-mai.

Silybum Marianum Linné. *Chardon Marie, Chardon argenté* (Famille des Composées). — Indigène. Plante bisannuelle, dont les tiges atteignent jusqu'à 1 m. 50 de hauteur. Les feuilles, amples, épineuses sur les bords, sont d'un vert brillant, avec des marbrures blanches. Les capitules sont rose lilacé et ont les écailles de l'involucre longuement épineuses. Ce beau Chardon doit être semé en juillet-août.

Soleil. — Voy. Helianthus.

Solidago canadensis L. *Verge d'or du Canada* (fig. 166), *Gerbe d'or du Canada* (Famille des Composées). — Belle plante vivace originaire de l'Amérique septentrionale, haute de 1 mètre à 1 m. 50, donnant, en août-septembre, d'énormes gerbes formées d'un

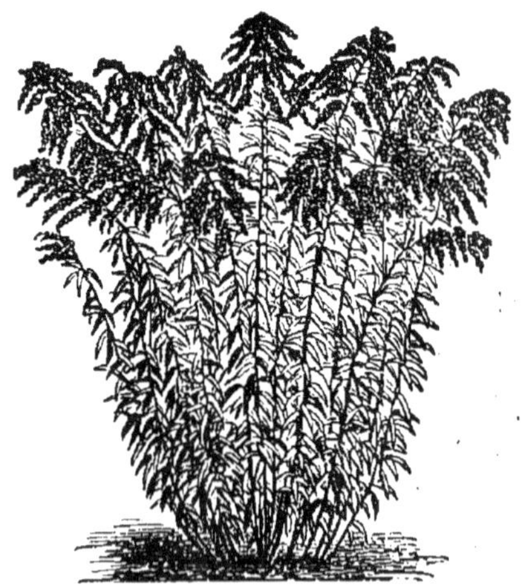

Fig. 166. — Verge d'or du Canada.

nombre considérable de petits capitules d'un jaune d'or. Cette espèce, ainsi que plusieurs autres du même genre, est très rustique et peut être cultivée dans tous les sols et à toutes les expositions. Multiplication facile par division des touffes, au printemps.

Souci. — Voy. CALENDULA OFFICINALIS.

Souci d'eau. — Voy. CALTHA PALUSTRIS.

Souci pluvial. — Voy. DIMORPHOTHECA PLUVIALIS.

Sparmannia AFRICANA Linné (Famille des Tiliacées). — Cap de Bonne Espérance. Arbrisseau très répandu dans les jardins du midi de la France, mais qui exige d'être abrité en orangerie ou en appartement, pendant l'hiver, sous le climat de Paris. Elevé en pot ou en caisse, il forme un buisson de 1 à 2 mètres de hauteur, garni de feuilles persistantes, cordiformes, velues. Les fleurs, très nombreuses, naissent en bouquets terminaux se succédant sans interruption pendant une grande partie de l'année; elles sont blanches, avec de nombreuses étamines purpurines. Variété à fleurs doubles. Multiplication facile par boutures.

Spartium JUNCEUM DC. *Genêt d'Espagne* (Famille des Légumineuses). — Arbrisseau de 2 à 3 mètres, à rameaux jonciformes, verts; feuilles rares, très petites. En juillet-août, fleurs nombreuses, en grappes, d'un beau jaune. Le Genêt d'Espagne ne réussit bien que dans les sols légers et à bonne exposition.

Specularia SPECULUM L'Hér. *Miroir de Vénus* (Famille des Campanulacées). — Plante annuelle indigène, à rameaux couchés ne dépassant pas 25 centimètres de hauteur, très propre à former des bordures qui, en juin-juillet, se couvrent de fleurs violettes ou blanches, selon les variétés. Semer sur place, en avril-mai. En semant en septembre, la floraison a lieu de mai en juin.

Spiræa FILIPENDULA L. *Filipendule* (Famille des Rosacées). — Plante vivace indigène, à feuilles élégamment découpées comme celles de certaines Fougères; à fleurs très nombreuses, réunies en bouquets rameux au sommet de tiges d'environ 50 centimètres de hauteur (fig. 167). On cultive surtout la variété à fleurs pleines, qui est certainement l'une de nos plus jolies plantes vivaces de plates-bandes. La floraison a lieu de juin en juillet. Très rustique et peu délicate, cette plante s'accommode de tous les sols et de toutes les expositions. Multiplication par division des touffes au printemps.

On cultive dans les jardins un grand nombre de jolis arbrisseaux appartenant au genre *Spiræa*. Ce sont en général des plantes peu délicates, prospérant dans tous les sols, ce qui, joint

Fig. 467. — Spirée Filipendule.

à l'abondance de leur floraison et à la beauté de leurs fleurs, les rend d'une haute valeur pour orner les bosquets et quelquefois même les plates-bandes. Nous citerons surtout les S. CALLOSA Thunb., arbrisseau de 1 mètre, à fleurs rouges ou blanches, selon les variétés ; S. CHAMÆDRYFOLIA L., 1 à 2 mètres, fleurs blanches, en mai-juin ; S. FORTUNEI Planch., 50 centimètres à 1^m,50, fleurs nombreuses, rouges ou blanches s'épanouissant de juillet en septembre, superbe espèce ; S. HYPERICIFOLIA L., 1^{m}50 à 2 mètres, en avril-mai, fleurs petites, blanches, en bouquets ; S. PRUNIFOLIA Sieb. et Zucc., petit arbrisseau buissonnant, fleurs doubles, l'une des plus jolies espèces ; S. SALICIFOLIA L., 1 mètre à 1^m,50, en juillet-août, fleurs nombreuses, petites, en épis très denses, blanches, carnées, roses ou rouges : la variété *Billardi*, à épis volumineux et d'un rouge vif, est très recommandable ; S. SORBIFOLIA L., 1^m,50 à 2 mètres, feuilles à folioles nombreuses et dentées en juin-juillet, fleurs petites, blanches, en bouquets terminaux. On cultive encore les S. OPULIFOLIA, ULMIFOLIA, à fleurs blanches s'épanouissant en mai-juin, etc.

Sprekelia. — Voy. AMARYLLIS.

Stachys lanata Jacquin (Famille des Labiées). — Autriche. Plante vivace, très rustique, à souche traçante. Les feuilles, persistantes, allongées-étroites, sont revêtues d'un épais tomentum blanc argenté, sur les deux faces. Le S. *lanata* est surtout cultivé pour son feuillage ornemental. On en fait des bordures très durables surtout dans les sols légers et aux expositions ensoleillées. Ses fleurs sont purpurines, sans intérêt au point de vue de l'ornement des jardins. On doit les supprimer pour que les plantes se maintiennent en touffes régulières, ce qui constitue leur principal mérite. Multiplication par division des touffes.

Staphylea pinnata L. *Faux-Pistachier*, *Nez-coupé* (Famille des Sapindacées). — Arbrisseau de 2 à 3 mètres et plus, originaire de l'Europe méridionale, dont les feuilles ont de 5 à 7 folioles oblongues lancéolées, dentées ; d'avril en juin, fleurs blanches, en grappes pendantes. Le Faux-Pistachier est très rustique. Une espèce voisine, le S. colchica Steudel, de l'Asie occidentale, est plus ornemental. Les feuilles en sont plus glabres, les fleurs, en grappes corymbiformes presque dressées, sont plus grandes. Il en existe plusieurs variétés, dont une à fleurs blanc rosé.

Statice latifolia Smith (Famille des Plombaginées) (fig. 168). — Belle plante vivace originaire de la Russie australe, à feuilles larges, réunies en touffes du centre desquelles naissent, de juillet en septembre, des tiges florales hautes d'environ 70 centimètres, terminées par des myriades de petites fleurs, bleues ou violacées, disposées en amples panicules rameuses, étalées, d'une rare élégance, qui conservent fort longtemps leur couleur, et que l'on peut employer à la formation de bouquets perpétuels.

Le Statice à larges feuilles convient principalement à l'ornement des plates-bandes ; il prospère surtout dans les sols légers, siliceux. Multiplication de semis faits, d'avril en juin, en pépinière ou de préférence en pots ; repiquer en pépinière et mettre en place au printemps suivant.

Sternbergia. — Voy. Amaryllis.

Struthiopteris germanica Willd. — Belle Fougère très

rustique, s'accommodant de tous les sols et de toutes les expo-

Fig. 168. — Statice à larges feuilles.

sitions, propre surtout à orner les parties ombragées et fraîches des jardins.

Sureau. — Voy. SAMBUCUS NIGRA.

Symphoricarpos RACEMOSA Mich. *Symphorine, Arbre aux perles* (Famille des Caprifoliacées). — Arbrisseau très répandu dans les jardins, originaire du Canada, de 1^m,50 à 2 mètres de hauteur, donnant, pendant tout l'été, des fleurs petites, roses, peu ornementales, auxquelles succèdent à l'automne des grappes de fruits blancs, de la grosseur de petites cerises et qui persistent pendant tout l'hiver. La Symphorine est très rustique ; on peut la cultiver même dans les sols les plus arides.

Syringa VULGARIS L. *Lilas* (Famille des Oléacées). — Superbe arbrisseau ; le plus bel ornement des bosquets au printemps. Il a le grand mérite d'être très rustique et de pouvoir être cultivé dans n'importe quel sol. Il faut tailler les Lilas immédiatement après leur floraison pour enlever les fleurs passées, les rameaux gourmands ou mal conformés. On ne conserve que les rameaux bien constitués, que l'on coupe au-dessus du cinquième œil à partir de leur point d'attache sur les branches principales ; on provoque ainsi le développement de bourgeons qui fleurissent au printemps suivant. Abandonnés à eux-mêmes, les Lilas deviennent trop touffus et ne portent qu'un petit nombre d'inflorescences maigres à l'extrémité de rameaux courts et branchus. Le Lilas a donné naissance à un grand nombre de variétés à fleurs lilas, violettes, roses, rouges ou blanches, simples, doubles ou pleines. Le Lilas *Charles X*, à thyrses énormes, compacts, de forme pyramidale, d'un beau violet, et le *L. de Marly* sont les plus connues parmi les variétés à grosses inflorescences. Dans les variétés à inflorescences légères, on peut citer : *Varin*, à fleurs violettes formant de longues grappes sous le poids desquelles les rameaux se courbent gracieusement ; *Saugé* à fleurs violacées disposées de la même manière que dans la variété précédente.

Le Lilas à fleurs blanches, que l'on vend en si grande abondance pendant l'hiver à Paris, est produit par la culture forcée en serre de Lilas à fleurs rouges ou violettes, surtout de la variété nommée *L. de Marly*.

Tabac. — Voy. Nicotiana Tabacum.

Tagetes patula L. *Œillet d'Inde* (Famille des Composées) (fig. 169). — Plante annuelle du Mexique, très répandue dans les jardins, de taille plus ou moins élevée (20 à 60 centimètres) selon les variétés, à fleurs (capitules) nombreuses, simples ou pleines, jaune pâle, jaune orangé, brunes ou panachées, se succédant sans interruption de juillet en octobre. L'Œillet d'Inde est une plante précieuse pour l'ornement des petits parterres ; il est d'une culture facile, se plaît dans tous les sols et à toutes les expositions, quoiqu'il préfère les terres meubles et une situation chaude et aérée. Il n'est pas de plante qui supporte plus facilement la transplantation. Semer en avril-mai, en pépinière, à bonne exposition ; repiquer, puis mettre en place en juin ou au moment de la floraison.

T. ERECTA L. *Rose d'Inde*. — Plante annuelle originaire du Mexique, formant des touffes qui atteignent jusqu'à

Fig. 169. — Tagetes, Œillet d'Inde double très nain.

1 mètre de hauteur, à capitules volumineux, de 6 à 7 centimètres de diamètre, très pleins dans certaines variétés, d'un beau jaune citron ou jaune orangé. Même culture que l'Œillet d'Inde.

T. SIGNATA Bartl. *Tagète tachée* (fig. 170). — Jolie espèce à feuillage léger, élégamment découpé, à fleurs beaucoup plus petites que dans les deux espèces précitées, jaune orangé taché de purpurin. La variété *pumila* est l'une des plantes les plus précieuses pour former des bordures ; elle se couvre de fleurs depuis le mois de juillet jusqu'aux gelées. Culture de l'Œillet d'Inde. Espacer les pieds d'environ 40 centimètres en faisant la plantation.

Tanacetum vulgare Linné. *Tanaisie, Fausse Absinthe* (Famille des Composées). — Plante indigène, vivace, à feuilles très découpées, amères comme celles de l'Absinthe. Les tiges florales atteignent de 50 à 75 centimètres de hauteur et portent, en juillet-septembre, de vastes bouquets terminaux de fleurs (capitules) jaune d'or. Dans la variété *crispum*, les feuilles crépues, ondulées, sont très ornementales et rappellent celles de certaines Fougères. Le Tanaisie croît sans soins dans tous les terrains et à toutes les expositions. Multiplication par division des touffes.

Tecoma RADICANS Juss. *Bignonia, Jasmin trompette, Jasmin de Virginie* (fig. 171) (Famille des Bignoniacées). —Belle liane originaire de l'Amérique septentrionale, dont

Fig. 170. — Tagète tachée naine.

les tiges grimpantes s'attachent aux arbres et peuvent atteindre jusqu'à 10 mètres de hauteur. Feuilles composées de 9 à 11 petites folioles, ovales, dentées. En août-septembre, fleurs en grappes, à l'extrémité des rameaux qui s'étendent de tous côtés, d'un rouge vif, grandes, longuement tubuleuses et évasées en entonnoir. Cette superbe plante grimpante a donné naissance à plusieurs variétés, dont une à floraison hâtive, les autres à fleurs jaunes, rouge foncé ou rouge pourpre. Le Jasmin de Virginie convient à orner les murs, les tonnelles, etc. ; il prospère surtout dans les sols légers et à bonne exposition. Multiplication d'éclats ou de marcottes.

Fig. 171. — Jasmin trompette (*Tecoma*).

T. GRANDIFLORA Delaun. — Espèce originaire du Japon, différant de la précédente par sa taille moins élevée, son feuillage plus ample et d'un vert plus foncé ; enfin par ses fleurs plus larges, à tube plus court, jaune orangé. Cette plante a donné naissance à diverses variétés.

Les Técomas doivent être taillés chaque année sur le vieux bois qui donne des pousses vigoureuses se terminant par de superbes bouquets de fleurs.

Téraspic. — Voy. IBERIS.

Teucrium CHAMÆDRYS Linné. *Germandrée, Petit Chêne* (Famille des Labiées). — Plante indigène, vivace, à tiges couchées ne dépassant guère 10 à 15 centimètres de hauteur, portant des feuilles persistantes, ovales, dentées, d'un vert foncé, brillant. Les fleurs sont disposées en grappes dressées ; elles sont abondantes, de couleur rose violacé et se succèdent de mai en juillet.

La *Germandrée Petit Chêne* est surtout recherchée pour

former des bordures dans des parties arides et ensoleillées des jardins. Multiplication par division des touffes, au printemps.

Thalictrum AQUILEGIFOLIUM Linné. *Colombine plumeuse* (Famille des Renonculacées). — Indigène. Plante vivace dont les tiges florales peuvent atteindre 1 mètre à 1 m. 50 de hauteur. Les feuilles rappellent celles de l'Ancolie. Les fleurs, en bouquets terminaux, sont nombreuses et surtout ornementales par leurs longues étamines roses, purpurines ou blanches, selon les variétés. Fleurit de mai en juillet. Très rustique, cette plante convient à l'ornement des plates-bandes, à exposition mi-ombragée. Multiplication par division des touffes, au printemps.

Thuya ORIENTALIS L., var. *nana* (Famille des Conifères). — Arbrisseau toujours vert, à rameaux très nombreux, fins, à feuillage dense, se formant en boule compacte ne dépassant guère 2 ou 3 mètres de hauteur. Cette plante et sa variété à feuilles panachées de jaune doré au printemps, sont très propres à orner les jardins. Elles prospèrent surtout dans les sols légers.

Thym. — Voy. THYMUS VULGARIS.

Thymus VULGARIS L. *Thym* (Famille des Labiées). — Petit arbuste originaire de l'Europe méridionale, de 15 à 20 centimètres de hauteur, à odeur aromatique très prononcée, souvent employé pour former des bordures. Réussit surtout dans les terrains secs et à bonne exposition. Multiplication par division des touffes, au printemps. Il en existe une variété à feuilles panachées.

Tigridia PAVONIA Red. (Famille des Iridées) (fig. 172). — Superbe plante bulbeuse originaire du Mexique, d'environ 50 centimètres de hauteur, dont les fleurs, peu nombreuses et malheureusement très fugaces, sont d'une rare beauté. Ces fleurs atteignent de 10 à 15 centimètres de diamètre ; elles sont étalées et creusées en coupe : les pétales extérieurs à base violette, cerclés de jaune, maculés de rouge écarlate et à extrémité d'un rouge brillant ; les intérieurs jaunes, tachetés de pourpre. La floraison a lieu en juillet-août.

Cette plante a donné naissance à plusieurs belles variétés.
Culture des Glaïeuls.

Tournesol. — Voy. He-
LIANTHUS ANNUUS.

Trachycarpus EXCELSUS
Wendland (Chamærops ex-
celsa Martius, C. Fortunei
Hortorum). *Palmier de
Chine* (fig. 173). — Assez
rustique pour résister à
nos hivers, sous le climat de
Paris, à la condition d'être
couvert de paille pendant les
grands froids. Il en existe
de superbes exemplaires au
Jardin des plantes de Pa-

Fig. 172.— Tigridia à grandes fleurs.

lorsque l'on abrite avec de grandes caisses couvertes d'un

Fig. 173. — Palmier de Chine.

châssis vitré. Le Palmier de Chine a un port superbe ; il est très décoratif étant isolé sur les pelouses.

Tradescantia virginica L. *Ephémère de Virginie* (Famille des Commélinées) (fig. 174). — Plante vivace originaire de l'Amérique septentrionale, haute de 50 à 60 cen-

Fig. 174. — Ephémère de Virginie.

timètres, dont les fleurs, à 3 pétales, très nombreuses, bleues, violettes, lilas, roses ou blanches selon les variétés, se succèdent sans interruption de mai en août. D'une rusticité à toute épreuve et d'une culture facile, les *Tradescantia* s'accommodent de tous les sols et de toutes les expositions. Multiplication par division des touffes, au printemps.

Trèfle d'eau. — Voy. Menyanthes trifoliata.

Triteleia uniflora Lindley (Famille des Liliacées). — République Argentine. Plante bulbeuse, à odeur d'Ail, à feuilles étroites, dressées puis retombantes, longues d'environ 30 centimètres, en touffes. Tiges florales de 10 à 15 centimètres de hauteur, portant une ou plus rarement deux fleurs en forme d'entonnoir ; d'un blanc bleuâtre ou violacé. Fleurit en avril-mai. Cette plante peut former des bordures ou des touffes qui fleurissent assez abondamment au printemps ; elle prospère surtout dans les sols légers, bien drainés. La plantation des bulbes s'effectue en octobre-novembre, mais on peut laisser les plantes en place pendant plusieurs années.

Tritoma uvaria Gawl. (*Kniphofia aloides*) (Famille des Liliacées) (fig. 175). — Superbe plante vivace originaire de l'Afrique australe, formant des touffes volumineuses d'environ 1 mètre de hauteur, à feuilles longues et étroites, à fleurs tubuleuses, pendantes, réunies en gros épis au

sommet des tiges florales, d'un rouge corail passant au jaune
orangé, s'épanouissant en août-septembre et durant fort
longtemps. Le *Tritoma* est l'une de nos plus belles plantes
vivaces ; il produit surtout un très bel effet lorsqu'il est
planté en touffes isolées sur les pelouses. Il en existe plusieurs variétés.

Il craint les grands froids et
l'excès d'humidité ; aussi est-
il nécessaire d'abriter les souches avec une couverture de
feuilles sèches ou de paille à
l'approche de la mauvaise saison. Multiplication par division des touffes au prin-
temps.

Troëne. — Voy. LIGUSTRUM.

Trollius EUROPÆUS L. *Trolle
d'Europe*, *Boule d'or* (Famille des Renonculacées). —
Plante vivace indigène, de 40
centimètres de hauteur, donnant en mai-juin des fleurs

Fig. 175. — Tritoma faux aloès.

assez grandes, globuleuses, ayant une douzaine de pétales
d'un beau jaune d'or. Il en existe une variété à fleurs jaune
pâle. Cette plante convient à orner les plates-bandes ; elle
prospère surtout dans les sols légers et à une exposition un
peu ombragée. Multiplication par division des touffes, au
printemps. Le T. ASIATICUS et ses variétés peuvent être cultivés dans les mêmes conditions.

Tropæolum MAJUS L. *Capucine* (Famille des Tropéolées).
— Belle plante annuelle, grimpante, originaire du Pérou ;
ses tiges peuvent atteindre 2 à 3 mètres de hauteur ; ses
fleurs se succèdent en abondance depuis juin jusqu'en octobre. Il en existe un très grand nombre de variétés à fleurs
jaune pâle, jaune verdâtre, jaune orangé, jaune saumoné,
rouges, brunes, panachées, etc.

T. MINUS. *Capucine naine*. — A également donné naissance à des coloris très divers. Cette espèce est surtout employée, en raison de sa petite taille, à former des bordures ou des corbeilles très élégantes.

Sous le nom de *Capucines hybrides* du T. LOBBIANUM, on cultive plusieurs variétés dont les tiges atteignent de grandes dimensions et aux fleurs de coloris brillants, variant depuis le blanc presque pur jusqu'au rouge écarlate.

T. PEREGRINUM Jacq. *Capucine jaune canari, Capucine voyageuse.* — Espèce originaire du Mexique, dont les tiges, grimpantes, peuvent atteindre 3 ou 4 mètres de hauteur, à feuilles découpées en 5 ou 7 lobes au lieu d'être entières comme dans les espèces précédentes ; produisant, de juillet jusqu'aux gelées, des fleurs petites, jaune pâle, à pétales inférieurs frangés.

Les Capucines doivent être semées en mars-avril, en place ou en pépinière ; dans ce dernier cas, on repique à demeure en mai.

Tubéreuse bleue. — Voy. AGAPANTHUS UMBELLATUS.

Tulipa GESNERIANA L. *Tulipe des jardins* (Famille des

Fig. 176. — Tulipe Duc de Thol.

Liliacées) (fig. 177). — Au XVIe et au XVIIe siècle, la Tulipe excita un enthousiasme tel, qu'il n'en existe peut-être pas d'autre exemple dans les annales de l'Horticulture ; des bulbes furent payés 10.000 et même 15.000 francs. Ch. Lemaire raconte qu'à Lille, le propriétaire d'une excellente brasserie céda cet établissement, estimé 30.000 francs, pour un bulbe de Tulipe.

La Tulipe a donné naissance à un nombre considérable de variétés ; on en connaît plus de 1.500 ayant chacune son nom, à fleurs simples, doubles ou pleines, hâtives ou tardives, unicolores ou panachées. Les T. simples tardives sont le plus généralement appréciées : elles sont réunies en deux grands groupes : les T. FLAMANDES à fond blanc ; les T. BIZARRES, à fond jaune. Leur floraison a lieu en mai.

Les emplois, la culture et la multiplication des Tulipes

Fig. 177. — Tulipe des jardins.

étant analogues à ceux de la *Jacinthe*, nous renvoyons le lecteur à l'article *Hyacinthus*, afin d'éviter des répétitions.

T. SUAVEOLENS Roth. *T. odorante, T. duc de Thol.* — Espèce de dimensions moindres que la précédente, à fleurs odorantes, de couleur rouge cocciné, jaunes à la base et au bord des pétales, s'épanouissant en mars-avril. Cette jolie plante à floraison hâtive a donné naissance à des variétés à fleurs simples, doubles ou pleines, unicolores, jaunes, rouge écarlate, blanc rosé, blanc pur ou panachées (fig. 176).

T. TURCICA Roth. *T. dragonne, T. perroquet, T. flamboyante.* — Espèce très remarquable par ses grandes fleurs, à pétales épais, dont les bords sont frangés ou laciniés d'une manière irrégulière, de couleur uniforme rouge ou jaune ou panachées, soit de l'une de ces nuances, soit de vert ou d'orangé.

Tussilage odorant. — Voy. NARDOSMIA FRAGRANS.

Valériane à grosses tiges. — Voy. CENTRANTHUS MACRO-SIPHON.

Valériane grecque. — Voy. POLEMONIUM CŒRULEUM.

Valériane rouge. — Voy. CENTRANTHUS RUBER.

Vallota. — Voy. AMARYLLIS.

Verbena AUBLETIA L. *Verveine de Miquelon* (Famille des Verbénacées). — Plante annuelle originaire de l'Amérique septentrionale, à tiges rameuses, dressées, d'environ 40 centimètres de hauteur, terminées par des bouquets de fleurs de couleur rose purpurin qui se succèdent abondamment et sans interruption de juin jusqu'en octobre. La variété *Drummondii* a les fleurs violettes. Cette jolie plante prospère surtout dans les sols légers et à bonne exposition. Semer en place, en mars-avril, ou en pépinière, pour repiquer en place dès que le plant est muni de quelques feuilles.

V. ERINOIDES Lamk. — Espèce annuelle originaire du Brésil, à fleurs d'un rouge violacé. Même culture que la précédente.

V. TENERA Spreng. — Espèce vivace en serre, mais qui peut être cultivée comme plante annuelle de plein air. Elle est originaire du Brésil. Ses tiges, couchées, ne dépassent pas 25 centimètres de hauteur; les fleurs, d'un rose violacé, sont disposées en bouquets qui s'allongent pour former des épis à la fin de la floraison. Cette espèce fleurit abondamment de juin à octobre ; sa taille peu élevée la rend très propre à former des bordures. La variété *Mahoneti* a les fleurs d'un rose carminé sur lequel se détachent des raies blanches disposées en étoile. C'est une plante charmante. Culture du *V. Aubletia*.

VERVEINES DES JARDINS, *V. hybrides* (fig. 178). — Plantes ravissantes dont l'origine n'est pas très bien connue, mais qui paraissent avoir été obtenues par le croisement de plusieurs espèces originaires de l'Amérique méridionale (*V. chamædryfolia* Juss. ; *phlogiflora* Cham., *teucrioides* Gill. et Hook. et *incisa* Hook.). Il en existe un grand nombre de variétés recherchées pour l'ornement des jardins ; leurs tiges couchées, d'environ 25 centimètres de hauteur, se couvrent, pendant la belle saison, de superbes bouquets de fleurs à odeur douce, aux coloris les plus brillants, variant depuis le blanc jusqu'au rouge pourpre foncé en passant par le rose, le bleu et le violet. Une race spéciale, qui porte le nom de *V. italiennes*, comprend des variétés panachées très remarquables.

Fig. 178. — Verveine des jardins.

Les Verveines hybrides servent à former de charmantes corbeilles; on peut les employer aussi en bordures. Elles prospèrent surtout dans les sols légers, en situation aérée et ensoleillée. Un bon paillis et des arrosements copieux durant les chaleurs favorisent leur développement. La multiplication de ces plantes s'obtient au moyen de boutures ou de marcottes faites l'été et conservées sous châssis pendant l'hiver, car le semis ne reproduit pas exactement les variétés; toutefois, ce dernier moyen de reproduction peut être employé lorsqu'on ne dispose pas de châssis; les graines sont alors semées en plein air, mais à bonne exposition, en avril-mai, et l'on met en place, lorsque le plant est suffisamment développé, en espaçant les pieds d'environ 25 centimètres.

Verge d'or. — Voy. SOLIDAGO.

Veronica SPICATA L. (Famille des Scrophularinées). — Plante vivace indigène, d'environ 30 centimètres de hauteur, à fleurs petites, très nombreuses, bleues, blanches ou roses, selon les variétés, et réunies en longs épis. Floraison en juillet-août. Cette espèce est très rustique; elle convient à l'ornement des plates-bandes. Multiplication par division des touffes, au printemps.

V. LONGIFOLIA L. *Véronique maritime* (fig. 179). — Plante vivace originaire de l'Europe et de l'Asie Mineure, pouvant atteindre 1 mètre de hauteur, à fleurs bleues, en épis longs d'environ 20 centimètres, se montrant à la même époque que celles de l'espèce précédente. Même culture.

Fig. 179. — Véronique maritime.

V. PROSTRATA L. (*V. Teucrium*, var. *prostrata*). *V. couchée*. — Jolie espèce formant des touffes denses, d'environ 10 centimètres de hauteur, qui, de mai en juin, se couvrent de myriades de petites fleurs bleues, roses ou blanches selon les variétés. La Véronique couchée croît dans les sols les plus arides ; on en fait des bordures ravissantes. Multiplication par division des touffes, au printemps (fig. 180).

V. SPECIOSA Cunningh. *Véronique en arbre*. — Arbuste superbe, originaire de la Nouvelle-Zélande, de 1 à 2 mètres

Fig. 180. — Véronique couchée.

de hauteur ; à tiges rameuses portant des feuilles persistantes, obovales, épaisses, luisantes et d'un vert foncé ; à fleurs petites, nombreuses, réunies en épis denses, se succédant du mois d'août jusqu'aux gelées, violettes, bleu clair, roses, rouges ou blanches, selon les variétés. Cette plante supporte parfois nos hivers, lorsque les froids ne sont pas trop rigoureux et lorsqu'elle se trouve dans une situation abritée; c'est dire qu'elle n'est pas très délicate, et qu'en la relevant à l'automne il est facile de la conserver dans un endroit sec, suffisamment éclairé, où la température ne s'abaisse pas au delà de quelques degrés au-dessous de zéro. Elle est d'une culture extrêmement facile et prospère dans tous les sols et à toutes les expositions. On la multiplie par le bouturage des jeunes rameaux qui s'enracinent rapidement.

Verveine. — Voy. VERBENA.

Viburnum OPULUS L., var. STERILIS, *Boule-de-Neige* **Fa-**

Fig. 181. — Boule-de-Neige (*Viburnum*).

mille des Caprifoliacées) (fig. 181). — Arbrisseau de 3 à 4 mètres de hauteur, dont le type sauvage est indigène. Comme dans l'*Hortensia*, la culture a fait prendre aux inflorescences un développement considérable, les fleurs, devenues toutes stériles, étant beaucoup plus grandes que dans le type primitif. Très répandu dans les jardins, dont il est l'un des plus beaux ornements à l'époque de sa floraison qui a lieu en mai-juin, ce superbe arbrisseau s'accommode de tous les terrains, mais prospère surtout dans ceux qui sont un peu frais.

V. MACROCEPHALUM Fortune. — Plante originaire de la Chine, d'environ 1 mètre de hauteur, buissonnante, donnant des inflorescences énormes, beaucoup plus volumineuses que celles de la *Boule-de-Neige* ordinaire, comparables à celles de l'*Hortensia*. Cette magnifique espèce malheureusement délicate sous le climat de Paris, prospère surtout dans les sols légers et à bonne exposition abritée.

Vigne Vierge. — Voy. AMPELOPSIS.

Vinca MAJOR L. *Grande Pervenche* (Famille des Apocynées). — Plante vivace indigène, à feuilles ovales, persistantes, d'un vert foncé, à tiges stériles allongées, rampantes ou grimpantes, à tiges fertiles dressées, d'environ 50 centimètres de hauteur, portant, de mars en juin, des fleurs assez grandes, bleu pâle ou blanches. Il en existe une variété à feuilles panachées. La Grande Pervenche convient à orner les parties ombragées, fraîches et même humides des jardins.

Fig. 182. — Petite Pervenche
(*Vinca*).

V. MINOR L. *Petite Pervenche* (fig. 182). — Jolie espèce à rameaux stériles très nombreux, rampants, portant des feuilles plus petites que celles de l'espèce précédente, à rameaux fertiles ne dépassant pas 20 centimètres de hauteur. La floraison de la Petite Pervenche a lieu de mars en juin. Cette plante est très propre à former des bordures et des tapis dans les endroits ombragés. Il en existe plusieurs variétés à fleurs simples ou pleines, blanches, violacées, rouges, et enfin à feuilles panachées. Cette dernière n'est vraiment jolie qu'à la condition d'être cultivée en terrain sec, à bonne exposition.

V. HERBACEA Waldst. et Kit. — Plante à rameaux couchés radicants, tous fertiles, à feuilles petites, étroites ; ses fleurs se succèdent d'avril en mai, elles sont d'un bleu foncé. Cette espèce peut être cultivée en plein soleil.

Les Pervenches sont d'une multiplication facile par la séparation des rameaux enracinés.

Viola TRICOLOR L., var. *maxima*. *Pensée* (Famille des Violariées). — Belle plante que l'on rencontre dans tous les jardins où ses superbes fleurs, aux coloris les plus variés, se succèdent pendant toute la belle saison. La Pensée à petites fleurs, autrefois très cultivée, a pour ainsi dire disparu de nos parterres, où elle a fait place à une autre race dont les fleurs sont beaucoup plus amples et d'autant plus estimées que leur contour est plus régulier, leurs coloris vifs et tranchés, qu'elles sont munies d'un masque bien marqué et se tiennent bien droites.

Il existe un grand nombre de variétés de Pensées dont les coloris varient du blanc au jaune et au violet foncé presque noir en passant par le bleu pâle, avec des tons intermédiaires très nombreux, purpurins, lilacés, cuivrés, etc. ; il en est d'unicolores, de panachées, marbrées, striées. Dans une race appelée *Pensées à grandes macules*, le masque a pris un très grand développement.

Les Pensées unicolores sont celles qui se reproduisent le plus exactement par le semis ; on peut, en les associant avec goût, en composer des corbeilles superbes.

Pour reproduire les variétés de choix, il est nécessaire, soit de séparer à l'automne les jeunes tiges munies de racines que produisent les vieilles touffes, soit de bouturer des rameaux à la fin de l'été. Les plantes ainsi obtenues doivent être mises en place avant l'hiver.

La meilleure époque pour effectuer les semis est de juillet en août; on les fait en pépinière, à bonne exposition, en terre meuble et substantielle; on repique le plant dès qu'il est muni de quelques feuilles, puis on le met en place en l'arrachant en motte, à l'automne ou au printemps, en laissant un espace de 30 centimètres entre les pieds.

Pour obtenir des plantes plus parfaites, on recommande de ne semer que les graines qui mûrissent les premières, parce que les fleurs qui s'épanouissent au commencement de la saison sont toujours plus grandes et de coloris plus vifs que celles qui sont produites lorsque la floraison est plus abondante.

La Pensée donne des fleurs d'autant plus belles qu'elle est cultivée dans un sol plus riche en engrais ; elle prospère cependant dans tous les terrains et à toutes les expositions ; les sols arides ou humides à l'excès et les situations très ombragées lui sont, seuls, défavorables.

V. cornuta Linné. *Violette cornue.* — Pyrénées, Espagne.

Fig. 183. — Violette cornue.

Sorte de Violette à feuillage persistant comme celui de la Violette ordinaire, et très propre à former des bordures étant donnée son aptitude à se développer en touffes régulières. La fleur, plus grande que celle de la Violette odorante, rappelle plutôt celle de la Pensée, bien que ses divisions soient plus étroites ; elle est munie d'un long éperon, grêle, relevé. Il en existe plusieurs variétés à fleurs blanches, bleu-violacé, violettes, purpurines ou presque roses (fig. 183).

Cette jolie plante fleurit abondamment de mai à octobre. Culture de la Violette odorante.

V. ODORATA L. *Violette odorante.* — Charmante plante vivace indigène, à tiges rampantes, dont les fleurs agréablement parfumées, simples ou doubles, violettes, blanches ou roses, s'épanouissent en mars-avril. La Violette odorante a donné naissance à un certain nombre de races très intéressantes qui sont : 1º les *V. des quatre saisons*, à fleurs un peu plus grandes et plus odorantes que dans le type primitif, se succédant depuis septembre jusqu'en mai, excepté durant les grands froids qui empêchent leur épanouissement. Il en existe plusieurs variétés à fleurs simples ou pleines, violettes, blanches ou rougeâtres ; il en existe aussi à feuilles panachées ; 2º les *V. de Parme*, race plus délicate, à fleurs grandes, pleines, d'un bleu très pâle, longuement pédonculées, à odeur caractéristique.

La Violette prospère surtout dans les sols meubles et frais, à une exposition mi-ombragée. Les V. des quatre saisons sont un peu plus délicates que la Violette odorante ordinaire. La V. de Parme ne réussit bien qu'à la condition d'être cultivée en terrain léger, à très bonne exposition ; il est même nécessaire, sous le climat de Paris, d'en couvrir les touffes de paille ou de feuilles sèches pendant l'hiver, ou mieux, de l'abriter sous châssis. Multiplication par division des touffes après la floraison.

Violette. — Voy. VIOLA ODORATA.

Violette des Alpes. — Voy. CYCLAMEN.

Violette marine. — Voy. CAMPANULA MEDIUM.

Viscaria. — Voy. LYCHNIS.

Volubilis. — Voy. IPOMÆA.

Weigela. — Voy. DIERVILLA.

Wistaria chinensis DC. *Glycine* (Famille des Légumineuses) (fig. 184). — Liane superbe, à rameaux volubiles, pouvant atteindre de très grandes dimensions ; à feuilles composées de plusieurs folioles d'un vert pâle ; donnant,

Fig. 184. — Glycine (*Wistaria*).

en avril-mai, un nombre considérable de belles fleurs réunies en longues grappes pendantes, d'un très bel effet. Une seconde floraison a souvent lieu à l'automne. Il en existe une variété à fleurs blanches et une à fleurs doubles. Lorsque cette plante acquiert des dimensions telles qu'il est nécessaire de la soumettre à la taille, on doit ne couper que les pousses d'un an. Les fleurs ne se développent que sur les rameaux de trois ou quatre ans, et il est par conséquent nécessaire de ménager le vieux bois. La Glycine est très rustique ; elle prospère surtout dans les sols légers, mais fertiles, et à bonne exposition.

Le W. FRUTESCENS DC. et ses variétés sont aussi de fort belles plantes.

Whithlavia. — Voy. PHACELIA.

Xeranthemum ANNUUM L. *Immortelle annuelle* (Famille des Composées) (fig. 185). — Jolie plante annuelle originaire de l'Europe méridionale, de 50 centimètres de hauteur, à fleurs réunies en capitules nombreux, munis de nombreuses écailles scarieuses, blanches ou rose violacé, selon les variétés, conservant longtemps leur couleur, même après

Fig. 185. — Immortelle annuelle (*Xeranthemum*).

Fig. 186. — Yucca filamenteux.

avoir été coupés et mis en bouquets. Semer en mars-avril, en place, en terrain meuble et à bonne exposition.

Yucca (Famille des Liliacées). — Connues improprement sous le nom d'*Aloès*, ces plantes sont remarquables par la beauté de leur port, leur feuillage toujours vert, leurs grandes fleurs d'un blanc pur, réunies en énormes inflorescences de 1 mètre et même plus de hauteur. Les Yuccas prospèrent surtout dans les sols légers ; ils produisent un très bel effet lorsqu'ils sont plantés en groupes isolés sur les pelouses. On peut les cultiver à n'importe quelle exposition, pourvu qu'elle soit aérée. Le Y. FLACCIDA Carr. et surtout le Y. FILAMENTOSA L., de l'Amérique septentrionale, sont les espèces qui, parmi les plus répandues dans les jardins, résistent le mieux à nos hivers (fig. 186).

Le Y. GLORIOSA L. et ses variétés sont un peu plus délicats.

Zea MAYS L., *variegata. Maïs à feuilles panachées* (Famille des Graminées). — Belle plante annuelle, à feuillage ornemental largement rubané de blanc sur fond vert. Le Maïs panaché atteint 1^m,50 et même plus de hauteur. Semer en pleine terre, en mai, à très bonne exposition, et mettre en place, en sol fertile, dès que le plant a quelques feuilles. Cette plante exige des arrosements copieux pour atteindre tout son développement.

Zinnia ELEGANS Jacq. *Zinnia* (Famille des Composées) (fig. 187). — Superbe plante annuelle, originaire du Mexique, de 50 à 75 centimètres de hauteur, remarquable par l'abondance, la beauté et la durée de ses fleurs (capitules), qui se succèdent de juin en octobre. Il existe un grand nombre de variétés présentant les coloris les plus variés, parmi lesquels le blanc, le jaune, le chamois, l'orangé, le cocciné, le pourpre, le rose, le violet, etc. Les Zinnias à

Fig. 187. — Zinnia à fleurs doubles.

fleurs doubles peuvent être mis au rang des plus belles plantes de nos jardins ; il en est des variétés dont les fleurs atteignent jusqu'à 8 centimètres de diamètre. Une terre meuble, fraîche sans être trop humide, et une exposition aérée plaisent particulièrement aux Zinnias. Semer en avril-mai, en pépinière, à bonne exposition et en terre légère, repiquer en pépinière dès que le plant a quelques feuilles, et mettre en place en mai, en arrachant les pieds en mottes et en ménageant un espace de 50 centimètres entre eux.

CHAPITRE IV

LES PETITS ARBRES, ARBRISSEAUX ET PLANTES D'ORNEMENT D'APRÈS LEUR DESTINATION

1º *Arbres et arbrisseaux cultivés pour leurs fleurs.*

ALTHÉA en arbre, voy. *Hibiscus.*
AMANDIER NAIN, voy. *Amygdalus.*
ARBRE AUX ANÉMONES, voy. *Calycanthus.*
AUBÉPINE, voy. *Cratægus.*
AZALÉES, voy. *Rhododendron.*
BOIS-JOLI, voy. *Daphne.*
BOULE-DE-NEIGE, voy. *Viburnum.*
CARYOPTERIS MASTACANTHUS.
CEANOTHUS.
CERISIER à fleurs doubles, voy. *Cerasus.*
CHAMÉCERISIER, voy. *Lonicera.*
CHIMONANTHUS FRAGRANS.
COGNASSIER DU JAPON, voy. *Chænomeles.*
CORCHORUS, voy. *Kerria.*
CYTISE, voy. *Cytisus.*
DEUTZIA.
DIERVILLA.
FAUX-PISTACHIER, voy. *Staphylea.*

FORSYTHIA.
GENÊT D'ESPAGNE, voy. *Spartium.*
GROSEILLIERS, voy. *Ribes.*
HORTENSIA, voy. *Hydrangea.*
KALMIA.
KERRIA.
LILAS, voy. *Syringa.*
MAGNOLIA.
MAHONIA.
PÊCHERS à fleurs doubles, **voy.** *Persica.*
PIVOINE EN ARBRE, voy. *Pæonia.*
POMMIERS D'ORNEMENT, voy. *Malus.*
PRUNUS TRILOBA.
RHODODENDRON.
ROSIERS.
SERINGAT, voy. *Philadelphus.*
SPIRÉES, voy. *Spiræa.*
STAPHYLEA.
WEIGELA, voy. *Diervilla.*

2º *Arbres et arbrisseaux cultivés pour leurs fruits persistant pendant l'hiver.*

AUCUBA.
BUISSON ARDENT, voy. *Cratægus Pyracantha.*
COTONEASTER *microphylla, rotundifolia*, etc.
CRATÆGUS.

HERBE AUX GUEUX, voy. *Clematis Vitalba.*
HOUX, voy. *Ilex aquifolium.*
SYMPHORINE, voy. *Symphoricarpos racemosus.*
TROÈNES, voy. *Ligustrum.*

3° *Petits arbres et arbrisseaux à feuilles persistantes.*

Aucuba.
Bambous.
Buis, voy. *Buxus.*
Cotoneaster (plusieurs espèces).
Fusain du Japon, voy. *Evonymus.*
Houx, voy. *Ilex.*
Laurier-Cerise, voy. *Cerasus*

Laurocerasus.
Lierre, voy. *Hedera.*
Magnolia.
Mahonia.
Palmier de Chine, voy. *Trachycarpus.*
Thuya.
Troènes, voy. *Ligustrum.*

4° *Arbres et arbrisseaux cultivés pour leur feuillage panaché ou coloré.*

Acer negundo variegatum.
Aucuba.
Cornouiller panaché.
Houx (Ilex).
Fusain (Evonymus).

Lierre, voy. *Hedera.*
Prunus pissardi.
Sureau, voy. *Sambucus.*
Troènes, voy. *Ligustrum.*

5° *Plantes grimpantes.*

Aristoloche, voy. *Aristolochia.*
Capucines, voy. *Tropæolum.*
Chèvrefeuille, voy. *Lonicera.*
Clématites, voy. *Clematis.*
Cobæa.
Fleur de la Passion, voy. *Passiflora.*
Glycine, voy. *Wistaria.*
Gourde pèlerine, voy. *Lagenaria.*
Haricots d'Espagne, voy. *Phaseolus.*
Houblon, voy. *Humulus.*
Jasmin, voy. *Jasminum officinale.*

Jasmin de Virginie, voy. *Tecoma.*
Lierre, voy. *Hedera.*
Liseron (Petit), à fleurs pleines, voy. *Calystegia.*
Passiflore.
Pois de senteur, voy. *Lathyrus odoratus.*
Pois vivace, voy. *Lathyrus latifolius.*
Polygonum baldschuanicum.
Rosiers sarmenteux.
Vigne-vierge, voy. *Ampelopsis.*
Volubilis, voy. *Pharbitis.*

6° *Plantes aquatiques*

Aponogeton.
Jong fleuri, voy. *Butomus.*
Myosotis palustris.
Nénuphar, voy. *Nymphæa.*

Pontederia cordata.
Sagittaires, voy. *Sagittaria.*
Souci d'eau, voy. *Caltha.*
Trèfle d'eau, voy. *Menyanthes.*

CHAPITRE V

COMPOSITION DE CORBEILLES ET DE MASSIFS POUR LES DIVERSES SAISONS DE L'ANNÉE

Fin de l'hiver (février-mars). — Quelques fleurs commencent à s'épanouir dans les parterres. Certaines espèces comme les *Hellébores*, les *Violettes*, l'*Héliotrope d'hiver*, ornent depuis quelque temps les plates-bandes ; il en est d'autres qui, à cette époque, se prêtent très bien à la formation de petites corbeilles et qui produisent un agréable effet lorsqu'elles sont convenablement associées au double point de vue de la taille et des couleurs ; de ce nombre sont : Le *Crocus rouge* (Bulbocodium), l'*Helléborine* (Eranthis), le *Perce-Neige* (Galanthus), la *Nivéole de printemps* (Leucoium), les *Safrans printaniers* (Crocus), la *Scille de Sibérie*.

Printemps. — Le nombre des plantes qui fleurissent au printemps est assez considérable, et si l'on a le soin de faire des plantations à l'automne, on peut avoir, dans cette saison, des plates-bandes et des corbeilles assez bien garnies, qui charmeront les regards jusqu'au mois de juin, époque à laquelle les plantes à floraison estivale se montreront à leur tour.

On peut former de charmantes corbeilles avec des *Pensées*, en mélange ou par couleurs séparées, avec le *Myosotis des Alpes*, bleu et blanc, les diverses variétés de *Pâquerettes* à fleurs doubles, de *Silène pendant*, de *Primevères*, de *Giroflée jaune*, de *Barkhausia*, de *Saponaire de Calabre*, de *Julienne de Mahon* (Hesperis), etc.

Les *Anémones*, *Jacinthes*, *Renoncules*, *Tulipes* concourent aussi, pour une large part, à la garniture printanière des jardins ; malheureusement, elles ont le défaut d'occuper le terrain assez longtemps après leur floraison, car il ne faut les arracher que lorsque leurs bulbes ou tubercules sont parvenus à complet développement.

Citons encore l'*Arabette des Alpes*, l'*Aubriélia*, l'*Iris nain* et ses variétés, la *Corbeille d'Or* (Alyssum), la *Corbeille d'Argent* (Iberis), le *Doronic du Caucase*, la *Saxifrage de Sibérie*, etc., qui se transplantent facilement et qui sont de charmantes plantes.

Parmi les arbrisseaux, le Jasmin à fleur jaune (*Jasminum nudiflorum*), le *Bois-Joli* (Daphne), le *Chimonanthus*, le *Rhododendron dahuricum*, les *Forsythia*, le *Magnolia Yulan*, les *Ribes* montrent les premiers leurs fleurs et sont bientôt suivis par les *Lilas*, certaines *Spirées*, le *Prunus triloba*, les *Pêchers de Chine*, les *Pivoines en arbre*, les *Pommiers baccifères*, le *Kerria*, les *Weigela*.

Été. — La composition des corbeilles et des massifs n'est pas toujours chose facile. Ceux qui ne sont plantés que d'une seule espèce ou d'une seule variété ont leur mérite ; mais, pour obtenir de la diversité, certaines personnes en arrivent à faire les associations les plus bizarres et du plus mauvais goût.

Lorsqu'on veut planter une corbeille multicolore, il faut non seulement se rendre bien compte de la taille que doit atteindre chaque sorte de plante, afin de mettre au centre les plus grandes que borderont les plus basses, mais il faut aussi associer judicieusement les couleurs pour obtenir les plus gracieux effets en tenant compte de la loi du contraste simultané des couleurs dont les principes ont été posés par Chevreul. C'est ainsi que le bleu s'associe très bien avec l'orangé : plus le bleu sera foncé, plus l'orangé devra se rapprocher du jaune. Cette dernière couleur s'harmonise parfaitement avec le violet.

Le rouge avec le vert pâle, le rose avec le vert foncé produisent également le meilleur effet.

Le blanc peut être employé avec n'importe quelle couleur.

Il est indispensable de faire porter son choix sur des plantes à floraison simultanée, de ne pas planter à l'ombre des plantes qui exigent une exposition ensoleillée et *vice versa*.

Nous donnons ci-dessous des listes de plantes classées par

taille, les unes propres à occuper le centre des corbeilles, les autres convenant surtout à former des bordures. Il en existe un bon nombre, parmi ces dernières, que l'on pourrait associer pour composer de petites corbeilles : elles forment d'excellentes bordures pour des plantes plus hautes qu'elles, mais elles pourraient également occuper le centre de corbeilles bordées par d'autres plus naines. De ce nombre sont les Pélargoniums (Géraniums), les Bégonias, les Héliotropes, les Verveines, les Coléus, etc.

GRANDES PLANTES.—Aconits, Aster (plusieurs espèces), Campanules (plusieurs espèces), Chrysanthèmes (plusieurs espèces), Cannas, *Cosmos*, Dahlias, Digitale, Maïs panaché, Pavots, Persicaire d'Orient, Pied d'alouette vivace hybride, Phlox vivaces hybrides, Pivoines, Ricin, Rose trémière, *Rudbeckia*, Digitale, Soleils (*Helianthus*), *Solidago*, Tabacs, *Tritoma*.

PLANTES DE TAILLE MOYENNE. — Agératum, Anthémis (Chrysanthèmes frutescents), Balsamine, Bégonias tubéreux, *B. semperflorens*, Calcéolaire, Chrysanthèmes annuels (*Ch. carinatum* et *coronarium*), Chrysanthèmes d'automne, Crête de coq, Dahlia blanc nain, *Dielytra*, Digitale, Doronic, Fuchsias, Gaillarde, Géraniums (*Pelargonium*), nombreuses variétés, Giroflée Quarantaine, Giroflée jaune, *Gaura*, Glaïeuls, Héliotrope, Hellébores, *Heuchera*, Montbrétias, Mufliers (*Antirrhinum*), OEillet des fleuristes, OEillet de poète, OEillet d'Inde, Pétunia, Phlox de Drummond, Reine-Marguerite, Rose d'Inde, Scabieuse, Tulipes, Véronique ligneuse, Zinnias, etc., etc.

PLANTES POUR BORDURES OU POUR PETITES CORBEILLES. — Agératum nain, Alysse odorant, Amaryllis jaune, Arabette des Alpes, Aspérule odorante, Aubriétie, *Begonia semperflorens* blanc et rose, Belle-de-jour (*Convolvulus tricolor*), Buis, Campanule des monts Carpathes, *Cerastium*, Coléus, Coréopsis de Drummond, Cinéraire maritime, Corbeille d'argent (*Arabis* et *Iberis*), Corbeille d'or (*Alyssum*), *Crucianella stylosa*, Cyclamen, Cynoglosse printanière, Dentelaire de Lady Larpent (*Plumbago*), *Fragaria indica*, Gazon d'Olympe (*Armeria*), Gazon turc (*Saxifraga*), Gentiane acaule, Géraniums nains, G. à feuilles panachées, G. Lierre, Germandrée Petit Chêne (*Teucrium*), Héliotrope, Helléborine, Hépatique, *Hypericum calycinum*, Immortelle (*Antennaria*), Iris nains, *Iberis*, Joubarbes, Julienne de Mahon, Lamier taché, Lobélias, Millefeuille (*Achillea*), Mimule, Myosotis, Némophile, OEillet d'Inde nain, OEillet Mignardise, Pâquerettes, Pensée, Pétunia, Phlox (divers), Pourpier à grandes fleurs, Pyrèthre doré, Primevères, Pyrèthre de Tchihatcheff, Reine-Marguerite naine, Saxifrages, Safrans, Scille de Sibérie, Silène pendant, *Stachys lanata*, *Sedum* (divers), Tagète mouchetée naine, Santoline, Thym, *Triteleia*, Véronique couchée, Verveines hybrides, Violette, etc., etc.

Automne. — Lorsque les premiers abaissements de la température ont détruit les corbeilles de Pélargoniums et autres plantes sensibles à la gelée, les Chrysanthèmes d'automne, seuls, permettent de prolonger sensiblement la durée de l'ornementation des jardins. Il existe en effet des variétés de ces plantes qui résistent à une température de — 5°. Nous donnons ci-dessous quelques exemples de composition de corbeilles mis sous les yeux du public par le Jardin des plantes de Paris (1), qui a montré, le premier, tout le parti que l'on peut tirer ainsi de ces superbes plantes. Ce précieux emploi des Chrysanthèmes est d'autant plus facile qu'ils peuvent être transplantés alors même qu'ils commencent à fleurir, à la condition de les arracher en motte.

1re saison (septembre-octobre).	{ *Madame Castex Desgranges.* { *Caboche.*
2e saison (octobre).	{ *Souvenir du directeur Hardy.* { *Sœur Mélanie.*

(1) Cet établissement expose chaque année dans ses plates-bandes plus de 1000 variétés de Chrysanthèmes.

2e saison (suite) (octobre).	*Deuil du président Carnot.* *Deuil de Thiers.* *Lord Maire.* *Samson.* *Président Grévy.* *Gerbe d'Or.*

La variété *Président Grévy*, de très bonne tenue et de taille moyenne, peut être employée seule, sans bordure.

3e saison (novembre).	*Riquiqui.* *Julia Lagravère.* *Marguerite.* *Mont d'Or.*

Chacune de ces variétés peut être employée seule. Les deux premières peuvent aussi être bordées de *Mont d'Or.* Cette dernière fait à elle seule de ravissantes corbeilles. Elle se tient fort bien et sa taille réduite permet de l'employer dans une foule de combinaisons. C'est une variété extrèmement recommandable sous ce rapport.

TROISIÈME PARTIE

LE POTAGER FRUITIER

CHAPITRE I

LA DISPOSITION DU POTAGER FRUITIER

Il est très utile que le Potager fruitier soit clos de murs, surtout au nord, à l'est et à l'ouest. Les murs n'ont pas seulement pour objet de garantir les cultures contre les déprédations; ils constituent un excellent abri contre les vents froids ou violents, toujours si préjudiciables, et permettent en outre la culture des arbres en espalier, indispensable pour obtenir la parfaite maturité de certains fruits.

Les murs doivent avoir de 2 à 3 mètres de hauteur; il est utile qu'ils soient crépis, de manière à ne pas offrir d'abri aux insectes, et munis au sommet d'un chaperon d'autant plus large que les murs sont plus élevés, afin que les eaux pluviales se trouvent rejetées à une certaine distance du pied des arbres plantés au-dessous. Il est nécessaire que les matériaux de construction permettent d'enfoncer facilement des clous dans les murs; dans le cas contraire, on doit en revêtir la surface de treillages en bois ou de lattes permettant d'attacher les branches des arbres, pour les maintenir dans la position qu'on veut leur faire prendre.

Les treillages doivent être placés 3 à 4 centim. en avant des murs pour permettre de passer les ligatures pour le palissage et les lattes qui les composent auront environ 15 millim. de large sur 10 millim. d'épaisseur; elles peuvent être en sapin et peintes de préférence en gris, en bambous fendus en deux, ou mieux en pitchpin employé sans peinture.

Les treillages les plus pratiques sont constitués par des

fils de fers (nᵒ 16) tendus horizontalement à 50 cent. de
distance les uns des autres, et de lattes fixées verticalement
et plus ou moins espacées selon la nature des arbres en
culture : 7 à 10 centim. pour le Pêcher ; 25 à 30 centim.
pour les Poiriers, Pommiers, Cerisiers, etc. Il faut éviter
le contact entre les arbres et les fils de fer.

On ménage au pied des murs une plate-bande large de
2 mètres, le long de ceux qui regardent le sud et l'est, de
1ᵐ,50 au pied de ceux exposés à l'ouest, et de 1 mètre seulement à l'exposition du nord, de manière à avoir des espaces
de terrain d'autant plus grands qu'ils sont plus favorables
à la culture (Voy. *Côtières*, p. 22).

Les murs exposés à l'ᴇsᴛ seront garnis d'espaliers de *Pêchers*, de *Vignes*, de *Poiriers Doyenné d'hiver* et *Beurré
d'Hardenpont*, de *Pommiers Calville blanc* ; ceux du sᴜᴅ-
ᴇsᴛ et du sᴜᴅ, de *Pêchers* et de *Vignes* ; ceux du sᴜᴅ-ᴏᴜᴇsᴛ,
de *Pêchers*, de *Vignes* et d'*Abricotiers ;* ceux de l'ᴏᴜᴇsᴛ,
de *Poiriers*, *Pruniers*, *Cerisiers* ; ceux du ɴᴏʀᴅ-ᴏᴜᴇsᴛ et
du ɴᴏʀᴅ, de *Poiriers*, variétés hâtives: *William*, *Louise-
Bonne*, *Beurré Hardy*, *Beurré Diel*, *Pommiers*, *Cerisiers ;* ceux du ɴᴏʀᴅ-ᴇsᴛ de *Poiriers*, *Cerisiers*, *Pruniers*,
Abricotiers.

Une allée de ceinture, assez large, parallèle aux murs,
délimitera le reste du jardin qui devra être divisé en carrés
ou en rectangles plus ou moins nombreux, proportionnellement à sa forme et à sa grandeur, par des allées longitudinales et transversales, bordées de plates-bandes larges de
2 mètres. Ces plates bandes sont destinées à recevoir, au
centre, des *contre-espaliers* ou des arbres fruitiers plantés
à une distance suffisante les uns des autres pour que l'air
et la lumière puissent circuler autour d'eux, et aussi pour
que l'ombre qu'ils projetteront soit le moins possible préjudiciable aux cultures environnantes. Elles peuvent être bordées par des Pommiers en cordons horizontaux, et, si on le
préfère, servir à la culture de plantes d'ornement. Lorsqu'elles sont destinées à recevoir des arbres fruitiers, les
plates-bandes auront dû être préalablement défoncées sur

une profondeur de 80 centimètres à 1 mètre et avoir reçu des amendements appropriés au sol.

Les carrés ou rectangles intérieurs seront réservés à la culture des plantes potagères ; ils devront à cet effet être divisés à leur tour en planches larges de 1^m,40 au plus, selon le genre de plantes qu'on aura à y cultiver ; ces planches devront préférablement être dirigées de l'est à l'ouest.

Un emplacement sera ménagé pour faire les semis et les repiquages, en pépinière, de plantes ornementales ; un autre, placé le plus loin possible de la maison d'habitation, sera destiné à recevoir les engrais jusqu'au moment de leur utilisation : on le dissimulera avec soin par des plantations d'arbrisseaux touffus et suffisamment élevés.

Nous ne saurions trop recommander aux amateurs de faire avec le plus grand soin le choix des variétés d'arbres fruitiers lorsqu'ils désirent faire des plantations. Telle sorte, qui donne d'excellents produits dans une région, peut n'en donner que de médiocres dans une autre ; la nature du sol, l'exposition, ont aussi une très grande influence. De même que des plantes vigoureuses plantées dans un sol fertile *poussent à bois* sans donner de fruits, de même des arbres à végétation lente s'épuiseraient rapidement dans un terrain de mauvaise qualité. En tenant compte de ce qui précède, le choix devra porter en outre sur des variétés d'un mérite reconnu, à époques de maturité différentes, de manière à être pourvu de fruits pendant un temps le plus long possible, car rien n'est plus désagréable que d'avoir pendant un moment des fruits en telle quantité qu'on ne sait comment les utiliser et d'en manquer complètement ensuite.

Les engrais à décomposition lente, comme les *gadoues* ou *boues de villes*, sont nécessaires aux arbres fruitiers ; dans les terres légères, on emploie de préférence le fumier de vache ; le fumier ordinaire pailleux convient aux sols argileux et compacts ; des binages répétés et un bon paillis favorisent également leur végétation. Dans certains cas, les engrais chimiques pourront être utiles. L'analyse du sol montrera quels sont ceux qu'il y a intérêt à employer. (Voir le chapitre Engrais).

Sous prétexte de bon marché, il ne faut pas acheter des arbres qui ne présenteraient aucune garantie de détermination, car ce n'est qu'après plusieurs années de culture que le contrôle devient possible, et les échecs sont d'autant plus désagréables qu'il faut un temps très long pour les réparer. Les arbres destinés aux plantations doivent n'avoir qu'un an de greffe. Dans le cas où l'on voudrait récolter des fruits rapidement, il faudrait planter des arbres de 2, 3 et même 4 ans, c'est-à-dire des arbres formés. Passé 3 ans les arbres doivent avoir été transplantés en pépinière, pour obtenir une réussite plus certaine. Dans tous les cas, il est indispensable que ces arbres soient parfaitement sains et bien nommés.

CHAPITRE II

LA PLANTATION DES ARBRES FRUITIERS

La plantation des arbres fruitiers doit être faite de préférence du 15 octobre à fin décembre en terrains secs et sableux, et de janvier à mars dans les terres fortes et argileuses. On aura creusé d'avance des trous larges et profonds pour que les racines trouvent autour d'elles un sol bien meuble dans lequel elles puissent facilement pénétrer et qui tiendra en réserve des engrais à décomposition lente, tels que os, corne, chiffons, etc., qu'on y aura mélangés.

Une mauvaise pratique consiste à enterrer profondément les racines des arbres ; il importe, au contraire, qu'elles soient à une faible distance au-dessous du niveau du sol et maintenues dans leur position naturelle. Il faut surtout éviter d'enterrer la greffe, qui devra se trouver à 5 centimètres environ au-dessus de la terre. Plus le sol est compact et humide, moins les arbres doivent être enterrés. On doit aussi tenir compte du tassement qui se produit toujours lorsque le sol est fraîchement défoncé. La terre nouvellement défoncée doit être surélevée d'environ 20 centimètres par mètre de profondeur.

Lorsqu'on plante des espaliers, le collet doit se trouver placé à environ 15 centimètres de distance des murs sur lesquels le sommet des jeunes arbres doit seul toucher.

Pour les autres soins à prendre en faisant les plantations, voy. la première partie de ce livre.

Quand on se trouve obligé de surseoir à la plantation d'arbres déjà arrachés, on doit les mettre en jauge, c'est-à-dire très rapprochés les uns des autres dans une tranchée, avec les racines recouvertes de terre.

CHAPITRE III

LA TAILLE DES ARBRES FRUITIERS

La taille des arbres fruitiers a pour but de leur faire prendre une forme symétrique qui permet de les cultiver dans un emplacement ou dans des conditions déterminées, de manière à utiliser le mieux possible l'espace dont on dispose ; elle permet en outre d'obtenir une fructification égale et des fruits d'un volume moyen en déterminant la production régulière d'un nombre de rameaux à fleurs tel qu'il n'y ait pas une année de surproduction avec des fruits médiocres suivie d'une année de non-production, comme c'est le cas pour les arbres abandonnés à eux-mêmes.

La première condition pour tailler des arbres fruitiers est de savoir distinguer les boutons à bois des boutons à fleurs.

Les boutons à bois sont étroits et pointus, contrairement aux boutons à fleurs qui sont renflés et ovoïdes.

Dans le Poirier, les boutons à fleurs sont généralement placés sur de petites branches, courtes, épaisses, peu consistantes, à peau ridée, nommées *lambourdes* (Voy. fig. 189).

La sève circule d'autant plus facilement dans une branche que celle-ci a une position plus verticale. On peut donc, grâce à ce principe, amoindrir ou augmenter la vigueur de certaines parties d'un arbre en les courbant ou en les dressant. Une branche dans laquelle la sève circule facilement émet des rameaux à bois ; au contraire, si la circulation de la sève est contrariée, si la végétation se trouve ralentie par une cause quelconque, ce sont des rameaux à fruit que l'on obtient.

On rétablit également l'équilibre entre les diverses parties d'un arbre en taillant court les rameaux des parties les plus vigoureuses et en taillant long ceux des parties faibles. *Les rameaux taillés court émettent des pousses vigoureuses très peu fructifères ; les rameaux taillés long donnent des pousses peu vigoureuses et très fructifères.*

Dans un arbre fruitier (Poirier), on considère :

1º La *tige*, partie centrale terminée à la base par les racines, au sommet par la *flèche*, et dont la partie qui se trouve le plus rapprochée des racines porte le nom de *collet ;*

2º Les *branches latérales*, qui portent généralement les productions fruitières ; leur disposition sur la tige doit être régulière, pour que l'équilibre de l'arbre soit bien établi ;

3º Les *rameaux* sont les ramifications des branches latérales ; ils sont le résultat des *pousses* ou *scions* de l'année précédente. Lorsque l'arbre pousse régulièrement, c'est sur eux qu'on pratique la taille. Les *rameaux anticipés* sont le produit d'yeux qui se sont développés l'année même de leur formation ; ils prennent donc toujours naissance sur les rameaux. Ils peuvent être provoqués par un pincement ou se développer naturellement. Les rameaux et les rameaux anticipés se trouvent garnis d'yeux à leur extrémité ;

4º L'*œil* ou *bourgeon* est l'élément de toute production. Il existe sur tous les arbres et sur toutes leurs parties à différents états ; selon les espèces, il peut exister longtemps sans se développer, ou il se développe promptement.

La *pousse de l'année* ou *scion* est destinée à donner le bois ou le fruit, suivant les circonstances.

L'œil affecte deux formes : il est conique lorsqu'il termine le rameau, il prend alors le nom de *terminal ;* aplati quand il se trouve à la circonférence, il se nomme alors *latéral*. A la base de chaque œil et de chaque rameau, il existe deux *yeux supplémentaires* ou *sous-yeux*, très petits, placés un

Fig. 183. — Brindille.

de chaque côté, ne se développant ordinairement que lorsqu'un accident est arrivé à l'œil principal ou que celui-ci est mal conformé ; les pousses qui en proviennent sont moins vigoureuses que celles produites par ce dernier.

Les yeux occupent quatre positions qu'il est utile de distinguer : devant et derrière, suivant qu'ils font face ou non à l'observateur ; dessus et dessous, selon leur position sur la branche ;

5° Les *yeux latents*. Ces yeux, peu apparents, ne se trouvent que sur le vieux bois ; ils restent inactifs quelquefois pendant plusieurs années et ne se développent qu'après une taille faite au-dessus d'eux ou par suite de l'affaiblissement de l'extrémité d'une branche.

Ces sortes d'yeux sont d'une grande ressource pour reconstituer les parties dénudées des arbres fruitiers ;

6° Le *gourmand* est un rameau qui a pris un accroissement en disproportion avec ceux qui l'avoisinent. On le reconnaît à ses dimensions ; les yeux situés près de la base des rameaux gourmands sont très petits et éloignés les uns des autres ; ceux de la partie supérieure, au contraire, sont gros et souvent développés en faux rameaux. Le gourmand naît sur la tige, sur le dessus des branches près des coudes, là où la circulation de la sève est ralentie ; il présente un assez fort empatement dès sa naissance. Par suite de cette position, il tend à prendre de la force au préjudice des autres branches et à détruire l'équilibre de l'arbre.

On prévient les désordres que les gourmands peuvent occasionner, par le pincement, qu'il est quelquefois nécessaire de répéter, afin de maîtriser leur vigueur. On ne doit pas en rencontrer sur les arbres bien soignés ;

7° La *brindille* (fig. 188) est un petit rameau grêle, allongé, flexible, ayant de 0^m,10 à 0^m,15 de longueur, dont les yeux sont petits. On la trouve sur toutes les parties des branches ; elle a peu de disposition à pousser fortement et est une des premières ressources pour la fructification ; on la conserve donc sur les arbres jeunes et vigoureux jusqu'à ce que les productions fruitières soient abondantes. On la met facilement à fruit en l'arquant et en éborgnant l'œil terminal. Si celui-ci a pris le caractère d'un bouton à fruit, on le conserve et l'on n'arque pas. Sur les arbres fertiles, il n'est pas nécessaire de la laisser, à moins qu'elle ne soit dans un vide ; alors on la taille à deux yeux pour en former une branche à fruits ;

8° Le *dard* est un petit rameau ayant de 1 à 8 centimètres de longueur, placé à angle droit sur les branches, le plus ordinairement terminé par un œil conique, mais qui finit par s'arrondir pour prendre les caractères d'un bouton à fruit. Rarement il acquiert un grand accroissement ; aussi ne taille-t-on pas. Il lui faut plusieurs années pour donner du fruit. La première année, ce n'est qu'un œil un peu allongé, qui, au lieu de se développer en bourgeon, reste stationnaire, accompagné de trois feuilles. La deuxième année, l'œil, déjà plus volumineux et plus rond qu'un œil à bois ordinaire, s'allonge un peu et se vide circulairement ; il est accompagné de quatre ou cinq feuilles. Les années suivantes, le petit dard continue à grandir un peu et l'œil se transforme en bouton au milieu d'une rosette de cinq ou six feuilles. C'est un des organes principaux pour la fructification ; on ne le supprime donc pas, à moins qu'il n'y en ait plusieurs sur le même point : il est d'ailleurs peu abondant sur les jeunes arbres. Il arrive parfois que, sur des arbres féconds, le petit dard se mette à fruit l'année même où il se développe ;

9º Le *bouton à fleur* est destiné à donner le fruit. Dans les arbres à fruits à pépins, il se trouve sur le vieux bois ; ce n'est que lorsque l'espèce est très fertile que le jeune bois en porte. L'époque à laquelle on commence à apercevoir les boutons à fleurs est le mois d'août ;

10º La *lambourde* (fig. 189) est le dard terminé par un bouton ;

11º La *bourse* est le point où étaient attachés les fruits ou les fleurs. C'est un organe essentiellement fertile qui tend constamment à donner des fruits, quoiqu'on puisse cependant lui faire donner du bois au besoin ;

12º La *branche à fruit* ou *coursonne* (*Courson*) (fig. 189), dans le Poirier, est ordinairement âgée de plusieurs années et les diverses opérations de la taille doivent avoir pour but d'en favoriser le développement en les répartissant aussi également que possible sur

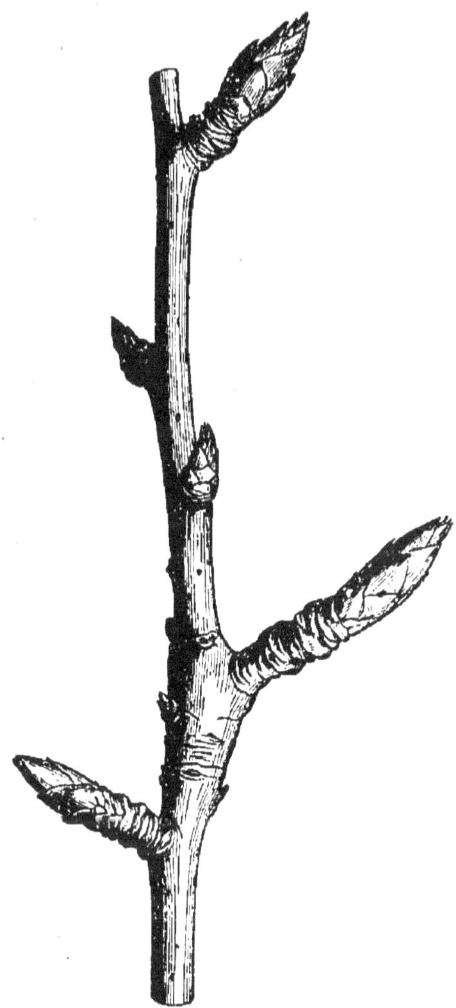

Fig. 189. — Coursonne portant des lambourdes.

les branches de charpente (à environ 15 ou 20 centimètres de distance les uns des autres, de manière à ce que l'air et la lumière puissent circuler facilement dans toutes les parties de l'arbre), car ce sont elles qui constituent la partie fructifiante des arbres ; elle doit être tenue aussi courte que possible ; néanmoins, il est quelques variétés chez lesquelles sa longueur varie de 0ᵐ,10 à 0ᵐ,20. Le caractère principal de la *coursonne* est d'être garnie de lambourdes, de bourses, de boutons à fruits, avec de petits dards et quelquefois de petites brindilles. Une branche de cette nature, une fois qu'elle a donné du fruit, en donne toujours, sauf les accidents de saison. Elle doit être ménagée et ne pas produire trop abondamment, autrement elle s'épuiserait promptement.

Les fruits à noyau naissent sur les rameaux développés l'année précédente et qui, après avoir fructifié, deviennent par ce fait à jamais stériles ; aussi est-il nécessaire de soumettre les arbres à fruits à noyau à un mode de taille qui assure chaque année le renouvellement des rameaux fructifères (1).

Les pousses de l'année abandonnées à elles-mêmes ne tarderaient pas à se convertir en gourmands ; la sève se portant vers leur sommet, pour en déterminer l'élongation, ferait que les yeux situés à leur base ne produiraient que du bois. Il faut les *pincer*, les *casser* ou les *tailler en vert* pour faire transformer ces yeux en dards. Ces diverses opérations ont une très grande importance ; elles se pratiquent pendant le cours de la végétation, c'est-à-dire de fin avril en août.

L'*ébourgeonnement* a pour but de supprimer toutes les pousses inutiles afin de favoriser le développement de celles que l'on conserve. Cette opération se fait également pendant le cours de la végétation.

Lorsqu'un arbre porte un trop grand nombre de fruits, il est nécessaire d'en supprimer, alors qu'ils sont encore peu développés ; sans cela ils se nuiraient réciproquement et n'atteindraient qu'un volume médiocre.

Lorsque les arbres sont trop vigoureux et qu'ils ne peuvent être mis à fruit, on peut ralentir leur végétation et les

----

(1) Ce tableau des parties constitutives des arbres est extrait en partie du *Traité de la taille des arbres fruitiers*, par J.-A. Hardy.

rendre par conséquent fertiles en enlevant en partie la terre qui recouvre les racines principales qu'on laisse exposées à l'air.

CHAPITRE IV

LES FORMES DES ARBRES FRUITIERS

Le plein vent ou haute tige (fig. 190) (1). — L'arbre est abandonné à lui-même après avoir été guidé dans sa jeunesse pour former sa ramure, lorsque les branches principales de sa charpente sont développées, les plus basses se trouvant à environ 2 mètres du sol. Cette forme ne convient guère qu'aux vergers ou aux grands jardins. Elle occupe beaucoup de place et l'ombre qu'elle projette est des plus préjudiciables aux cultures environnantes. On la rencontre fréquemment dans les petits jardins, parce que les arbres soumis à cette forme vivent longtemps, exigent peu de soins et produisent beaucoup.

Tous les deux ans on supprimera les parties mortes ainsi que les branches enchevêtrées ou inutiles, de ma-

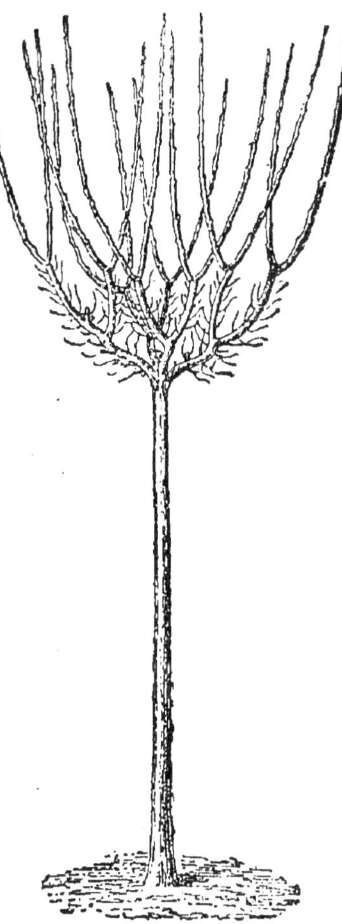

Fig. 190. — Haute tige formée (G. Boucher).

(1) Ce cliché et ceux qui représentent les principales formes auxquelles on soumet les arbres fruitiers, nous ont été aimablement prêtés par M. G. Boucher.

nière à favoriser la pénétration de l'air et de la lumière.

La pyramide (fig. 191). — Vieille et bonne forme appliquée surtout au Poirier ; elle a l'avantage de pouvoir être

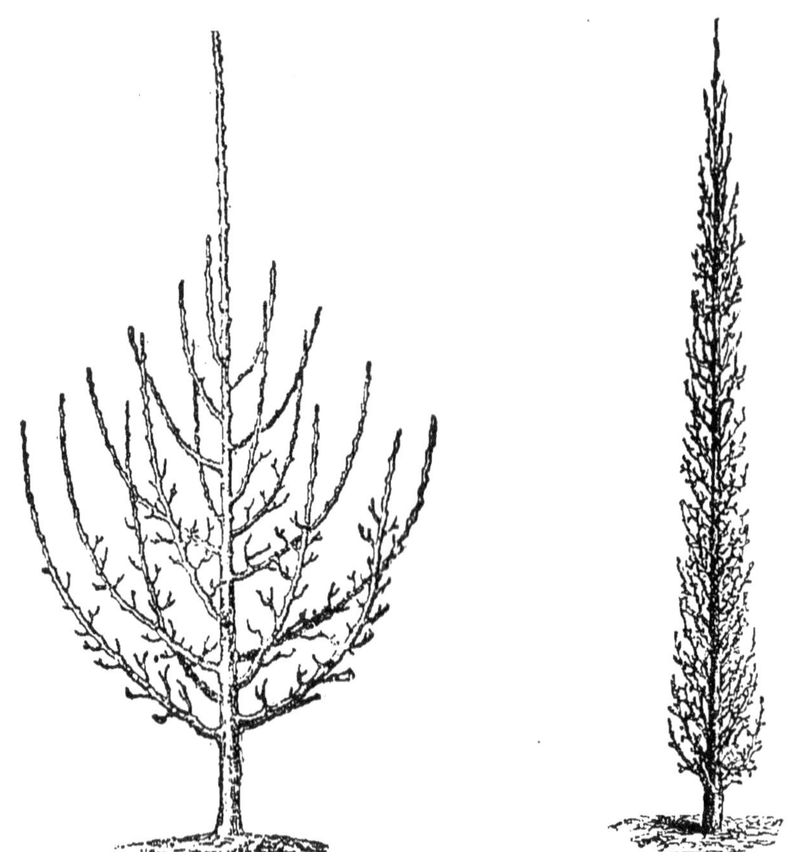

Fig. 191. — Poirier. Pyramide de 5 ans, formée (G. Boucher).

Fig. 192. — Poirier en colonne.

cultivée dans les plates-bandes où elle tient relativement peu de place, de laisser facilement circuler l'air et la lumière dans ses diverses parties, de ne projeter que peu d'ombre et de produire abondamment.

La pyramide ou *cône* consiste en une tige principale, verticale, garnie latéralement, depuis 30 centimètres au-dessus du sol jusqu'au sommet, de branches espacées les unes

des autres d'environ 30 centimètres (Poiriers), diminuant
peu à peu de longueur au fur et à mesure qu'elles sont
insérées plus haut, ayant une direction oblique et formant
par leur ensemble un cône dont la plus grande largeur doit
avoir environ le tiers de la hauteur totale (pour l'obtention de cette forme, voir Poirier, p. 341).

Le fuseau — Cette forme peut être appliquée au Poirier
et au Pommier. Elle a l'avantage de tenir moins de place
que la pyramide et de produire plus rapidement ; par
contre, elle dure moins longtemps et ne convient qu'aux
variétés peu vigoureuses. La *colonne* (fig. 192) ne diffère
du fuseau que par ses branches latérales que l'on maintient
très courtes et moins espacées les unes des autres.

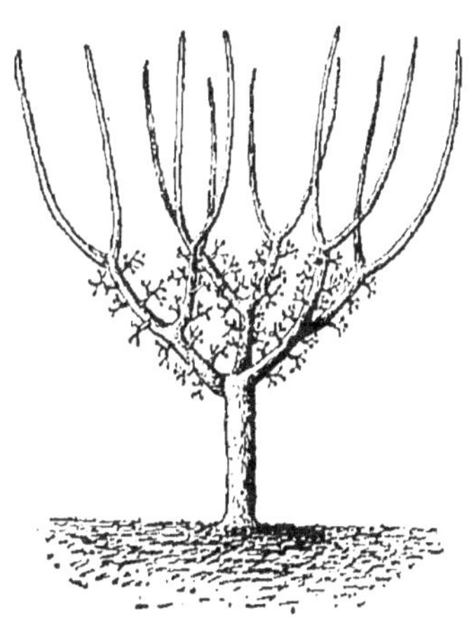

Fig. 193. — Poirier en forme de vase ou gobelet (G. Boucher).

Le vase (fig. 193). — D'une tige centrale naissent, à environ 30 centimètres au-dessus du sol, des branches qui
s'étendent horizontalement, puis se relèvent verticalement
de manière à donner à l'ensemble de l'arbre la forme d'un
vase. Les branches doivent être espacées les unes des autres
d'environ 30 centimètres ; on les maintient en les attachant
sur des cerceaux fixés sur des pieux plantés dans le sol.
Cette forme est à juste titre très estimée : elle laisse largement circuler l'air et la lumière dans toutes les parties de

l'arbre. Elle convient surtout au Pommier (pour son obtention, voir p. 350).

Le *buisson* ou *cépée*, applicable au Groseillier, au Fram-

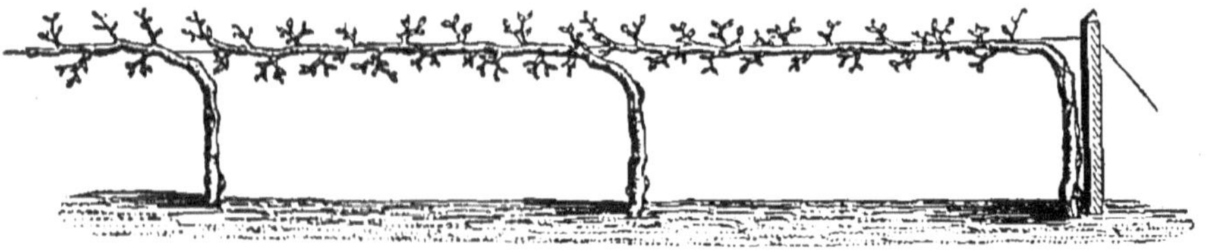

Fig. 194. — Pommiers en cordon horizontal.

boisier, etc. — Du collet de la plante ou un peu au-dessus
du sol partent des rameaux qui se diri-
gent dans tous les sens, et qu'il suffit de
diriger de manière qu'ils ne se gènent pas
mutuellement.

Le *cordon horizontal* (fig. 194) s'applique surtout au Pommier greffé sur
paradis (sur Doucin pour les sols médiocres) et aux variétés de Poirier peu vigoureuses, greffées sur Cognassier. C'est une
forme recommandable pour border les
plates-bandes. Elle consiste en une tige
d'abord dressée verticalement, puis cou-
dée à 40 centim. du sol et maintenue
dans une position horizontale en la fixant
sur un fil de fer. On plante les arbres à
2 ou 3 mètres de distance les uns des
autres et leurs tiges, en se rejoignant,
forment une longue guirlande ininterrompue, d'un joli effet.

La *palmette* simple, la *palmette Verrier* et autres formes plates, sont d'autant plus recommandables qu'elles s'appliquent à tous les arbres fruitiers et permettent de cultiver, dans notre région,

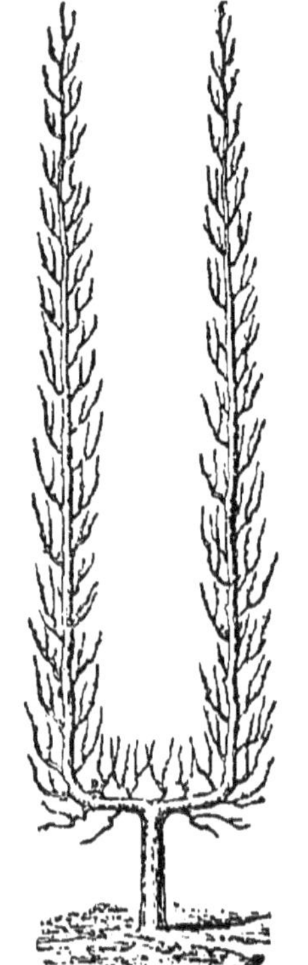

Fig. 195. — Pêcher for-
me en U (G. Boucher).

des variétés dont les fruits ne mûriraient pas ou mûri-

raient incomplètement en plein vent, et qui, au contraire,
placés en espalier le long des murs, trouvent là une somme
de chaleur suffisante pour donner des produits de qualité
supérieure ; de ce nombre sont les Pêchers, la Vigne,
certains Abricotiers, Pommiers, Poiriers, etc. On néglige
trop d'utiliser les murs, et il y aurait souvent grand profit
à couvrir d'espaliers les façades de maisons, les murailles
de toutes espèces de constructions, lorsqu'elles sont situées
à bonne exposition, en donnant aux arbres des formes en
rapport avec les espaces à garnir et avec les variétés à
mettre en culture.

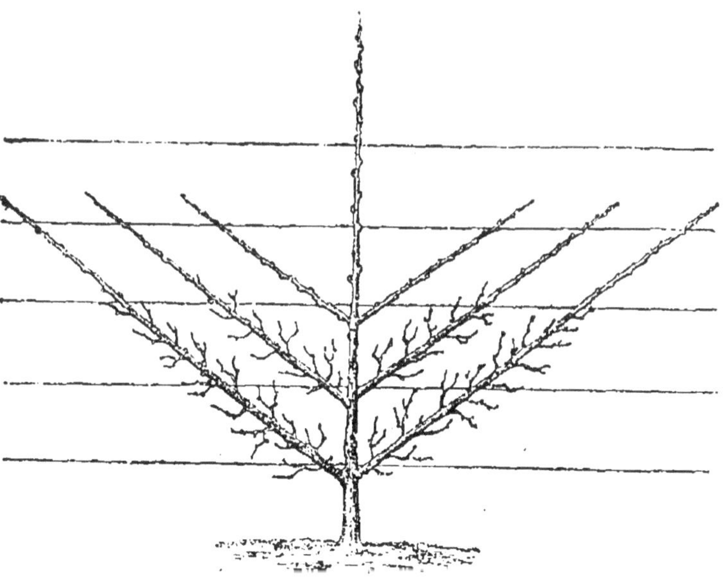

Fig. 196. — Palmette simple 3 séries (G. Boucher).

La forme la plus simple de l'espalier est le *cordon vertical*,
qui permet de planter les arbres très rapprochés, et qui
donne rapidement un rendement moyen, la formation de la
charpente s'obtenant en quelques années. Comme la colonne,
cette forme ne convient qu'aux variétés peu vigoureuses ;
elle ne peut être employée que pour garnir des murs assez
élevés, car son élongation se trouve considérablement acti-
vée par la suppression presque complète des branches laté-

rales. Dans le cas où l'on se trouve forcé de la rabattre trop, on provoque le développement du bois au détriment de la fructification.

La forme en U (fig. 195), suffisamment désignée par son nom, est fréquemment employée; c'est certainement l'une des meilleures.

La *palmette simple* (fig. 196) est constituée par une tige centrale sur laquelle on a fait développer, à partir de 30 centimètres au-dessus du sol, plusieurs séries de branches latérales écartées de 28 à 30 centimètres. Le Pêcher, seul, exige un écartement de 50 centimètres ; la *palmette Verrier* (fig. 197) ne diffère de la précédente que par ses branches relevées, verticalement à partir d'une certaine longueur. On fait des palmettes de 4, 5, 6, 7, 8, 10, 12 branches et même davantage.

Les *contre-espaliers* sont constitués par la réunion d'arbres fruitiers de formes plates, *palmettes, formes en U,* etc., disposés en rideau dans les plates-bandes au lieu d'être plantés le long d'un mur comme les *espaliers* proprement dits. Les arbres sont, dans ce cas, maintenus à l'aide de treillages attachés à des fils de fer fixés à des poteaux à chaque extrémité. Les contre-espa-

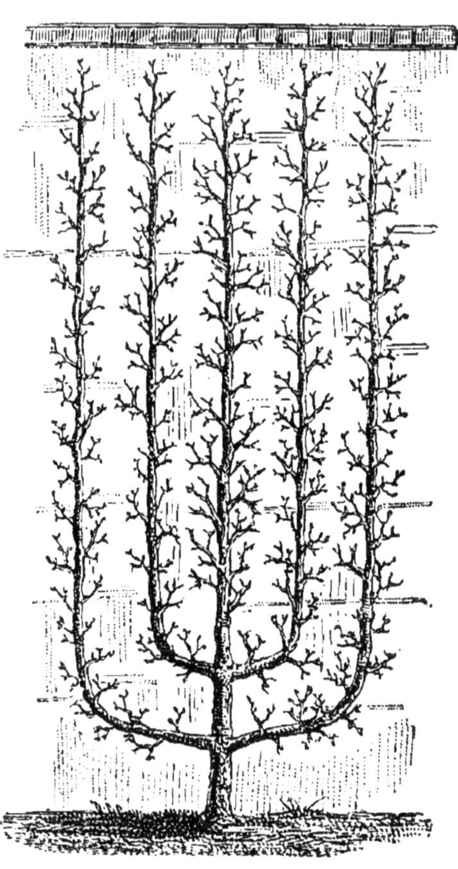

Fig. 197. — Palmette Verrier à 5 branches.

D. Bois. — *Le Petit jardin,* 3ᵉ édit.   19

liers ont l'avantage de donner sur un même espace de terrain un nombre de branches fructifiantes beaucoup plus considérable qu'avec les grandes formes (pyramides, vases, etc.). Ils permettent d'obtenir également beaucoup plus rapidement la production maximum des arbres.

En parlant de chaque sorte d'arbre, nous verrons quelles sont les distances à observer dans la plantation de chacune de ces formes.

CHAPITRE V

SOINS A DONNER AUX ARBRES PENDANT L'HIVER

L'écorce du tronc et des branches principales des vieux arbres doit être grattée et nettoyée, pour faire disparaître les parasites qui s'y sont établis et les plaques fendillées qui ne servent qu'à abriter les insectes, leurs œufs et les spores des cryptogames. Après cette opération, que l'on exécute pendant l'hiver, on la badigeonne avec un lait de chaux, ou mieux avec de la bouillie bordelaise très forte (10 à 12 kilogr. de sulfate de cuivre et 15 litres de chaux vive pour 1 hectolitre d'eau), en y ajoutant 5 à 6 litres de nicotine concentrée. On doit avoir soin de badigeonner non seulement les arbres, mais aussi les murs d'espaliers et les treillages. (Pour la préparation de la bouillie bordelaise, voir le chapitre Maladies des plantes, article Mildiou.)

Pour le traitement des maladies, voir le chapitre spécial *Maladies des plantes.*

CHAPITRE VI

ENSACHAGE DES FRUITS

L'ensachage des *Poires* et des *Pommes* les préserve du *ver des Poires* et du *ver des Pommes*, chenilles du genre *Carpocapsa* (voir maladies des plantes et animaux nuisibles), et aussi contre la *tavelure*, maladie due à des Champignons du genre *Fusicladium*.

Les fruits ensachés sont en outre à l'abri de la grêle, des pluies froides, des attaques des oiseaux et des guêpes. Leur épiderme, plus fin, se colore agréablement lorsqu'on enlève les sacs un peu avant la maturité.

On se sert à cet effet de sacs en papier résistant, blanc ou légèrement teinté, transparent et parcheminé ou à défaut opaque. Ces sacs seront naturellement de dimensions variables suivant la grosseur des fruits (les parois du sac ne doivent jamais avoir aucun contact avec les fruits); pour des fruits moyens ils mesureront 22 centimètres de hauteur sur 15 centimètres de largeur. Ils devront être percés de petits trous dans la partie inférieure ou être écornés pour assurer le renouvellement de l'air à l'intérieur.

C'est vers le 15 juin, lorsque les Poires et les Pommes ont atteint la grosseur d'un œuf de pigeon, que l'ensachage doit être pratiqué. On opérera par un temps sec et après avoir fait subir aux fruits une apersion à la bouillie bordelaise (voir la préparation de la bouillie bordelaise à l'article Mildiou, Maladies des plantes).

Lorsque le fruit est introduit dans le sac, on fixe celui-ci en plissant l'ouverture et en le ligaturant sur la coursonne.

Les sacs seront enlevés vers le 15 septembre, en opérant par un temps couvert afin d'éviter que les fruits ne souffrent d'un brusque retour à la vive lumière.

On peut aussi pratiquer l'ensachage du *Raisin*, ainsi que l'a préconisé M. Opoix, jardinier en chef du Palais du Luxembourg. L'ensachage se fait lorsque le grain atteint la grosseur d'un Pois, et il convient que les sacs soient munis de larges orifices à la base.

Les Raisins ensachés mûrissent une quinzaine de jours avant ceux qui ne le sont pas, chose précieuse pour le nord de la France et pour les régions où le Raisin mûrit difficilement. De plus les Raisins ensachés sont sains, indemnes de toute souillure. On peut les laisser sur les ceps jusqu'à une époque avancée de l'année car ils s'y conservent ainsi très bien tant que la température ne s'abaisse pas au delà de moins cinq degrés centigrades.

M. Rivière, professeur départemental d'agriculture de Seine-et-Oise, a fait connaître à la Société nationale d'horticulture de France les résultats d'analyses chimiques comparatives entre des grappes de Raisin *Chasselas doré* ENSACHÉES et d'autres NON ENSACHÉES (1).

Il résulte de ces analyses que les Raisins ensachés contenaient 6 gr. 50 p. 100 de sucre de plus que les Raisins non ensachés.

La proportion de sucre constatée dans le jus de grappes récoltées sur des ceps en plein vent est comparable à celle observée dans le jus de grappes non ensachées récoltées sur des Vignes en espalier.

L'analyse de Poires *Beurré Diel* et *Nouveau Poiteau* a accusé également une plus forte proportion de sucre en faveur des fruits ensachés.

CHAPITRE VII
RÉCOLTE DES FRUITS

La cueillette des fruits doit être faite avec beaucoup de soin et par un temps aussi sec que possible ; on les détachera à la main, un à un, en évitant de les froisser et on les déposera dans de larges corbeilles garnies d'étoffe, de manière telle qu'il n'y ait aucun contact entre eux ni avec les parois du récipient.

Les fruits à noyau sont cueillis lorsqu'ils sont parvenus à parfaite maturité et quand ils se détachent pour ainsi dire d'eux-mêmes de l'arbre. Les Poires et les Pommes précoces d'été et d'automne se récoltent une dizaine de jours avant leur maturité. Celles qu'on laisse mûrir sur l'arbre deviennent pâteuses et perdent leur qualité. Il y a intérêt à les *entre-cueillir*, c'est-à-dire à en opérer la cueillette en deux ou trois fois, à plusieurs jours d'intervalle.

Les variétés qui doivent mûrir au fruitier, dans le cours de l'hiver, seront laissées sur les arbres le plus longtemps possible (jusqu'au moment où les premières gelées sont à redouter).

(1) *Journal de la Société nationale d'Horticulture de France*, 1906, p. 194.

CHAPITRE VIII

CONSERVATION DES FRUITS
FRUITIER

Les fruits qui ne mûrissent qu'en hiver (nombreuses variétés de *Poires* et de *Pommes*) doivent être placés dans des locaux qui remplissent certaines conditions.

Il importe qu'ils se trouvent en effet dans un milieu favorable pour qu'ils restent sains et beaux jusqu'à leur maturité, qu'il y a intérêt à retarder le plus possible.

Il est rare que les locaux dont on dispose réalisent toutes les conditions requises d'un fruitier modèle ; cependant, il est possible, en se conformant à certaines exigences, d'aménager tel local : cellier, cave ou grenier, pour le rendre très propre à la conservation des fruits.

Dans un fruitier parfait :

La température doit être toujours à peu près égale, ne s'abaissant pas au-dessous de zéro et ne dépassant pas 7 à 8 degrés au-dessus de zéro. Les variations de température sont très nuisibles et sont une des principales causes de destruction des fruits.

La lumière doit être diffuse, car elle favorise les phénomènes chimiques qui accélèrent la maturation.

L'atmosphère doit être plutôt sèche qu'humide, l'humidité favorisant le développement des moisissures ; la siccité de l'air détermine une transpiration excessive et le dessèchement des fruits. Une bonne humidité atmosphérique est comprise entre 40 et 50 degrés à l'hygromètre ; lorsqu'elle dépasse 75 degrés, il est nécessaire de déposer dans le fruitier un récipient contenant du chlorure de calcium qui absorbera l'excès d'eau contenu dans l'air.

L'aération ne doit se faire que le moins possible, afin d'éviter les variations de température et aussi afin de ne pas laisser échapper l'acide carbonique dégagé par les fruits, l'air chargé d'acide carbonique étant particulièrement favorable à leur conservation.

Les tablettes sur lesquelles sont disposés les fruits devront être recouvertes d'une légère couche de fibre de bois fine et souple ou de paille sur laquelle on les déposera, le pédoncule en l'air en les espaçant suffisamment les uns des autres pour éviter tout contact entre eux.

Une surveillance incessante est nécessaire pour éliminer immédiatement les fruits qui auraient des tendances à se gâter.

Un local aménagé comme celui qui vient d'être indiqué pour les Poires et les Pommes peut aussi servir à la conservation du *Raisin*, soit *à rafles sèches*, soit *à rafles vertes*.

Dans le premier cas, les grappes sont étalées sur des étagères garnies de frisures fines de bois, et elles peuvent être conservées jusqu'au mois de janvier, bien que les grains se flétrissent quelque peu.

Le procédé de conservation *à rafle verte* permet d'avoir du Raisin en excellent état de fraîcheur jusqu'en avril-mai. Il consiste à cueillir des sarments portant une ou deux grappes, à couvrir la section supérieure du sarment de cire pour empêcher l'évaporation et à placer la partie inférieure de ce sarment dans un flacon rempli d'eau dans laquelle on met un morceau de charbon de bois pour empêcher qu'elle se corrompe.

Les viticulteurs qui conservent le Raisin par ce procédé aménagent spécialement des chambres à Raisins et se servent de flacons à large goulot d'une contenance d'environ 200 grammes placés sur des traverses de bois qui leur font prendre une position inclinée en avant et suffisamment espacés les uns des autres pour que les grappes n'aient aucun contact entre elles, ni avec les flacons voisins.

Une surveillance est nécessaire pour la suppression des grains qui auraient une tendance à se gâter et pour remplir les flacons dans lesquels l'eau se serait en partie évaporée.

CHAPITRE IX

LES ARBRES FRUITIERS, CULTURE, CHOIX DE BONNES VARIÉTÉS

Abricotier. — Quoique plus rustique que le Pêcher, il a souvent sa récolte compromise par les gelées qui, sous le climat de Paris, surviennent au moment de la floraison, qui est très précoce. Il est d'autant plus difficile d'obvier à cet inconvénient qu'il est nécessaire de le cultiver en plein vent pour que ses fruits atteignent toute leur beauté et toute leur qualité : cultivé en espalier, comme le Pêcher, ses fruits sont beaucoup moins savoureux. On doit cultiver l'Abricotier, surtout en haute tige, à une exposition très chaude, abritée contre le vent du nord.

Cet arbre prospère dans les mêmes terrains que ceux exigés par le Pêcher. Cultivé en plein vent, il croît pour ainsi dire sans soins. En espalier, on peut le soumettre aux mêmes formes que le Pêcher, mais comme il n'y a pas à palisser les rameaux, un intervalle de 30 centimètres entre les branches de charpente est suffisant. La branche à fruit se traite comme celle du Pêcher ; mais elle doit être taillée modérément et soumise surtout à des pincements courts et réitérés. Une taille trop sévère détermine la sécrétion de la gomme.

Généralement, l'Abricotier est greffé sur Prunier.

Bonnes variétés. — Les meilleures sont : *Abricot-pêche*, mûrissant en août-septembre, le meilleur, le plus cultivé ; *Précoce de Boulbon* et *Précoce d'Espéren* recommandables surtout par l'époque de leur maturité, qui a lieu en juillet ; *Royal*, à fruit gros, excellent, juillet-août.

Cassissier. — Voy. Groseillier.

Cerisier. — Le plus rustique de nos arbres à fruits à noyau. Il croît dans tous les sols et à toutes les expositions. Seuls les terrains marécageux et froids lui sont contraires.

Ce bel arbre doit être surtout cultivé dans les grands jardins et dans les vergers où l'on peut le soumettre aux grandes formes de plein vent qui lui sont le plus favorables. Dans le jardin, on peut le soumettre à la forme en vase. En plantant en espalier, aux expositions chaudes, les variétés précoces, on avance de quinze jours la saison des fruits, et comme d'autre part cet arbre s'accommode on ne peut mieux de la position au nord, on peut prolonger d'un mois la récolte en y plantant des variétés tardives.

La culture en espalier permet d'abriter facilement les récoltes contre les ravages des oiseaux. Il suffit pour cela de tendre des toiles devant les arbres, au moment de la maturité des fruits.

Les formes auxquelles on peut le soumettre s'obtiennent comme nous l'indiquons plus loin pour le Poirier (p. 341). Un Cerisier couvre une surface d'environ 15 mètres carrés d'espalier. En espalier, en vase ou en pyramide, le Cerisier doit être soumis au pincement court ; il ne demande que peu de taille.

Greffé sur *Merisier*, le Cerisier est propre à former des hautes tiges ; sur *Sainte-Lucie* ou *Mahaleb*, il est moins vigoureux et doit être préféré pour les petites formes : vases, espaliers, etc. Ce dernier sujet réussit dans les terrains les plus arides.

On divise les Cerisiers en cinq catégories :

Les Cerisiers proprement dits, à fruits légèrement acidulés ;

Les Montmorency à fruits rouge vif, plus ou moins acides, avec un noyau de petite dimension ;

Les Griottiers, à fruit très aigre, employés surtout dans la fabrication du kirsh et dans les préparations ménagères ;

Les Guigniers, à chair molle, au jus plus ou moins coloré, à saveur douce ;

Les Bigarreautiers, à chair ferme, moins juteuse que dans les Guignes, de saveur sucrée.

Bonnes variétés.

Anglaise hâtive. — Cerise à fruit gros, rouge foncé, mûrissant en juin, très bon. Excellente variété, très fertile.

Belle Magnifique. — Cerise à fruit très gros, rouge clair, de première qualité. Mûrit fin juillet.

Impératrice. — Très bonne variété, assez analogue à la précédente, mais mûrissant dès le commencement de juin. Très propre à cultiver en petites formes.

Reine Hortense. — La plus belle des Cerises. Fruit gros, rouge brillant ; chair tendre, très juteuse, sucrée, acidulée, très agréable. Mûrit en juillet.

Montmorency de Sauvigny. — Mûrit en juillet. Plus belle que la *Montmorency* ordinaire, de saveur acidulée comme elle.

Montmorency courte-queue. — Fruit gros, rouge vif, mûrit en juillet. Excellent pour conserves.

Guigne pourprée hâtive. — Fruit moyen, pourpre noir à la complète maturité, mûrissant fin mai. Variété très précoce.

Guigne Ohio's beauty. — Fruit gros, jaune marbré, excellent, mûrit vers la fin de juin.

Bigarreau gros rouge. — Fruit gros, très bon, mûrissant en juin.

Bigarreau Napoléon. — A gros fruit rose, mûrissant en juin-juillet et d'excellente qualité.

Figuier. — Arbre délicat sous le climat de Paris. Il est nécessaire de le placer à exposition chaude et abritée ; on le plante en février-mars. Pour le garantir du froid, on abaisse les branches vers le sol afin de les couvrir de terre, dans la première quinzaine de novembre ; grâce à cette manière de faire, les *figues-fleurs* que portent les rameaux, à l'automne, ne souffrent pas du froid ; elles continuent à se développer lorsque l'arbre est déterré (en avril) et leur maturité a lieu en juillet. Les *figues* qui naissent au printemps sur les rameaux mûrissent en septembre-octobre. Les variétés les plus recommandables pour la région parisienne sont : *Blanche d'Argenteuil* ou *Madeleine*, hâtive, très bonne ; *Dauphine*, très gros fruit violet, très bon ; *Barbillonné* à très gros fruit arrondi, de couleur bistre, chair blanche, très bon, et *Violette longue*.

Framboisier. — Comme le Groseillier, le Framboisier

est peu difficile sur la qualité du terrain ; il n'y a guère que dans les sols très arides qu'il donne de mauvais résultats. On peut le cultiver dans les endroits frais et ombragés des jardins, même sous les arbres, à la condition pourtant qu'il y trouve assez d'air et de lumière pour ne pas s'étioler. On le plante souvent le long des murs situés au nord, exposition peu favorable au développement d'autres plantes.

On multiplie le Framboisier à l'aide des nombreux drageons qu'il émet et qui reprennent facilement. Il est nécessaire de le replanter tous les trois ans, car il épuise assez rapidement le sol. La plantation se fait en ménageant un espacement d'un mètre entre les touffes.

Les soins à donner consistent en binages et en fumures.

Le Framboisier porte ses fruits sur les rameaux nés l'année précédente, sauf les variétés « bifères » qui les produisent sur le bois de l'année même. La taille consiste donc à supprimer ceux qui ont donné des produits et à rabattre sur 75 centimètres environ les cinq ou six pousses conservées, qui fructifieront dans le cours de la saison. Les bourgeons qui se développeront plus tard formeront le remplacement.

Bonnes variétés.

Hornet. — Très gros, fruit rouge, l'une des plus estimées.

Merveille des quatre saisons rouge. — Variété remontante, très bon fruit.

Merveille des quatre saisons jaune. — Fertile. Bon et beau fruit.

Perpétuelle de Billiard. — Bien remontante. Fruit gros et bon.

Superlative. — Non remontante, mais fruit gros, conique, très beau et très parfumé.

Groseillier (Ribes). — Genre formé d'espèces arbustives, buissonnantes, dont trois sont cultivées pour leurs fruits dans les jardins.

Ce sont : le *G. à grappes*, le *Cassissier* et le *G. épineux* qui produit la groseille à maquereau.

Ces trois petits arbrisseaux croissent dans tous les sols et à toutes les expositions ; ordinairement on les plante dans les endroits pour ainsi dire impropres à d'autres cultures et on les abandonne à eux-mêmes. Plantés dans un sol meuble et frais, à une exposition mi-ombragée, et taillés chaque année pour diminuer la longueur des rameaux à bois et pour supprimer les rameaux qui, faisant confusion, empêchent la lumière de circuler, on obtient une plus belle et plus abondante fructification.

La multiplication de ces plantes se fait par bouturage et par marcottage.

La forme en *cépée* ou *buisson* est celle à laquelle ces arbrisseaux s'adaptent le mieux.

Les jeunes plantes sont taillées à environ 25 centimètres du sol, de manière à faire naître trois rameaux qui, amputés sur deux yeux, forment en se développant les 6 branches de charpente.

Les fruits naissent sur le bois de l'année précédente, à la base des rameaux ; ils sont portés sur de nombreuses petites lambourdes.

Les rameaux de prolongement doivent être taillés selon leur vigueur, à la moitié ou au tiers de leur longueur ; les rameaux latéraux sont coupés à 1 ou 2 centimètres au-dessus des bourgeons de la base.

Les branches épuisées par une production de 3 ou 4 années peuvent être recépées et remplacées par les rameaux qui se développent souvent sur les vieilles branches, lesquels sont supprimés avec soin lorsqu'on n'a pas à les utiliser ainsi.

BONNES VARIÉTÉS. — GROSEILLIER A GRAPPES : *Groseille de Hollande blanche*, *Groseille de Hollande rouge*, variétés vigoureuses, fertiles, à fruits beaux et bons, la variété blanche, de saveur plus douce, étant la plus recherchée comme fruit de dessert ; *Versaillaise rouge* et *Versaillaise blanche*, très cultivées et excellentes ; *Cerise rouge*, à très gros fruits.

CASSISSIER : *Cassis ordinaire; Cassis de Naples*, à gros grain.

GROSEILLIER ÉPINEUX : *Grosse rouge hâtive* et *Grosse rouge tardive*, très cultivées ; *London*, fruit énorme, rouge foncé ; *Queen Caroline*, fruit blanc ; *Golden drop*, fruit jaune ; *Telegraph*, fruit vert.

Pêcher. — Bien que peu difficile sur la qualité du terrain, il prospère principalement dans les sols profonds, meubles, un peu calcaires ; il ne donne que des résultats médiocres dans les terrains arides, et surtout dans ceux où l'humidité est surabondante.

Greffé sur Amandier, il réussit surtout dans les sols profonds, sains et bien drainés. Sur Prunier *Saint-Julien* ou *Damas*, il est moins vigoureux, mais il résiste mieux dans les terrains humides.

Sous le climat de Paris, le Pêcher ne mûrit bien ses fruits que lorsqu'il est cultivé en espalier. La meilleure exposition est le levant ; au midi, on ne peut guère cultiver que des variétés tardives ou très vigoureuses. On ne plante à l'ouest que lorsqu'on ne peut pas faire autrement.

FORMES. — Les arbres peuvent être soumis à des formes variées ; pour les petits jardins, on choisira de préférence la *Palmette Verrier* à 4 ou à 5 branches, la *Palmette simple*, et surtout la *forme en U* facile à obtenir et à entretenir.

Distances auxquelles il faut planter les diverses formes de Pêchers.

Forme en U	1 mètre.
Palmette Verrier à trois branches. .	1^m,50
— à quatre branches.	2^m,00

Les branches de charpente s'obtiennent comme celles du Poirier (Voy. p. 341), avec cette seule différence que la distance à réserver entre elles doit être de 50 centimètres au lieu de 30, afin de permettre le palissage des rameaux.

Les fruits à noyau naissent toujours sur le bois de l'année précédente et les rameaux qui ont fructifié deviennent, par ce fait, à jamais stériles.

La taille du Pêcher doit commencer dès la première année de plantation ; elle consiste donc à préparer chaque année des rameaux à fruit qui deviendront inutiles après la fructification et qu'il faudra dès lors supprimer en favorisant le développement, à la base de chacun d'eux, d'un bourgeon destiné à prendre leur place l'année suivante, et que l'on nomme *bourgeon de remplacement.*

Les coursonnes doivent être situées à 15 ou 20 centimètres de distance les unes des autres sur les branches de charpente ; on les soumet ordinairement à la taille dite *en cro-chet.* Dans les arbres soumis à ce mode de taille, la branche à fruit se compose de deux rameaux : l'un, destiné à porter les fruits, doit être taillé long, sur 2 à 5 boutons à fleurs ; l'autre, aussi rapproché que possible de la branche de charpente, doit être taillé court afin de provoquer l'émission d'un œil à sa base, lequel constituera le remplacement pour l'année suivante (fig. 198).

Les rameaux simples doivent être taillés longs, pincés et arqués pendant

Fig. 198. — Palissage à la loque.

le cours de la végétation, afin de faire développer les yeux de la base. On choisit alors comme remplacement le bourgeon situé le plus près de la branche de charpente, au-dessus duquel on pratique la taille.

Le *Bouquet de mai* est un rameau court présentant au sommet plusieurs boutons à fleurs ; on le rencontre surtout au-dessous des branches obliques ou horizontales et vers leur naissance. C'est une bonne production qui donne les plus beaux fruits : on ne la soumet à aucune taille.

Le *Rameau chiffon* ou *Branche chiffonne* est très grêle et garni de boutons à fleurs sur toute sa longueur. S'il est muni de boutons à bois à la base, on le taille de manière à les faire développer ; dans le cas contraire, on le supprime après la récolte des fruits.

Après la floraison, on raccourcit les longues brindilles dépourvues de jeunes fruits, on supprime les pousses inutiles et enfin on palisse, opération qui a pour but de fixer sur le mur à l'aide d'une bandelette d'étoffe et de clous tous les scions conservés et ceux qui naîtront, au fur et à mesure de leur développement (fig. 198). Lorsque les murs sont revêtus de treillages, les rameaux sont fixés à l'aide de ligatures faites avec de l'osier ou du jonc. On évite ainsi que les uns se brisent sous le poids des fruits, et cela permet d'augmenter ou de diminuer la vigueur des autres, suivant qu'on les placera dans une position plus ou moins verticale ou horizontale. Il est nécessaire, pour obtenir de belles pêches, de supprimer en 2 ou 3 fois les jeunes fruits surabondants, au moment où ils atteignent le volume d'une petite noix, de manière à ne pas en laisser plus d'une dizaine par mètre de longueur de branche. Un peu avant l'époque de leur maturité, il est bon d'exposer les fruits à l'action des rayons du soleil en supprimant successivement les feuilles qui les masquent et en pratiquant cette opération le soir, de préférence, on les obtient ainsi beaucoup plus colorés.

Les murs qui portent des espaliers de Pêchers doivent être munis de chaperons. De plus, comme cet arbre redoute surtout les pluies froides et les gelées printanières, il est utile, sous le climat de Paris, de fixer au sommet des murs des consoles destinées à supporter des auvents (paillassons larges de 60 centimètres, panneaux de bois ou bandes de verre) que l'on place au mois de février et qu'on enlève lorsque les froids ne sont plus à redouter. Des bandes de toile claire devront en outre être placées devant les arbres s'il survenait des gelées au moment de la floraison.

Les *Pêches proprement dites* ont la peau duveteuse et le noyau non adhérent à la chair (se détachant facilement).

Les *Pavies* ou *Persèques* ont aussi la peau duveteuse; mais leur chair adhère au noyau.

Les *Brugnons* diffèrent des Pêches à peau duveteuse par leur peau lisse. La chair est adhérente au noyau. Dans les *Nectarines*, la peau est lisse et la chair se détache du noyau.

BONNES VARIÉTÉS A CULTIVER EN ESPALIER.

Amsden. — Fruit moyen, pourpré, bon, très précoce, mûrissant au commencement de juillet, à chair assez fine juteuse, sucrée, mais adhérente au noyau. Arbre très vigoureux, très fertile. Cultiver à l'exposition du levant ou, à défaut, du midi.

Michelin. — Fruit gros, rouge, très bon, mûrissant au commencement d'août. Chair non adhérente au noyau.

Précoce de Hale. — Fruit moyen, blanc pourpré, excellent, mûrissant en juillet-août. Chair non adhérente au noyau.

Grosse Mignonne hâtive. — Fruit gros, rose, teinté de rouge, très bon, mûrissant en août; chair fine, fondante, parfumée. Arbre vigoureux, très fertile. Levant. Chair non adhérente au noyau.

Belle Beausse. — Fruit gros, blanc-verdâtre teinté de rouge violacé, de très bonne qualité, mûrissant au commencement de septembre. Chair non adhérente au noyau.

Galande. — Fruit gros, très bon, mûrissant fin août; chair fine, fondante, sucrée et parfumée, non adhérente au noyau. Levant.

Alexis Lepère. — Excellente variété d'espalier, arbre vigoureux, fertile; fruit gros, bien coloré de rouge carminé sur fond jaune verdâtre, très beau et très bon, mûrissant au commencement de septembre, chair non adhérente au noyau.

Reine des vergers. — Fruit gros, très bon, mûrissant en septembre. Arbre rustique, fertile, pouvant être cultivé en plein vent.

Belle impériale. — Très rustique, vigoureuse et fertile, à fruit très gros, rouge pourpre, bon, mûrissant à la fin de septembre, chair non adhérente au noyau.

Vilmorin. — Vigoureuse, fertile, fruit gros et bon, jaune pâle teinté de pourpre foncé, à chair non adhérente au noyau, mûrissant fin septembre.

Blondeau. — Variété très fertile, à fruit moyen, blanc jaunâtre teinté de pourpre violacé, de très bonne qualité, mûrissant fin septembre. Chair non adhérente au noyau.

Baltet. — Variété vigoureuse et fertile, fruit gros, blanc jaunâtre teinté de rouge violacé, très bon, mûrissant au commencement d'octobre. Chair non adhérente au noyau.

Salway. — Fruit gros, de saveur abricotée, mûrissant en octobre. Arbre vigoureux, fertile, ne pouvant être cultivé qu'à l'exposition du midi.

Nectarine Lord Napier. — Fruit gros, rouge violacé, mûrissant en août et de très bonne qualité.

Nectarine précoce de Croncels. — Fruit gros, rouge pourpré, très bon, mûrissant août.

Nectarine de Félignies. — Fruit moyen, blanc teinté de rouge pourpré, bon, mûrissant fin août.

Nectarine Victoria. — Fruit assez gros, pourpre violacé, très bon, mûrissant en septembre. Levant.

Poirier. — Le Poirier est généralement greffé, soit sur Cognassier, soit sur franc (Poirier venu de semis).

Greffé sur Cognassier, il donne plus rapidement ses produits qui sont plus beaux et de meilleure qualité. Les racines du sujet sont chevelues et plongent peu dans le sol ; les arbres ainsi greffés prospèrent surtout dans les terrains fertiles et frais, et leur peu de vigueur les rend très propres à constituer des formes de dimensions restreintes.

Sur franc, le Poirier est plus long à se mettre à fruit, ses fruits sont de moins bonne qualité, mais il pousse beaucoup plus vigoureusement, ses longues racines pivotantes allant chercher à une grande profondeur les éléments nutritifs nécessaires à la plante. Les arbres greffés sur franc conviennent aux grandes formes ; ils doivent être plantés de préférence aux autres dans les sols arides et de mauvaise qualité : ils vivent plus longtemps que ceux greffés sur Cognassier.

Le Poirier prospère surtout dans les terrains argilo-siliceux ou argilo-calcaires ; le sable, la craie, les sous-sols humides ne lui conviennent guère et il ne vit qu'un temps
très court lorsqu'il est planté dans des terrains de cette nature. On ne le soumet guère à la forme en haute tige que
dans les vergers ou sur le bord des champs (ils doivent alors
être greffés sur franc) ; la forme en pyramide et celle en colonne sont le plus généralement adoptées pour les jardins.

Formes. — *Obtention des branches de charpente.* — La

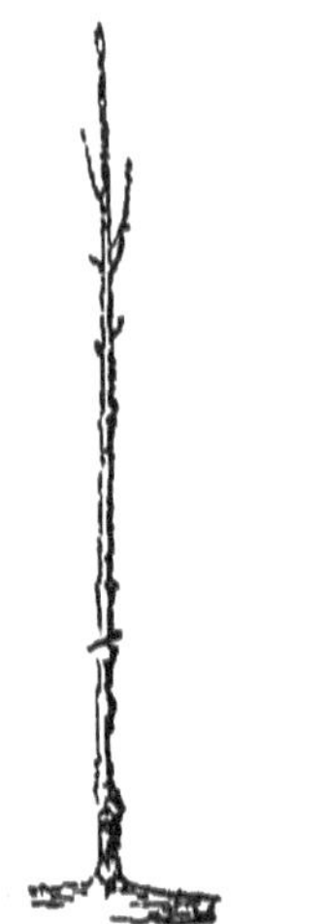

Fig. 199. — Formation de
la pyramide (scion d'un an)
(G. Boucher).

Fig. 200. — Pyramide de deux ans.
(G. Boucher).

pyramide a de grands avantages, mais il faut bien recon-
naître aussi qu'elle est difficile à obtenir, qu'elle exige des
soins incessants pendant de nombreuses années, qu'on n'obtient le maximum de la production qu'au bout d'une dizaine d'années et qu'enfin elle ne dure guère au delà de
quinze ans après sa formation.

Pour former une pyramide, on plante un jeune arbre ayant
un an de greffe (fig. 199), puis, au printemps suivant, on
le taille de manière à conserver six yeux bien constitués,
cinq destinés à donner des branches latérales dont la plus
basse devra être située à 30 centimètres du sol ; le sixième,

situé au sommet, servira au prolongement de la tige principale ; le scion qui naît de ce dernier œil doit être redressé de manière à prendre une direction verticale. Au lieu de tailler immédiatement au-dessus de l'œil, on laisse une longueur de tige (onglet) d'environ 10 centimètres en supprimant les yeux qui s'y trouvent. Cet onglet servira plus tard de tuteur pour redresser la pousse terminale et la fixer dans la position qu'elle devra prendre jusqu'à ce qu'elle soit suffisamment développée pour se maintenir elle-même, époque à laquelle l'onglet devra être supprimé.

A la fin de l'année, les cinq premières branches de la charpente sont ainsi obtenues. Pendant la végétation, on veille à ce qu'elles se développent également, en pinçant celles qui auraient une tendance à s'allonger trop, et on supprime les pousses supplémentaires. Le prolongement est abandonné à lui-même, à moins cependant que sa trop grande élongation nuise à la croissance des rameaux latéraux, auquel cas il est soumis au pincement en lui laissant une longueur d'environ 70 centimètres.

La seconde année (fig. 200), la partie terminale doit être encore rabattue sur six yeux destinés à fournir une nouvelle série de cinq branches et le rameau de prolongement ; mais cette fois, l'œil terminal devra être situé du côté opposé à l'emplacement de celui de l'année précédente, afin que la tige centrale ait une direction autant que possible verticale. Les branches latérales seront taillées sur environ le tiers ou au quart de leur longueur, et d'autant plus longues qu'elles seront situées plus près du sol, de manière à commencer à donner à l'arbre une forme conique ; on ménagera également,

Fig. 204. — Pyramide ayant 2 séries de branches latérales (G. Boucher).

à l'extrémité de chacune d'elles, un œil destiné à leur élongation (fig. 201). Avec des baguettes ou des liens en osier, on les éloignera ou on les rapprochera de la tige principale, afin qu'elles se trouvent disposées symétriquement.

La troisième année, une nouvelle série de branches se trouve obtenue, et ainsi de suite jusqu'à ce que l'arbre soit complètement formé, ce qui arrive à la sixième ou à la septième année. Lorsque la végétation est vigoureuse, il ne faut pas tailler trop, sous peine de provoquer seulement le développement du bois. En taillant trop court les branches latérales, on fait porter la sève vers la tige principale et on détermine l'allongement démesuré de la flèche dont on arrête, au contraire, le développement en taillant trop long.

La forme en *fuseau* est certainement des plus recommandables pour les petits jardins ; elle occupe peu de place, ce qui permet de cultiver dans un espace restreint un assez grand nombre de variétés ; elle est facile à obtenir et réclame peu de soins. Elle se compose simplement d'un axe ou tige principale, garni de productions fruitières. La hauteur à donner aux colonnes doit toujours être en rapport avec la vigueur des variétés qu'on soumet à cette forme et aussi avec le degré de fertilité du sol dans lequel elles sont placées. Les arbres cultivés ainsi doivent être greffés sur Cognassiers, à moins toutefois qu'on ait à les planter dans un terrain de mauvaise qualité. Les variétés peu vigoureuses sont celles qui donnent les résultats les meilleurs.

La forme en *vase* s'obtient en amputant un jeune sujet à 30 ou 40 centimètres du sol, en conservant trois ou quatre yeux disposés de manière que les branches qui en naîtront soient placées à égale distance les unes des autres. La seconde année, ces branches sont rabattues en ne leur laissant qu'une longueur de 25 centimètres, sur deux yeux latéraux, afin d'obtenir une bifurcation qui doublera le nombre des rameaux, opération que l'on répétera l'année suivante. On obtient ainsi de douze à seize branches espacées d'environ 30 centimètres et qu'on a le soin d'abaisser peu à peu dans une situation horizontale au fur et à mesure de leur développement, pour constituer le fond du vase, et dont on relève verticalement les extrémités en les maintenant dans cette situation à l'aide de tuteurs. Par des tailles successives, on arrive à leur faire atteindre une hauteur de 2 mètres qui est le plus généralement adoptée. Le vase doit mesurer 2 mètres de diamètre.

La *palmette* s'obtient facilement. Après un an de plantation, on ampute le jeune sujet sur trois yeux, l'un placé au sommet et en avant, destiné à former le prolongement de l'axe, les deux autres latéraux, devant fournir les premières branches. La flèche s'allonge et donne l'année suivante une nouvelle série de trois yeux, qu'on utilise de la même manière, et ainsi de suite. L'ébourgeonnement doit être pratiqué de façon à ne conserver que les pousses nécessaires. Si, pour une cause ou pour une autre, un œil venait à manquer, on le remplacerait à l'aide de la greffe en écusson pratiquée en juillet-août. Les branches de charpente des arbres en espalier doivent être solidement fixées contre les murs.

Le *cordon* convient surtout aux variétés de Poirier peu vigoureuses greffées sur Cognassier. Le *cordon vertical* s'obtient très facilement; il diffère de la colonne en ce qu'il est surtout cultivé en espalier et que ses branches fruitières sont maintenues plus courtes. Il a le grand mérite d'être d'une obtention facile et de donner rapidement des produits, mais il exige des murs ayant au moins 4 mètres de hauteur. Le *cordon oblique* n'est pas recommandable, parce qu'en raison de sa situation inclinée il est très difficile d'en équilibrer les diverses parties. La *forme en U*, qui a les avantages du cordon au point de vue de la rapidité de la production, permet d'appliquer des Poiriers ou autres arbres qui se soumettent à cette forme sur des murs ayant moins de 4 mètres de hauteur. Le *cordon horizontal*, employé pour bordures en plein jardin, est surtout appliqué au Pommier : certaines variétés de Poirier, peu vigoureuses, peuvent cependant y être avantageusement soumises.

Obtention des coursonnes ou rameaux à fruits. — Tout

en formant la charpente des arbres, il est nécessaire de raccourcir chaque année, d'environ un tiers ou de la moitié, les extrémités des branches qui la constituent, afin de provoquer l'émission, sur toute leur étendue, de bourgeons qui donneront naissance à des coursonnes ou rameaux à fruits ; sur les espaliers, on doit néanmoins supprimer les bourgeons qui naissent du côté du mur.

Lorsque les branches de charpente ont atteint la longueur voulue, c'est-à-dire lorsque l'arbre est formé, on laisse croître librement la pousse terminale qu'on rabat tous les ans, soit un peu au-dessus, soit un peu au-dessous de sa base, pour qu'il ne se forme pas de nodosité.

Pour transformer en coursonnes les pousses qui naissent sur les branches de charpente, on les pince entre l'index et l'ongle du pouce, pendant la végétation, lorsqu'elles atteignent une longueur d'environ 20 centimètres ; s'il survient des pousses anticipées, on les pince à leur tour, mais un peu plus court.

Pour maintenir égale la végétation de tous les rameaux d'une même branche, on pince ceux qui auraient une tendance à se développer outre mesure. On casse également en vert l'extrémité des brindilles, afin de les faire mettre à fruit.

Taille. — Cette opération doit être faite pendant le repos de la végétation, en évitant cependant de la pratiquer pendant les grands froids. Elle consiste à soumettre l'arbre à l'une des formes énumérées plus haut, à raccourcir l'extrémité des branches de charpente, à amputer sur trois yeux bien constitués les coursonnes sur lesquelles il n'existe pas encore de boutons à fleurs, à supprimer l'extrémité des coursonnes située au-dessus des boutons à fleurs bien développés, de manière à n'en laisser qu'un sur chacune d'elles lorsque les arbres sont en plein rapport, et deux ou trois sur les sujets vigoureux produisant peu. Les bourses ne se taillent pas ; on se contente d'en rafraîchir l'extrémité à l'aide de la serpette. Les dards et les brindilles sont respectés, car d'eux-mêmes ils se mettent à fruit. Ces diverses productions fruitières donnent des rameaux à bois, lorsqu'on les taille très courtes : on met à profit cette particularité pour régénérer les coursonnes épuisées par une longue production. Les fruits sont d'autant plus beaux et meilleurs qu'ils naissent sur des coursonnes vigoureuses et près des branches de charpente ; on doit donc faire en sorte que les productions fruitières se trouvent le plus possible dans ce voisinage.

On peut, lorsqu'un arbre est trop chargé de boutons à fleurs, porter sur des arbres moins favorisés ces productions fruitières au moyen de la *greffe sous écorce*, en détachant les boutons avec une plaque d'écorce et d'aubier, et en les insérant sous l'écorce des branches du sujet comme s'il s'agissait d'écussons. Cette opération se pratique en août-septembre.

Lorsque le nombre des fruits est trop considérable, il est nécessaire d'en supprimer, afin de ne pas fatiguer les arbres par une production surabondante.

Pour les autres détails relatifs à la taille, voy. p. 313.

Distances auxquelles il faut planter les diverses formes de Poiriers.

Hautes tiges sur franc	5 à 6 mètres.
— sur Cognassier	4 à 5 mètres.
Pyramides sur franc.	5 mètres.
— sur Cognassier	4 —
Fuseaux ou colonnes sur Cognassier . .	1^m,50 à 2 mètres.
Vase sur franc.	4 mètres.
— sur Cognassier	3 —
Cordons horizontaux sur Cognassier. . .	3 —
Palmettes ordinaires sur franc (gr. formes)	8 —
— sur Cognassier (formes moyennes)	4 —
— — (petites formes) .	2 —
Palmettes Verrier à 5 branches.	1^m,50
— à 4 branches	1^m,20
— forme en U.	0^m,60
Cordon vertical sur Cognassier	0^m,35

BONNES VARIÉTÉS CLASSÉES PAR ORDRE DE MATURITÉ.

Beurré Giffard. — La meilleure des premières Poires d'été ; mûrit en juillet-août. Fruit moyen, à chair fine, fondante, sucrée. Réussit surtout en haute tige, sur franc, ou en espalier au levant ou au couchant.

Favorite de Clapp (Clapp's Favourite). — Excellente Poire mûrissant dans la seconde quinzaine d'août. Arbre vigoureux, fertile. Fruit gros, ovoïde, jaune d'or, lavé de rouge à l'insolation, ponctué et réticulé de roux ; à chair fine, très fondante, sucrée, acidulée, parfumée. Réussit sous toutes les formes. Récolter une dizaine de jours avant la maturité pour éviter le blétissement.

William. — Grosse Poire bosselée, jaune citron, mûrissant en septembre, à chair blanche, très fine, fondante, juteuse, ayant une saveur musquée. Cet arbre est très fertile, il forme de superbes pyramides étant greffé sur franc ; il réussit aussi en colonnes et en espalier au couchant.

Beurré d'Amanlis. — Gros et excellent fruit, mûrissant en septembre, ventru et se terminant en pointe, verdâtre, taché de brun, quelquefois coloré en rouge par le soleil. Chair blanche, demi-fine, juteuse, agréablement parfumée. Haute tige sur franc. Produit beaucoup. Pyramide et espalier au couchant, sur Cognassier.

Beurré Hardy. — Fruit assez gros, ovale allongé, d'un jaune brun, pointillé de marron, mûrissant en septembre-octobre, à chair très fine, fondante, sucrée, agréablement parfumée, excellente. Arbre très fertile. Haute tige sur franc ; pyramide et espalier au couchant, sur Cognassier.

Louise-Bonne-d'Avranches. — Beau fruit, assez gros, piriforme, vert jaunâtre, lavé de rouge du côté du soleil, mûrissant en septembre-octobre. Chair fine, fondante, très juteuse, sucrée, un peu acidulée, parfumée, excellente. Arbre vigoureux, très fertile, réussissant sous toutes les formes et dans tous les terrains.

Doyenné du Comice. — L'une de nos meilleures Poires. Mûrit en octobre-novembre. Fruit gros ou très gros, piriforme, turbiné, vert-jaunâtre ou jaune-vert, pointillé de gris et de roux, vermillon à l'insolation, à chair très fondante, sucrée, d'un parfum délicat. Arbre très vigoureux, acceptant toutes les formes.

Duchesse d'Angoulême. — Gros fruit, ovale, tronqué, large à la base, bosselé, jaune pointillé de roux. C'est l'une des Poires les plus répandues ; elle mûrit en octobre-novembre. Chair mi-fine, peu fondante, parfumée. Arbre remarquable par sa vigueur et par sa grande fertilité. Réussit en pyramides, en colonnes et en espalier au couchant.

Beurré Clairgeau. — Fruit très gros, pyramidal, renflé, d'un beau rouge luisant, mûrissant en octobre-novembre, à chair mi-fine et mi-fondante, juteuse, quelquefois agréablement acidulée et parfumée, remarquable surtout par sa beauté. Arbre fertile, réussissant surtout en colonnes, en cordons et en espalier au levant, lorsqu'il est greffé sur franc.

Beurré Diel ou Beurré Magnifique. — Gros et beau fruit, turbiné, jaune lavé de roux, mûrissant en octobre-novembre ; chair demi-fine, demi-fondante, sucrée et agréablement aromatisée. Arbre vigoureux, fertile. Réussit en pyramide et surtout en espalier au midi et au couchant, greffé sur Cognassier.

Beurré Dumont. — L'une des variétés les plus recommandables. Gros et excellent fruit mûrissant en octobre-novembre, turbiné ou plus ou moins cylindrique, jaune fauve lavé de rouge orangé du côté du soleil, à chair fine, fondante, très sucrée, légèrement acidulée et agréablement parfumée. Arbre vigoureux, acceptant toutes les formes et facile à diriger, de grande fertilité.

Passe-Colmar. — Fruit moyen, plus ou moins allongé, jaune paille pointillé de roux, mûrissant de novembre à janvier ; chair fine, assez fondante, juteuse, sucrée, délicieusement parfumée. Arbre de vigueur moyenne, très fertile. On peut le cultiver en haute tige, pyramide, colonne et en espalier au couchant.

Beurré d'Hardenpont. — Généralement connu sous le nom de *Beurré d'Arenberg.* Fruit gros, ventru, turbiné, quelquefois bosselé, à queue courte et oblique, souvent insérée au-dessous du sommet du fruit, jaune, marbré de fauve, lavé de rouge du côté du soleil, mûrissant en novembre-décembre ; chair très fine, fondante, juteuse, sucrée, agréablement parfumée, délicieuse. Arbre vigoureux, ne réussissant bien que lorsqu'il est en espalier au midi ou au levant, greffé sur Cognassier.

Le Lectier. — Gros et bon fruit allongé en forme de calebasse, d'abord vert tendre puis jaune verdâtre, à chair fine, juteuse, sucrée et agréablement parfumée ; mûrit en novembre-décembre. Arbre vigoureux, fertile, acceptant toutes les formes.

Doyenné d'hiver. — Fruit gros, ovale, renflé au milieu, vert pointillé de brun, jaunissant à la maturité qui a lieu de janvier en mars ; chair fine, fondante, sucrée, agréablement acidulée. La récolte doit se faire aussi tard que possible. Arbre vigoureux et d'une bonne fertilité étant greffé sur franc. Cultiver en espalier, au midi et au couchant.

Bergamotte Esperen. — Fruit moyen, rond, vert, mûrissant de janvier en avril ; à chair jaunâtre, fine, fondante, douce, sucrée et parfumée. Arbre vigoureux. Pyramide sur franc. Réussit surtout en espalier, au midi et au couchant.

Passe-Crassane. — L'une des meilleures variétés tardives. Mûrit de janvier à mars. Fruit moyen ou gros, généralement plus ou moins globuleux et déprimé aux deux extrémités, de couleur vert brunâtre ou fauve maculé de roux et parfois teinté de rouge à l'insolation ; chair blanche ou blanc jaunâtre, fine, souvent un peu pierreuse dans le voisinage des loges, fondante, sucrée, acidulée, parfumée. Ce fruit doit être récolté le plus tard possible ; il se conserve très bien.

Doyenné d'Alençon. — Bon fruit mûrissant de décembre à mars, ovoïde ou globuleux, verdâtre, tacheté de brun et de gris, à chair blanc-jaunâtre, assez fine, parfois pierreuse autour des loges, sucrée-acidulée, parfumée. Arbre très vigoureux, très fertile à cultiver sous toutes les formes. Le fruit doit être cueilli le plus tard possible.

Olivier de Serres. — Excellente variété. Fruit assez gros, en forme de Pomme, de couleur brun fauve, rougeâtre dans la partie ensoleillée, à chair blanc jaunâtre, fine, fondante, sucrée-acidulée et agréablement parfumée. Ce très bon fruit mûrit de janvier à fin mars. L'arbre est de vigueur moyenne et assez fertile ; il accepte toutes les formes.

Dans le cas où l'on disposerait d'assez de place, on pourrait encore cultiver : *Doyenné de Juillet*, mûrissant vers le milieu de juillet, petite poire très précoce ; *de l'Assomption*, mûrissant en juillet-août ; *Mme Treyve*, août-septembre ; *Bonne d'Ézée*, septembre-octobre ; *Seigneur*, septembre-novembre ; *Nouveau Poiteau*, octobre-novembre ; *Beurré d'Apremont*, octobre-novembre ; *Colmar d'Arenberg*, octobre-novembre ; *Soldat Laboureur*, novembre ; *Nec plus ultra meuris*, novembre ; *Beurré-Six*, novembre ; *Triomphe de Jodoigne*, octobre-décembre ; *Beurré Bachelier*, novembre et décembre ; *Beurré de Sterckmans*, décembre-janvier ; *Bergamotte Hertrich*, janvier-mars ; *Bon Chrétien d'hiver*, mars-juin.

Pommier. — Moins difficile que le Poirier sur la qualité du terrain, il croît dans tous les sols, à la condition qu'ils ne soient ni trop secs ni trop humides. Les formes que nous avons décrites pour le Poirier (voir page 341) lui sont applicables. Dans le verger, on peut le cultiver en haute tige en le greffant sur franc ; dans les jardins, les petites formes conviennent mieux, mais il doit être alors greffé sur *doucin* ou sur *paradis*. Le doucin peut fournir des sujets de moyenne grandeur ; le paradis a moins de vigueur et ne convient que pour les formes tout à fait naines, il donne d'excellents résultats dans les sols argileux où le doucin ne pourrait croître, mais, par contre, sa culture est impossible dans les terrains secs qui, au contraire, conviennent au doucin.

Formes. — Dans les petits jardins, c'est la forme en vase ou en cordon horizontal qui devra être appliquée au Pommier, en prenant des arbres greffés, soit sur doucin, soit sur paradis, suivant la nature du sol dans lequel on aura à les planter. Il faut bien veiller, en faisant la plantation, à ce que la greffe ne se trouve pas enterrée, car le greffon s'affranchirait et deviendrait trop vigoureux pour qu'on puisse le soumettre à de petites formes.

Distances auxquelles il convient de planter les Pommiers

Haute tige, sur franc.	6 mètres.
Pyramide	3 —
Fuseau sur doucin	1^m,50
— sur paradis	1 mètre.
Vase sur doucin	2 mètres.
— sur paradis	1^m,50
Palmette	5 mètres.
Palmette Verrier à 5 branches.	1^m,50
— — à 4 —	1^m,20
Forme en U	0^m,60
Cordon horizontal sur doucin	4 mètres.
— — sur paradis	3 —

Le Pommier redoute les mutilations ; on le taille comme le Poirier, mais avec plus de réserve ; il a, sur ce dernier, l'avantage de prospérer dans les emplacements les moins favorisés. On peut le cultiver en espalier à l'exposition du nord.

Bonnes variétés.

Borowinka (Borowitsky). — Fruit de bonne grosseur, rouge sur fond vert pâle, strié de carmin, mûrissant en juillet-août ; chair fine, blanche, juteuse, parfumée et agréablement acidulée. La meilleure des Pommes hâtives. Arbre très productif, peu vigoureux ; greffé sur doucin, il réussit surtout en vase et en cordon horizontal.

Grand Alexandre. — Excellente Pomme d'automne, mûrissant en septembre-octobre. Fruit gros, sphérique-déprimé, jaune pâle teinté et strié de carmin et pruiné ; à chair blanc-verdâtre, sucrée acidulée. Arbre assez vigoureux, de grande fertilité, à cultiver surtout sous les petites formes.

Sans pareille de Peasgood (Peasgood Nonsuch).— Excellente variété. Fruit gros, sphérique, jaune pâle teinté de rose, avec stries carmin ; à chair jaunâtre, sucrée, acidulée, parfumée. Mûrit en octobre-novembre. Arbre très vigoureux, fertile, à cultiver surtout sous les formes basses.

Reine des Reinettes. — Fruit excellent, assez gros, arrondi, jaune doré, strié de rouge, mûrissant en octobre novembre ; chair ferme, jaunâtre, sucrée, acidulée, agréablement parfumée. Arbre très fertile. Haute tige et autres grandes formes.

Belle fleur jaune (*Lineous Pippin*). — Beau fruit ressemblant à un Calville, mais plus allongé et à côtes moins prononcées ; se conserve jusqu'en mai ; chair un peu jaunâtre, sucrée, acidulée, très agréable. Arbre fertile, de vigueur moyenne.

Reinette franche. — Fruit excellent, de bonne grosseur, un peu cubique, jaune pointillé de gris, se conservant jusqu'en mai ; chair jaunâtre tendre, fine, juteuse, sucrée, acidulée, agréablement parfumée. Arbre très fertile, acceptant toutes les formes.

Reinette de Canada blanche. — Excellent fruit mûrissant de décembre à mars et quelquefois plus tard, gros, bombé et un peu côtelé, vert jaunâtre avec quelques points gris et des taches brunâtres aux deux extrémités ; chair fine, sucrée, parfumée. Arbre vigoureux, acceptant toutes les formes.

Reinette de Canada grise. — Fruit excellent, de bonne grosseur, gris ou roux, se conservant jusqu'à la fin de l'hiver ; chair blanc jaunâtre, sucrée, acidulée et parfumée. Petites formes.

Calville blanc. — Superbe et délicieux fruit se conservant jusqu'en mars ; chair très fine, sucrée, acidulée, parfumée, excellente. Formes basses, cordon horizontal et surtout espalier au levant. Cette variété et la Reinette de Canada grise donnent d'excellents résultats lorsqu'elles sont cultivées en cordons horizontaux. Les fruits doivent être ensachés (voir p. 326) pour être préservés de la tavelure.

Reinette de Caux. — Arbre de verger, très vigoureux et très fertile. Le fruit moyen, globuleux, est jaune strié de rouge du côté du soleil, à chair ferme, sucrée-acidulée, parfumée, de très bonne qualité. Mûrit de décembre à mai.

Reinette dorée. — Arbre de verger, vigoureux et fertile. Fruit moyen, globuleux, jaune d'or, teinté d'orangé et pointillé de brun à l'insolation ; à chair très juteuse, sucrée acidulée, d'une saveur et d'un parfum très agréables. Mûrit de décembre à la fin de l'hiver.

Reinette grise. — (R. grise de Saintonge). Excellente variété. Fruit plus ou moins globuleux, allongé, vert pâle, teinté de gris ou entièrement bronzé, ponctué de brun. Chair jaune verdâtre, croquante, sucrée et légèrement acidulée, agréablement parfumée. Mûrit de janvier à avril. Arbre de moyenne vigueur, très fertile, à cultiver surtout en haute tige.

Court pendu. — Fruit moyen, arrondi et très aplati, vert jaunâtre ; à chair jaunâtre, sucrée, acidulée, parfumée. Mûrit de novembre à avril et de conservation facile. Arbre assez vigoureux, fertile ; à cultiver en haute tige.

Belle de Pontoise. — Fruit gros, sphérique, un peu déprimé, vert brunâtre, maculé de fauve, et teinté de rouge foncé du côté du soleil ; à chair verdâtre, sucrée, agréablement parfumée. Beau et bon fruit mûrissant de décembre à mars et se conservant facilement. Arbre très vigoureux, fertile, acceptant toutes les formes.

Api rose. — Fruit très petit, globuleux-déprimé, d'un coloris agréable, brillant, jaune pâle teinté de carmin vif du côté du soleil ; à chair fine, sucrée, acidulée. Mûrit de janvier à mai. A cultiver sous formes basses. Arbre de faible vigueur, mais très fertile.

Ajoutons encore : *Calville Lesans,* bon et beau fruit mûrissant en hiver ; *Calville Duquesne,* beau et bon fruit rappelant le *Calville blanc,* mûrissant en hiver ; *Pigeon rouge,* à fruit petit, excellent, mûrissant en hiver ; *Royale d'Angleterre* (Reinette d'Angleterre), bon et beau fruit mûrissant au commencement de l'hiver ; *Transparente de Croncels,* gros et bon fruit mûrissant en août-septembre.

Prunier. — L'un des arbres fruitiers les plus rustiques et l'un de ceux qui demandent le moins de soins. Peu difficile sur la qualité du sol, il prospère dans tous les terrains, à la condition toutefois qu'ils ne soient ni trop arides ni trop humides. On le cultive ordinairement en plein vent, en haute tige, et sa place est surtout dans les vergers. Cependant on l'admet dans les jardins lorsqu'on dispose d'un emplacement qu'on ne saurait utiliser autrement, ou quand on peut cultiver dessous des plantes ne craignant pas l'ombre. Il se prête à la forme en palmette, en espalier.

Le Prunier se greffe sur lui-même et surtout sur sujets obtenus de semis, ceux obtenus de marcottage ou de drageonnage étant moins vigoureux et ayant plus de tendance à donner des rejets.

MEILLEURES VARIÉTÉS.

De Monsieur. — Fruit assez gros, rouge violacé, pruineux, très bon, mûrissant en août.

Reine-Claude dorée. — La meilleure des Prunes. Fruit assez gros, vert jaunâtre lavé de rose, mûrissant en août. Arbre très rustique et très fertile.

Petite Mirabelle. — Fruit excellent cru, en compotes ou en confitures, petit, ovale-arrondi, jaune doré, ponctué de carmin, mûrissant en août. Arbre buissonnant, très fertile.

Grosse Mirabelle. — Très bonne variété, mais fruit de qualité inférieure à celle de la précédente.

Kirke. — Excellente variété. Fruit gros, sphérique, violet foncé, pruineux ; à chair jaune verdâtre, très juteuse, sucrée, parfumée, de très bonne qualité. Mûrit dans la seconde quinzaine d'août. Arbre très vigoureux, d'une grande fertilité.

Reine-Claude diaphane. — Variété à fruit jaune doré, lavé de lilas, mûrissant en août-septembre. Qualité excellente.

Reine-Claude d'Althan. — Très beau fruit gros et sphérique, jaunâtre, teinté de purpurin, pruiné, à chair d'un jaune pâle, sucrée, juteuse, parfumée. Mûrit au commencement de septembre. Arbre vigoureux, très fertile à cultiver en haute tige.

Reine-Claude tardive. — Excellente variété. Fruit gros, sphérique, vert, carminé du côté du soleil, pruiné ; chair juteuse, sucrée, parfumée. Mûrit dans la seconde quinzaine de septembre. Arbre très vigoureux, fertile.

Coe's Golden drop. — Fruit gros, ovoïde, jaune, pointillé de carmin. Bon fruit mûrissant en septembre.

Reine-Claude Violette. — Excellente Prune violette, globuleuse, à chair jaune verdâtre, sucrée, parfumée. Mûrit vers le milieu de septembre. Arbre très vigoureux et fertile.

Quetsche d'Allemagne. — Fruit ovoïde, moyen, rouge violacé, pruiné, à chair peu juteuse, jaune verdâtre, de saveur douce. Cultivé surtout pour la préparation de tartes, et pour faire des pruneaux. Très recherché en Alsace-Lorraine. Mûrit en septembre. Arbre vigoureux, très fertile.

Vigne. — La Vigne prospère dans tous les sols, même dans les plus arides ; les terrains imperméables et marécageux lui sont seuls défavorables. Ses produits sont d'autant meilleurs qu'elle reçoit une somme de chaleur plus considérable. Sous le climat de Paris, le Raisin cultivé en plein air arrive rarement à parfaite maturité ; ce n'est qu'en espalier et aux expositions les plus chaudes, au levant et au midi que l'on obtient de belles et excellentes récoltes.

On multiplie la Vigne de marcottes ou de boutures prises sur des sujets vigoureux et fertiles ; dans les régions envahies par le Phylloxéra, on plante surtout des cépages greffés sur Vignes américaines, qui résistent mieux aux attaques du terrible puceron.

La plantation se fait à la fin de février ou au commencement de mars en *rabattant* les jeunes plantes sur deux yeux.

La taille est absolument nécessaire pour la Vigne, qui sans cela produirait bientôt un grand nombre de sarments s'enchevêtrant les uns dans les autres, et ne donnant qu'un très petit nombre de grappes mal développées.

Formes. — Cultivée en espalier, cette plante est surtout soumise à deux formes ; le *cordon horizontal* et le *cordon vertical.*

Le cordon horizontal permet d'équilibrer aisément les diverses parties du cep. Les branches charpentières doivent être de même longueur, elles ne doivent porter de coursonnes que sur leur partie supérieure : celles-ci espacées de 25 centimètres les unes des autres. Dans les sols légers, et lorsque la Vigne est de vigueur moyenne, on donne une longueur de 1^m,50 à chacun des bras du cep ; dans les terrains fertiles, cette longueur peut être plus grande ; enfin, on peut la porter à 2 mètres et même à 2^m,50, lorsqu'il s'agit de variétés vigoureuses.

Il ne faut jamais établir plusieurs cordons superposés sur le même cep, mais, pour garnir complètement la surface des murs, on fait alterner des pieds plantés à environ 75 centimètres de distance les uns des autres, lesquels portent

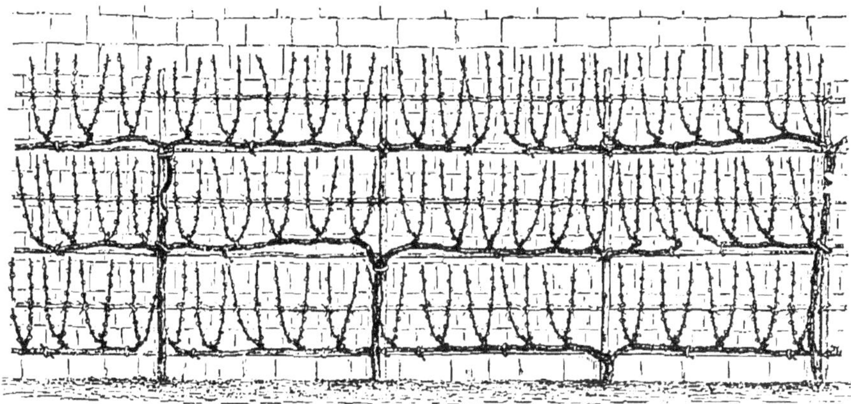

Fig. 202. — Mur garni de Vignes en cordons horizontaux alternes.

deux bras plus ou moins élevés sur tige, de manière que le mur soit garni dans toute sa hauteur (treilles à la Thomery) ; un écartement de 50 centimètres devra être réservé entre les bras des différents ceps pour permettre le palissage des coursonnes (fig. 202).

Le cordon vertical, très facile à obtenir, est généralement préféré à la forme précédente. On plante les ceps à 70 centimètres de distance les uns des autres, en les taillant sur deux yeux ; des deux pousses qui se développent, on ne conserve que la plus vigoureuse, qui, l'année suivante, est taillée à 30 ou 35 centimètres du sol sur trois yeux bien constitués : l'un au sommet et en avant du sarment devra continuer la tige, les deux autres, latéraux, formeront les premières coursonnes (rameaux à fruits) ; l'année suivante, le prolongement de la tige sera encore taillé sur trois yeux, ce qui donnera deux nouvelles coursonnes et un bourgeon de prolongement, et ainsi de suite jusqu'à ce qu'on ait atteint le sommet du mur.

Pour garnir les murs très élevés, on plante les ceps à

40 centimètres de distance les uns des autres, en faisant alterner des pieds ne dépassant pas la moitié de la hauteur du mur et garnis de coursonnes depuis la base jusqu'au sommet avec d'autres dénudés à la base et seulement munis de coursonnes pour garnir la partie supérieure du mur (fig. 203). On peut ainsi utiliser les murs et murailles de toutes sortes de constructions, que trop souvent on a le grand tort de laisser sans emploi.

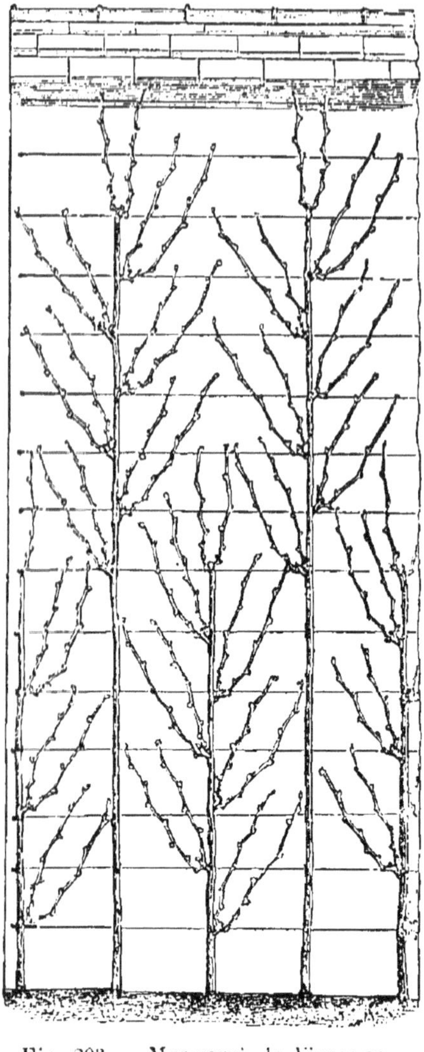

Taille. — La taille se fait de février au 10 mars.

La Vigne ne fructifie que sur les pousses naissant sur le bois de l'année précédente.

Les pousses qui se développent accidentellement sur le vieux bois ne donnent jamais de fruit.

Pour obtenir les coursonnes, on taille sur deux yeux de la base les rameaux simples situés sur les branches de charpente : on obtient ainsi des pousses placées deux par deux.

Au moment de la taille,

Fig. 203. — Mur garni de Vignes en cordons verticaux alternes.

les coursonnes se composent de deux rameaux, l'un qui a fructifié et qui doit être supprimé entièrement, le second que l'on taille sur deux yeux de la base : l'œil le plus rapproché de la branche de charpente donnera le rameau de remplacement pour l'année suivante, la pousse à fruit devant être fournie par l'œil le plus éloigné.

S'il se développait plusieurs pousses, au lieu de deux, on conserverait les deux mieux constituées et l'on supprimerait complètement les autres au mois de mai.

Les pousses conservées doivent être palissées lorsqu'elles ont atteint une longueur d'environ 30 centimètres, en ayant soin de ne pas les serrer trop avec les ligatures, afin qu'elles puissent grossir sans être étranglées.

Lorsque les deux pousses conservées sur la coursonne n'ont de grappes ni l'une ni l'autre, on supprime la plus éloignée de la branche de charpente, afin que la sève ne soit pas employée inutilement.

Lorsque, dans les années fertiles, les deux pousses portent des grappes, on ne conserve que celle de la base qui fructifie et qui donne le remplacement. On ne doit pas laisser plus de une ou deux grappes sur chaque coursonne.

Les pousses vigoureuses doivent être pincées lorsqu'elles atteignent une longueur de 40 à 50 centimètres, afin de favoriser le développement des pousses faibles. On pince également l'extrémité des pousses qui portent fruit, dans le but d'obtenir des grappes plus belles. La suppression des vrilles est aussi une bonne opération.

On remplace les coursonnes épuisées en les rabattant audessus d'une pousse adventive née au talon sur la branche de charpente.

En supprimant à l'aide de ciseaux des grains sur les grappes trop compactes, on permet à ceux qui restent d'acquérir un complet développement et d'arriver à parfaite maturité, l'air et la lumière circulant plus facilement autour d'eux. Cette opération doit être pratiquée lorsque le raisin a la grosseur d'un grain de chènevis.

L'incision annulaire a pour but d'augmenter le volume du raisin et de hâter sa maturité : elle consiste à enlever un anneau d'écorce d'environ 5 millimètres de largeur, sur une pousse, avant, pendant ou après la floraison. C'est à 2 ou

3 centimètres AU-DESSOUS de la grappe la plus inférieure qu'il faut pratiquer cette opération (fig. 204).

L'*épamprement* ou *effeuillaison* consiste dans la suppression des feuilles qui masquent les grappes et empêchent le soleil d'en venir dorer les grains, Il ne doit pas se faire en une seule fois, il faut même n'enlever que successivement les feuilles, en les coupant de manière à laisser les pétioles ou queues sur les tiges.

CONSERVATION. — On peut conserver le Raisin sur la Vigne en mettant les grappes dans des sacs de crin ou de papier afin de les soustraire aux attaques des insectes (voir Ensachage, p. 326).

Pour la conservation du Raisin au fruitier, voir p. 328.

VARIÉTÉS RECOMMANDABLES.

Madeleine noire. — Mûrit en août. Grappe moyenne, assez compacte ; grain noir, bon. Cultiver à très bonne exposition afin d'en hâter la maturité.

Fig. 204. — Vigne : *a*, incision annulaire.

Madeleine royale. — Mûrit fin août. Grappe moyenne, assez compacte; grain moyen, blanc nacré très bon ; cépage vigoureux, très fertile.

Muscat de Saumur. — Le plus hâtif des Raisins muscats (août). Grappe moyenne. Grains globuleux, jaune verdâtre, à peau épaisse, à chair blanchâtre, musquée. Très fertile.

Chasselas de Fontainebleau. — Mûrit au commencement de septembre. Grappe grosse ; grain assez gros, blanc nacré, ambré au soleil, superbe, de saveur délicieuse. Le meilleur des Raisins de table. Cépage vigoureux et très fertile.

Chasselas rose. — Mûrit en septembre. Grappe assez grosse ; grain assez gros, rose vif, très bon.

Chasselas Vibert. — Grappe moyenne. Grain sphérique, ambré, à peau fine. Chair sucrée, parfumée, d'excellente qualité. Maturité hâtive. Cep vigoureux, fertile.

Boudalès. — Grosse grappe. Grain ovale, gros, violet noirâtre, très bon. Mûrit en septembre.

Frankenthal. — Mûrit en octobre. Grappe énorme ; grain très gros, un peu ovoïde, noir bleuâtre, très bon. Cépage très vigoureux et fertile mais sensible aux maladies cryptogamiques. Les pieds doivent être plus espacés que ceux des variétés précédentes.

CHAPITRE X

LE FRAISIER

Le Fraisier prospère surtout dans les sols meubles et frais, ni trop secs, ni trop humides et à bonne exposition. On le multiplie, soit par séparation des coulants enracinés, soit par division des touffes ou par graines lorsqu'il s'agit de variétés sans *filets*.

Les coulants doivent être pris sur de jeunes plantes, en portant son choix sur ceux qui se développent les premiers ; les coulants qui naissent sur de vieilles souches ne donnent que des produits médiocres.

La plantation se fait de préférence en septembre-octobre, sinon en février-mars, en lignes et en ménageant un espacement de 35 à 40 centimètres entre les plants ; dans les sols fertiles, et pour les variétés vigoureuses, il est préférable de planter à une distance de 50 et même de 60 centimètres.

Les soins à donner pendant la végétation consistent en la suppression des coulants qui se développent constamment ; en binages et en arrosements pendant la période de grossissement des fraises, surtout dans les sécheresses prolongées. Au moment de la floraison, on couvre le sol d'un bon paillis qui a le double avantage de maintenir la terre en bon état de fraîcheur et de garantir les Fraises de son contact salissant.

Il est indispensable de renouveler les plantations de Fraisiers tous les trois ans : au bout de ce temps, la production se trouve considérablement diminuée. Il est par conséquent prudent de préparer de nouvelles plantations tous les deux ans, afin d'en avoir toujours en plein rapport. Plantées au nord, certaines variétés peuvent prolonger la saison des Fraises en donnant tardivement leurs produits.

BONNES VARIÉTÉS. — PETITES FRAISES : *Fraise des quatre-saisons rouge améliorée.* — Excellente variété de la petite Fraise des bois, très fertile, remontante. Fraise allongée, parfumée.

F. des quatre-saisons blanche.

F. des quatre-saisons sans filets (Fraise de Gaillon) ROUGE et BLANCHE.

Ces deux variétés sont très propres à former des bordures.

Parmi les GROSSES FRAISES HATIVES :

Marguerite. — Grosse Fraise conique et bossuée, rouge rosé vernissé ; chair sucrée, peu parfumée. Variété rustique, l'une des plus fertiles. Très hâtive (fin mai et 1re quinzaine de juin).

Vicomtesse Héricart de Thury. — Fraise de bonne grosseur, de forme allongée, renflée, de couleur rouge, à chair colorée, juteuse, sucrée, parfumée. Variété excellente, très rustique, très fertile et hâtive (fin mai et première quinzaine de juin).

Victoria. — Fraise de grosseur moyenne, arrondie, rose orangé ; chair fondante sucrée. Plante robuste, très fertile.

Parmi les GROSSES FRAISES DE DEMI-SAISON ET TARDIVES : *Docteur Morère.* — Grosse et excellente Fraise, arrondie, rouge carminé ; chair rose, sucrée, parfumée. Variété vigoureuse, très fertile (15 juin à la fin de juillet).

Général Chanzy. — Fruit énorme, aplati en éventail, rouge vineux, à chair sucrée-acidulée, mûrissant dans la seconde quinzaine de juin. En ne laissant qu'un fruit par bouquets de fleurs, on peut obtenir des Fraises d'une grosseur remarquable.

Jubilé. — Fruit moyen, rose, à chair blanche, juteuse, sucrée-acidulée. Excellente variété tardive (juin et juillet). Plante peu délicate et fertile.

La France. — Gros fruit rose, à chair blanche, sucrée-acidulée, mûrit en juin-juillet. Vigoureux et fertile.

Jucunda. — Fraise moyenne, rouge vermillon, en forme de cœur ; à chair assez juteuse, douce, un peu acidulée. Vigoureuse et très fertile (Fin juin ou 15 juillet).

Louis Gauthier. — Gros fruit blanc rose, à chair blanche, sucrée-acidulée, mûrit du 15 juin à fin juillet. Plante rustique, fertile.

Sir Joseph Paxton. — Gros fruit rouge vif, de très bonne qualité, murissant en juin-juillet.

Fraisiers remontants a gros fruits. — Jusque dans ces dernières années, certaines variétés de Fraisiers à petits fruits connues sous le nom de *Fraisiers des quatre-saisons*, possédaient seules la faculté d'être remontantes, c'est-à-dire de donner plusieurs récoltes la même année.

Grâce aux patientes recherches des horticulteurs spécialistes, les jardins se sont enrichis de Fraisiers à gros fruits aussi productifs que les Fraisiers des quatre-saisons. De ce nombre sont :

Saint-Joseph. — Fruit moyen, rouge.

Saint-Antoine de Padoue. — Variété très remontante. Fruit très gros, rouge, parfumé.

Jeanne d'Arc. — Fruit moyen, rouge, parfumé.

La Constante féconde. — Variété très remontante et très fertile. Fruit gros, bon.

La Perle. — Très remontante, fertile, précoce. Fruit gros, rose, de bonne qualité.

La culture de ces variétés est la même que celle des Fraisiers à gros fruits ordinaires ; seulement, pour obtenir une fructification plus abondante à l'arrière-saison, il est préférable de supprimer les premières tiges florales qui naissent.

On atteint ainsi des récoltes qui se succèdent durant tout l'automne.

CHAPITRE XI

LES LÉGUMES, CULTURE, CHOIX DE BONNES VARIÉTÉS

Ail. — Il prospère surtout dans les sols sains et légers. On plante les gousses en février-mars, en lignes, en les espaçant d'environ 15 centimètres. Pendant la végétation, les plantes n'exigent d'autres soins que des sarclages, des binages et des arrosages en cas de sécheresse. Lorsque la tige a pris son entier développement, on noue en boucle l'extrémité des feuilles pour favoriser le développement des bulbes. La récolte se fait en juillet-août, lorsque les feuilles se dessèchent. Les bulbes sont laissés quelques jours sur le sol, afin qu'ils achèvent d'y mûrir, puis on les met on bottes que l'on suspend dans un endroit sec et aéré, de manière à les conserver pour les besoins de la cuisine et pour la plantation de l'année suivante.

Appétit. — Voy. CIBOULETTE.

Artichaut. — En hiver, il faut couvrir l'Artichaut de feuilles sèches ou de litière pour le garantir contre les froids. En avril, on détache les rejets ou œilletons qui naissent autour des vieilles touffes, lesquels servent à la multiplication ; ils doivent alors être munis d'un talon sur lequel naîtront les racines. La culture doit en être faite en terre profonde, meuble, bien fumée, plutôt humide que sèche, mais saine ; les pieds sont plantés en lignes, à 1 mètre environ de distance les uns des autres.

Après la récolte des Artichauts, on coupe au ras du sol les tiges qui ont fructifié, puis, vers la fin de novembre, après avoir enlevé avec soin les feuilles les plus longues, on butte les pieds en ramenant autour d'eux une certaine quantité de terre, mais en laissant libre le cœur de la plante que l'on couvre de feuilles sèches. A la fin de l'hiver, ces couvertures sont enlevées ; on supprime les feuilles pourries et on procède à l'œilletonnage.

Une plantation d'Artichauts est épuisée au bout de quatre ans.

Variété. — La plus appréciée aux environs de Paris est l'*A. gros vert de Laon*.

Asperge. — Plante vivace indigène dont le rhizome souterrain porte le nom de *griffe*. Les jeunes pousses ou *turions* constituent la partie recherchée ; il faut les récolter avant qu'elles se soient développées hors du sol.

Cette plante peut être cultivée dans tous les terrains ; seules les terres humides et compactes lui sont défavorables ; elle prospère surtout dans les sols meubles et légers, riches en engrais. On la multiplie de graines récoltées sur des pieds de choix, semées en mars en pépinière, qui donnent des griffes bonnes à planter au printemps suivant.

Lorsqu'on veut faire une plantation d'Asperges, on prépare avec soin le terrain sur lequel on désire l'établir, par un labour et une bonne fumure faite avant l'hiver ; en avril-mai, on divise ce terrain en planches larges de 1^m,30 que l'on creuse d'environ 10 centimètres et dans lesquelles on répand du fumier bien consommé. On trace alors trois lignes longitudinales et parallèles : l'une au centre de chaque planche, les deux autres à 40 centimètres de distance de celle-ci. La plantation s'effectue en disposant les griffes en quinconce, à une distance de 60 centimètres les unes des autres, en plaçant chaque griffe sur une petite butte de terre haute de 5 centimètres, et en disposant soigneusement les racines dans leur direction normale. On recouvre ensuite le plant avec du terreau jusqu'à ce que les planches soient rétablies à leur hauteur primitive, ce qui fait que le collet des griffes se trouve enterré de 5 centimètres. A l'automne, on coupe à 25 centimètres du sol les tiges qui se sont développées, puis on répand autour d'elles des engrais bien consommés en binant la terre qui recouvre les griffes. En mars, on bine de nouveau pour mêler le terreau à la terre.

Ces soins doivent se répéter pendant les trois premières années.

La quatrième année, on butte les Asperges au commencement ou à la fin de l'hiver, en recouvrant les planches de 30 centimètres de terre. La récolte commence vers le mois d'avril et l'on peut couper les Asperges au fur et à mesure qu'elles se montrent, mais cesser la cueillette à la fin de juin pour ne pas épuiser le plant. En juillet, on décharge les planches de la terre qui a servi à butter, puis, avant l'hiver, on donne une nouvelle fumure qui sera d'autant plus active que l'engrais se trouvera ainsi placé à une petite distance des griffes. A partir de cette époque, les soins à donner consistent à sarcler et à biner, à enlever les tiges sèches à l'automne et à fumer tous les deux ou trois ans au commencement ou à la fin de l'hiver, puis à butter avant le développement des turions. Une plantation bien soignée peut durer de dix à douze ans.

On peut facilement se procurer du plant d'Asperge dans le commerce.

VARIÉTÉS RECOMMANDABLES. — *A. d'Argenteuil hâtive* et *A. d'Argenteuil tardive.*

Bette, voy. POIRÉE.

Betterave. — Les *B. rouge grosse* et *Crapaudine* sont les plus cultivées pour être cuites et mangées en salade. Semer du 15 avril en mai en terre bien ameublie et fumée, éclaircir le plant dès qu'il a cinq ou six feuilles, de manière que les pieds conservés soient espacés d'environ 35 centimètres. Sarcler, biner, arroser pendant la végétation. La récolte a lieu en novembre. Les racines sont enterrées dans du sable, dans une serre à légumes ou dans une cave bien saine où elles peuvent se conserver jusqu'en mai. Planter en mars quelques belles racines pour récolter la semence. La graine germe encore au bout de cinq ans de conservation.

Cardon. — Plante vivace de 1 mètre à 1^m,50 de hauteur, cultivée comme annuelle. La partie comestible est la côte des feuilles qui constitue un excellent légume.

On multiplie le Cardon par graines que l'on sème en avril

sur couche, ou en mai, en place, en sol fertile. Un espacement de 1 mètre doit être ménagé entre les plantes. Pendant les premiers mois qui suivent le semis, on peut utiliser le terrain par des cultures intercalaires de Laitue, Romaine, Épinard, Radis, etc.

Des arrosages copieux sont nécessaires pendant l'été.

En octobre, les plantes atteignent 1 mètre environ de hauteur ; on les lie, on les butte et on enveloppe de paille ou de paillassons les plantes qui, privées de lumière, s'étiolent et peuvent ensuite être utilisées en cuisine. A l'entrée de l'hiver, les Cardons sont arrachés et mis en jauge dans la serre à légumes ou à la cave pour être utilisés à mesure des besoins, pendant toute la mauvaise saison et jusqu'au 15 avril. Mais on peut, dès le 15 septembre, commencer à lier quelques touffes et obtenir ainsi le légume bon à consommer avant l'hiver. Les Cardons *de Tours* et *plein inerme* sont les plus estimés. On récolte les graines sur des plantes porte-graines, cultivées à part. Le Cardon étant vivace peut donner ainsi des graines pendant plus de 10 ans. Il suffit de couvrir les touffes avec des feuilles sèches, à l'entrée de l'hiver pour les abriter contre la gelée.

Carotte. — Elle exige un sol profond et léger, dans lequel elle puisse enfoncer facilement ses racines qui, sans cela, se ramifieraient. On prépare à l'automne le terrain que l'on destine à cette culture en le labourant profondément et en le fumant. Les semis se font successivement de mars en juin et la récolte a lieu, selon les cas, de juillet jusqu'en novembre.

On sème en rayons. Les premiers semis se font sur côtières en portant son choix sur les variétés à racine courte. Un éclaircissage est ensuite pratiqué pour que les plantes puissent se développer aisément, après quoi, on récolte au fur et à mesure les plus grosses racines, afin de faciliter la croissance de celles qui restent.

Avant l'hiver, on arrache les Carottes destinées à former la provision pour la mauvaise saison, puis on les enterre dans du sable, soit à la cave, soit dans une serre à légumes, en ayant soin de supprimer les feuilles au niveau du collet.

Quelques racines munies de feuilles sont conservées à part pour être plantées en pleine terre en mars comme porte-graines. La graine se conserve pendant quatre ans.

Variétés recommandables. — *C. rouge courte hâtive*, pour semis de printemps; *C. rouge demi-longue obtuse*; *C. demi-longue pointue*, pour saison moyenne; *C. demi-longue Nantaise*, *demi-longue de Carentan*, excellentes variétés pour semis d'été; *C. rouge longue*, variété à grand rendement et tardive.

Céleri. — Pour récolter en juillet-août, semer en mars, sur couche et sous châssis; planter à demeure en avril-mai, en espaçant les pieds d'environ 20 centimètres, puis sarcler, biner et arroser lorsque cela est nécessaire. Le Céleri exige beaucoup d'eau et beaucoup d'engrais. Cette culture de première saison doit porter sur des variétés dites à feuilles dorées, telles que le Céleri *Chemin*, qui blanchissent naturellement sans soins spéciaux.

On sème le Céleri de seconde saison au commencement de mai, à une exposition abritée, en portant son choix sur deux sortes de variétés : 1° les Céleris *blancs* que l'on consomme en automne après les avoir fait blanchir; 2° les *C. verts* et *violets* qui donnent la provision d'hiver.

On repique le plant en ménageant un intervalle de 30 centimètres entre les pieds. Lorsque les plantes ont acquis leur complet développement, on les lie de manière à bien recouvrir les feuilles intérieures par les feuilles extérieures, puis on les enveloppe de paille pour les abriter de la lumière. Au bout d'une vingtaine de jours, le Céleri est blanchi et bon à consommer.

Les Céleris d'hiver doivent être arrachés avant les premières gelées, puis plantés en silos en les enterrant jusqu'à la moitié de leur hauteur. On ne doit les enterrer complètement que lorsque de grands froids sont à redouter. Le tout doit être couvert de paillassons qu'on enlève lorsque la température se relève et par les temps secs, de manière à éviter la pourriture.

On peut ainsi conserver ce légume jusqu'à la fin de l'hiver.

Laisser en place quelques beaux pieds destinés à la production de la graine dont la récolte aura lieu à l'automne suivant.

Variétés recommandables. — *C. doré Chemin ; C. plein blanc ; C. plein blanc court à grosse côte.*

Céleri rave. — Comme le Céleri ordinaire, cette plante exige une terre profonde, bien labourée, fortement fumée et de copieux arrosements pendant sa végétation. On le sème en mars, en pépinière, puis on le repique en mai, en espaçant les pieds d'environ 40 centimètres. La récolte des tubercules a lieu en septembre, octobre et novembre. On enterre dans le sable d'une serre à légumes, dans une cave ou dans le cellier, les racines que l'on désire conserver pour l'hiver.

Variété recommandable. — *C. rave de Paris.*

Cerfeuil. — Peut être semé pendant presque toute l'année, de mars en septembre, en terre bien fumée et fraîche, et en place. Semer à l'exposition du nord et à l'ombre pendant l'été. La récolte commence un mois après le semis. Les plantes obtenues de semis exécutés du 15 août au 15 septembre permettent de récolter des feuilles pendant tout l'hiver jusqu'au 15 mai ; à cette époque, elles montent à graines.

Variétés. — *C. commun ; C. frisé.*

Chicon. — Voy. Laitue romaine.

Chicorée sauvage. — C'est par l'étiolement des racines de certaines variétés de cette plante qu'on obtient la *Barbe de Capucin* et la *Barbe de Capucin pommée (Witloof)* ; cette dernière vendue à Paris sous le nom impropre d'*Endive* qui s'applique à la Chicorée frisée et à la Scarole.

La Chicorée sauvage, cultivée dans le jardin comme salade, doit être semée en bordures ou en planches. On sème à la volée et très dru. On récolte au fur et à mesure des besoins en coupant les feuilles un peu au-dessus du sol. Il faut faire de nouveaux semis tous les ans. Il existe des variétés de Ch. sauvage à feuilles panachées.

Une race nommée *Ch. sauvage améliorée* est remarquable par ses feuilles amples, rappelant en petit celles de la Scarole. On la cultive comme la Ch. sauvage ordinaire, mais le semis doit être fait très clair pour permettre aux plantes de prendre tout leur développement. Il en existe une variété à feuilles panachées.

Chicorée frisée (*Endive*). — Semer en avril-mai, sur couche, ou bien en juin-juillet, à l'air libre, en pleine terre, à mi-ombre, en terre meuble et bien terreautée ; lorsque le plant a cinq ou six feuilles, repiquer en planches en espaçant les pieds d'environ 30 centimètres, couvrir le sol d'un bon paillis, puis arroser copieusement pendant les grandes chaleurs.

Quand les plantes ont atteint tout leur développement, on relève les feuillles extérieures et on les lie afin de faire blanchir le cœur.

A la fin de l'automne, les Chicorées liées sont couvertes de paillassons, pour être abritées contre le froid. On peut en conserver jusqu'en janvier, en les enterrant à demi dans le sable d'une serre à légumes ou dans une cave bien saine.

La graine de Chicorée conserve sa faculté germinative pendant plusieurs années ; on la récolte sur des pieds replantés au printemps et choisis comme étant les plus beaux.

Variétés recommandables. — *Ch. frisée fine de Rouen ; Ch. frisée de Ruffec ; Ch. frisée de Meaux ; Ch. frisée fine de Louviers.*

Chicorée-Scarole. — Culture semblable à celle de la Chicorée frisée. La Scarole est une plante potagère précieuse pour consommer comme salade ou comme légume cuit. Elle se conserve plus facilement que la Chicorée frisée et il est possible d'en avoir pendant tout l'hiver.

Variété recommandable. — *Scarole ronde* ou *verte.*

Chou. — Ils prospèrent surtout dans les terres substantielles, fraîches et bien fumées. Ils exigent des arrosements copieux pendant l'été. Jeunes, ils sont sujets à être dévorés par l'Altise ou puce de terre ; plus développés, ils sont très recherchés par les chenilles de certains papillons. Il est indispensable de détruire autant que possible ces insectes (voir 5ᵉ partie, Animaux nuisibles).

Les *Choux de première saison* ou de printemps doivent être semés à la fin du mois d'août, en pépinière et en planche bien terreautée ; dans les terres légères et chaudes, on peut planter à demeure au mois d'octobre, le long d'un mur au midi ou en planche bien exposée, en espaçant les pieds d'environ 40 centimètres ; dans les terres humides et fraîches, il est préférable de repiquer le plant à 15 centimètres de distance pour ne planter définitivement qu'en février-mars. Lorsque l'hiver est rigoureux, il est bon de couvrir les plantations avec des feuilles sèches ou de la paille. Les variétés qui conviennent le mieux pour cette saison sont : *Ch. d'York petit hâtif, Joanet* (ou *Nantais*), *Ch. Cœur de Bœuf*.

Les *Choux d'été et d'automne* se sèment en mars-avril, en pépinière ; un mois après, le plant est bon à être mis en place, en espaçant les pieds de 50 à 75 centimètres selon le volume que peuvent acquérir les variétés que l'on cultive. Les soins à donner ensuite consistent en sarclages, en binages et en arrosements, lorsque cela est nécessaire. La récolte a lieu de juillet jusqu'à l'automne. Les *Ch. de Saint-Denis, Cœur de Bœuf gros, de Poméranie, de Milan ordinaire* sont très recommandables pour cette saison.

Les *Choux d'hiver* doivent être semés en mai-juin et repiqués en place lorsque le plant est suffisamment développé. Les *Ch. de Vaugirard, Milan des Vertus* et *à grosse côte* sont ceux qui résistent le mieux à nos hivers. Avant la mauvaise saison, il est bon cependant d'arracher les pieds bien pommés et de les mettre en jauge, très rapprochés les uns des autres, la pomme tournée du côté du nord afin de les soustraire aux rayons du soleil. Les Choux peuvent être alors facilement abrités avec des paillassons ou des feuilles sèches pendant les grands froids ; mais il est nécessaire de les découvrir par les temps doux. On peut les conserver ainsi jusqu'en mai.

La graine de Chou conserve sa faculté germinative pendant plusieurs années ; on la récolte sur des pieds de choix auxquels on supprime la pomme. Les trognons, mis en jauge pour passer l'hiver, sont plantés au printemps et fructifient en juillet-août.

Chou de Bruxelles. — Semer d'avril à fin mai, en pépinière ; au bout d'un mois, repiquer en place à 50 centimètres en tous sens. Selon l'époque du semis, la récolte aura lieu à l'automne ou en hiver. Le Chou de Bruxelles résiste bien à la gelée : la variété *Ch. de B. ordinaire* est très recommandable.

Chou-fleur. — Il prospère surtout dans les régions où l'atmosphère est humide et la température moyenne un peu plus élevée que celle des environs de Paris La Bretagne en produit une quantité considérable et approvisionne en partie le marché de la capitale pendant l'hiver.

Dans notre région, on n'obtient le Chou-fleur qu'à la condition de le cultiver dans un sol frais, riche en engrais et maintenu constamment humide par des arrosements abondants lorsque l'inflorescence est formée.

RACES ET VARIÉTÉS. — On divise les Ch.-fleurs en trois races : les *tendres*, les *demi-durs* et les *durs*.

Les variétés qui appartiennent à la première catégorie conviennent tout particulièrement à la culture sous châssis, dont nous n'avons pas à parler ici ; les Ch.-fleurs *demi-durs* sont propres surtout aux cultures d'été ; enfin, les *durs* sont préférés pour la troisième saison, dont les produits servent à la consommation d'hiver.

Choux-fleurs d'été. — Semer de fin avril au 15 mai, sur vieille couche ou en terrain meuble, bien terreauté, à bonne exposition ; repiquer en place dans la première quinzaine de juin sur l'emplacement d'Oignon blanc, Carottes hâtives ou salades déjà récoltés. Ne choisir que du plant bien développé et rejeter celui dont le cœur est mal formé ; laisser environ 75 centimètres d'intervalle entre les pieds et enterrer les plantes jusqu'au collet. Une fois la plantation terminée, il est nécessaire de couvrir le sol d'un bon paillis qui le maintiendra frais.

Le *Chou-fleur Lenormand* et sa variété *à pied court* sont les plus recommandables pour cette saison.

La récolte a lieu en août-septembre.

Lorsque les pommes commencent à se montrer, il est nécessaire de les abriter de la lumière à l'aide des feuilles extérieures les plus propres que l'on rabat sur elles : on obtient ainsi des pommes plus blanches et plus développées.

Choux-fleurs d'automne. — Semer dans la première quinzaine de juin, à l'ombre, dans un sol bien terreauté et maintenu constamment frais à l'aide de bassinages répétés. Le semis doit être clair.

Repiquer en place en juillet. Selon qu'on aura semé des variétés *demi-dures* ou *dures*, la récolte aura lieu en septembre-octobre ou en novembre-décembre. Les Choux-fleurs récoltés à cette dernière époque peuvent être conservés pour l'hiver, suspendus la tête en bas, dans la serre à légumes, dans un cellier ou dans un sous-sol à l'abri de la gelée et de l'humidité.

La variété qui convient le mieux pour cette saison est le *Chou-fleur dur de Hollande.*

Chou-rave. — Semer de mars en juin, en pépinière ; repiquer en place en laissant un intervalle de 40 centimètres entre les pieds. Récolter environ deux mois après.

Variétés. — *Ch.-rave blanc hâtif de Venise* et *violet hâtif de Vienne.*

Chou-navet et **Rutabaga.** — Contrairement au Chou-rave, dont la partie comestible est la tige renflée à une certaine hauteur au-dessus du sol, ces deux plantes donnent leur tubérosité en terre. Leur culture est d'ailleurs analogue à celle du Ch.-rave. Arracher à l'entrée de l'hiver et conserver en cave pour la consommation *Ch.-navet blanc* et le *Rutabaga à collet rouge.*

Ciboule commune. — Semer en place, en rayons, en terre meuble, de février-mars en avril-mai ; sarcler, éclaircir et arroser, si cela est nécessaire. On peut commencer à récolter trois mois après le semis. Au commencement de l'hiver,

on met en jauge un certain nombre de pieds qu'on abrite
contre les grands froids, en les couvrant de feuilles sèches
ou de litière.

La graine de Ciboule se récolte sur des pieds de deux
ans ; elle conserve sa faculté germinative pendant trois ans.

Ciboulette, *Civette, Appétit, Cive*. — Beaucoup plus
petite que la précédente, mais employée aux mêmes usages.
La Ciboulette est une plante bulbeuse vivace que l'on cultive surtout en bordures, lesquelles doivent être replantées
tous les deux ou trois ans. On multiplie cette plante par
division des touffes, en mars-avril.

Cive, Civette. — Voy. Ciboulette.

Concombre a cornichons. — Semer en place en mai, le
long d'un mur bien ensoleillé, en terre bien meuble et fortement fumée. Les pieds doivent être espacés d'environ 1
mètre. Couvrir les jeunes plantes de cloches jusqu'au moment où la température est assez chaude pour qu'on puisse
les abandonner à elles-mêmes. On les pince pour les faire
ramifier et on les arrose quand cela est nécessaire. En ra-
mant les tiges, on obtient des fruits plus régulièrement
verts, plus fermes et de conservation plus facile. La
récolte des jeunes fruits se fait au fur et à mesure de leur
développement, d'août en septembre.

Cornichon. — Voy. Concombre.

Courge. — La *C. sucrière du Brésil* et *blanche non cou-
reuse ;* les *Potirons rouge vif d'Étampes, jaune gros
*(énorme) *turban* (Giraumon ou Bonnet turc) sont les variétés les plus répandues. On doit les semer dans la première
quinzaine de mai, en place, sur poquets (trous remplis de
fumier recouvert de 20 centimètres de terreau) placés à une
distance de 3 mètres les uns des autres. On met habituellement trois pieds par poquet. Ces plantes exigent d'être plantées à bonne exposition et il est indispensable de les arroser
fréquemment et copieusement. Pour obtenir des fruits bien
développés, on taille chaque pied de manière à ne laisser
subsister sur la tige principale que deux branches latérales
qui porteront un ou plusieurs fruits selon les variétés, et

d'autant moins qu'ils sont capables d'acquérir un plus grand volume.

Cresson alénois. — Petite plante annuelle qui prospère dans tous les sols ; elle germe rapidement, mais monte vite à graines pendant l'été. Il est par conséquent nécessaire d'en faire fréquemment des semis durant cette saison, et de préférence à l'ombre. On peut commencer à semer en pleine terre dès les premiers jours de mai.

Les *C. alénois frisé, à larges feuilles* et *doré* sont également recommandables.

Fig. 205. — Crosne.

Crosne (fig. 205). — Légume d'autant plus précieux qu'il constitue une bonne ressource pour l'hiver.

Nous ne donnerons ni la description de la plante ni son

histoire, qui ne sauraient trouver place ici. C'est de la Chine septentrionale que le Dr Bretschneider a envoyé en France les premiers tubercules (1) que nous avons cultivés à Crosne et qui nous ont servi à propager la plante en Europe.

Le Crosne (*Stachys affinis* Bunge) est une plante vivace d'environ 30 centimètres de hauteur, en touffes de la souche desquelles naissent de nombreux rhizomes tubéreux, noueux, d'un blanc nacré, qui constituent la partie comestible.

Cette plante est très rustique et d'une culture extrêmement facile dans toutes les terres meubles, fraîches et bien fumées.

On plante en mars, en mettant deux ou trois tubercules dans de petits trous disposés en lignes, de manière à laisser un espacement de 30 centimètres entre les touffes. Les soins à donner pendant la végétation consistent en sarclages et en binages chaque fois que cela est nécessaire.

La récolte ne doit se faire qu'à partir du 15 novembre : avant cette époque, les tubercules sont incomplètement formés ; on peut la prolonger jusqu'en février-mars, en arrachant le légume au fur et à mesure des besoins, car on ne peut le conserver que quelques jours lorsqu'il est hors de terre. Le plus simple est de tout récolter en novembre et d'enterrer les tubercules dans la serre à légumes ou dans un endroit à l'abri du froid et de l'humidité, la récolte dans le jardin étant impossible lorsque la terre est gelée.

Il n'est pas nécessaire de gratter ni d'éplucher le Crosne pour le faire cuire : un simple lavage suffit. On le plonge pendant sept ou huit minutes dans de l'eau bouillante un peu salée, et on peut ensuite le préparer comme les flageolets avec beurre et persil ; on peut aussi le faire sauter, le mettre en salade, etc. ; c'est un légume d'un aspect agréable, très tendre, d'une saveur douce, fine, assez analogue à celle du fond d'Artichaut.

Doucette. — Voy. MACHE.

(1) Paillieux et Bois, *Potager d'un curieux*, 1re édit., p. 88 ; 3 éd., p. 145.

Echalote. — On cultive surtout l'*E. ordinaire* à bulbes piriformes, qui est d'une très bonne conservation, et l'*E. de Jersey* à bulbes arrondis. Même culture que l'Ail.

Endive. — Voy. Chicorée frisée et Chicorée Scarole.

Epinard. — On peut semer les Epinards depuis le mois de mars jusqu'au 10 septembre, en place, dans une terre meuble, fraîche et bien fumée, et en lignes distantes de 15 centimètres. Il faut arroser fréquemment et semer à l'ombre pendant l'été, les plantes montant très vite à graines pendant cette saison. En cueillant avec soin les feuilles sans endommager le cœur des plantes, provenant des semis exécutés du 15 août au 10 septembre, on peut en obtenir plusieurs récoltes pendant l'hiver et au printemps, jusqu'au 15 mai.

Parmi les variétés les plus recommandables, nous citerons l'*E. d'Angleterre lent à monter*, pour les cultures d'été ; l'*E. de Hollande* (*E. rond*), très cultivé ; l'*E. de Viroflay*. La meilleure graine est celle que l'on récolte sur les pieds semés à l'automne et qui fructifient l'été suivant.

Escarole. — Voy. Chicorée Scarole.

Estragon. — Plante vivace, de culture facile, se multipliant par division des touffes au printemps. Bien que l'Estragon ne soit pas très délicat, il est prudent de couper ses tiges avant l'hiver et de couvrir les souches de quelques centimètres de terreau.

Fève. — On sème les Fèves de fin avril au commencement de mai, en place, en terrain frais et bien fumé, en bordures ou en lignes distantes de 30 centimètres, en mettant trois ou quatre graines dans des trous espacés d'environ 30 centimètres. Généralement, on pince l'extrémité des tiges lorsque les plantes sont en pleine floraison ; quelques binages sont favorables à leur développement.

Les Fèves sont meilleures lorsqu'on les cueille à l'état jeune. En coupant les tiges au moment de la récolte, on peut obtenir une seconde production sur les nouvelles ramifications qui se développent.

L'une des meilleures variétés est la *Fève des marais grosse ordinaire*.

Haricot. — Les Haricots prospèrent surtout dans les sols meubles et frais et préfèrent les engrais consommés ; ils sont très sensibles au froid.

Les Haricots destinés à être cueillis en vert c'est-à-dire à l'état de « filets » ou « d'aiguilles » (jeunes gousses) se sèment depuis la première quinzaine de mai jusqu'au mois d'août, en lignes, en mettant cinq ou six graines dans de petits trous espacés de 40 à 80 centimètres, selon que la variété adoptée est naine ou grimpante. La récolte des jeunes gousses a lieu au fur et à mesure de leur développement ; elle commence deux mois et demi à trois mois après le semis.

On doit sarcler, biner et arroser lorsque cela est nécessaire, et mettre en temps opportun des rames dans les planches où sont cultivées des variétés grimpantes.

Les variétés cultivées pour leur grain exigent les mêmes soins que les précédentes, mais on doit cesser d'en semer au 15 juin.

Variétés recommandables. — H. mange-tout, a rames : *H. Princesse* ; *H. d'Alger* ou *H. beurre noir* ; *H. beurre blanc.*

H. mange-tout nains : *H. d'Alger noir nain* ; *beurre nain du Mont-d'Or, nain blanc unique.*

Dans ces variétés, on mange les cosses avec le grain très développé.

H. a écosser. — Ces variétés conviennent surtout à la grande culture pour la production des Haricots secs ; il ne saurait en être question dans ce livre.

H. a cueillir en filets. — *H. flageolet blanc*, variété très recommandable, dont les jeunes pousses ou aiguilles sont excellentes et dont le grain consommé à l'état frais est également très bon ; le *H. flageolet à grain vert* est particulièrement estimé. Le *H. noir de Belgique*, le *H. de Bagnolet* ou *H. Suisse gris* et le *H. nain parisien* sont spécialement cultivés pour la production des filets. Ces diverses variétés sont naines.

Les Haricots conservent leur faculté germinative pendant trois ans.

Laitues. — Elles aiment les terres profondes, meubles, bien fumées, et de copieux arrosements pendant l'été. On sème à la volée et l'on repique le plant lorsqu'il a cinq ou six feuilles. On classe ordinairement les Laitues en trois groupes : Les *L. de printemps, d'été* et *d'hiver.*

LAITUES DE PRINTEMPS. — On doit les semer en mars, en sol bien terreauté, sous cloche, au pied d'un mur exposé au midi. On repique en place environ un mois après, en espaçant les pieds de 25 à 30 centimètres.

VARIÉTÉS RECOMMANDABLES. — *L. Gotte lente à monter, L. à bord rouge.*

LAITUES D'ÉTÉ. — Semer de mars en juillet, repiquer en pépinière et mettre en place lorsque le plant a cinq ou six feuilles. Arroser copieusement par les temps secs et couvrir le sol de paillis afin qu'il se maintienne frais.

VARIÉTÉS RECOMMANDABLES. — *L. blonde d'été* ou *Royale,* très bonne; *L. grosse blonde paresseuse ; L. Impériale ; L. Palatine ; L. chou de Naples.*

LAITUES D'HIVER. — Semer du 15 août au 15 septembre. Repiquer en place à la fin d'octobre, en terre saine et à bonne exposition, de préférence le long d'un mur bien ensoleillé. Pendant les grands froids, recouvrir les plantations avec des paillassons ou simplement avec de la paille qu'on enlève lorsque le temps est doux.

VARIÉTÉS RECOMMANDABLES. — *L. Passion, L. rouge d'hiver, L. brune d'hiver, L. grosse blonde d'hiver.*

Laitue romaine, CHICON. — La culture est semblable à celle de la Laitue ordinaire.

BONNES VARIÉTÉS POUR CHAQUE SAISON. — ROMAINES DE PRINTEMPS : *R. blonde maraîchère, R. verte maraîchère.*

R. D'ÉTÉ : *R. Ballon* ou *de Bougival.*

R. D'HIVER : *Verte d'hiver, Rouge d'hiver.*

On a l'habitude de lier les Romaines afin de les faire blanchir intérieurement.

On récolte les graines sur des pieds semés de très bonne

heure au printemps. Elles conservent leur faculté germinative pendant trois ans.

Pour le traitement de la maladie désignée sous le nom de *Meunier des Laitues*, voir l'article « Blanc », 5e partie (Les maladies des plantes).

Mâche ou **Doucette**. — Elle croît sans soins dans tous les sols et à toutes les expositions. Cette salade, que l'on peut récolter depuis l'automne jusqu'en mars, permet d'utiliser pendant la mauvaise saison toutes les parties du jardin qui sans cela resteraient improductives.

Les meilleures sortes sont la *Mâche ronde* et la *M. d'Italie*. Semer à la volée et assez clair, du 15 août au 15 septembre, en ayant soin de ne pas enterrer trop les graines.

On conserve quelques pieds pour la production de la semence qui mûrit au mois de juin. La graine conserve sa faculté germinative pendant environ quatre ans.

Melon. — La culture du Melon *Cantaloup*, sous le climat de Paris, n'est possible qu'à l'aide de couches et de châssis.

Il n'en est pas de même des *M. brodés*, parmi lesquels le *M. Ananas d'Amérique* et le *M. vert à rames* ou *M. vert grimpant* méritent surtout d'être recommandés comme étant d'excellente qualité. On en sème les graines dans les premiers jours de mars, sur couche et sous châssis. Le jeune plant est planté dans les premiers jours de juin sur poquets remplis de fumier recouvert de terreau, le long d'un mur ou d'un treillage à bonne exposition, et on l'abrite avec des cloches jusqu'au moment où la température devient tout à fait chaude. On fixe les tiges à mesure qu'elles se développent, au treillage ou sur le mur. Les fruits, de faible volume, mais produits en grand nombre, ont la chair verte, fondante, sucrée. Le *Cantaloup obus* ou *Melon kroumir* se prête également à la culture en pleine terre. Le fruit en est excellent.

Navet. — On sème les Navets en juillet-août en place, en rayons et assez clair. Les soins à donner pendant la végétation consistent à arroser lorsque cela est nécessaire, à sarcler et à éclaircir pour laisser un espace suffisant entre les pieds. On sème également en mars avril certaines variétés qui permettent d'attendre la récolte principale qui est celle de l'arrière-saison.

Les semis de Navets sont souvent détruits par l'*Altise* ou *Puce de terre* : on est quelquefois obligé de les recommencer (voir 5ᵉ partie, Animaux nuisibles).

Variétés recommandables.— *N. long des vertus Marteau*, à racine blanche, longue d'environ 15 centimètres, cylindrique, renflée à la base ; excellente variété pouvant être récoltée deux mois et demi après le semis, cultivable en toute saison. — *N. de Freneuse*, le meilleur des Navets à chair sèche ; racine fusiforme, grisâtre ; chair blanche, ferme, sucrée ; cette variété ne réussit bien que dans les terres légères. — *N. blanc plat hâtif*, de printemps. — *N. rouge plat hâtif*, de printemps. — *N. jaune de Montmagny*, d'été.

Parmi les racines destinées à la provision d'hiver, on choisit les plus belles, qu'on conserve en place ou en jauge pour la production des graines qui mûrissent en juin et dont la faculté germinative dure environ cinq ans.

Oignon. — Il prospère surtout dans les terres légères, fumées avec des engrais très consommés, et surtout dans celles où le fumier a été mis l'année précédente. Semer à la volée, du 15 février au 15 mars, sarcler et éclaircir de manière à laisser aux bulbes l'espace nécessaire pour leur développement. La récolte a lieu, selon les variétés, depuis la fin de l'été jusqu'en automne. On arrache les bulbes et on les laisse se ressuyer pendant quelques jours sur le terrain avant de les rentrer.

Variétés recommandables. — *O. blanc hâtif de Paris*, très précoce et de bonne qualité. On le consomme généralement avant qu'il ait acquis son complet développement. On doit le semer dans la première quinzaine d'août, pour le récolter successivement (en éclaircissant le semis) depuis le moment où les bulbes commencent à se former jusqu'à leur complet développement qui a lieu en avril-mai. Pendant les grand froids, il est nécessaire de le couvrir de feuilles sèches ou de paillassons. — *O. jaune de Danvers*, précoce, très recommandable, de bonne conservation. — *O. jaune paille des Vertus*, excellente variété très répandue, très productive, se conservant bien. — *O. rouge pâle de Niort*. — *O. rouge foncé*.

Les plus beaux Oignons doivent être mis à part pour la production des graines. On les plante en février-mars et la récolte a lieu à la fin de l'été.

Oseille. — Prospère dans tous les sols. Elle préfère les terres profondes, légères, ni trop sèches, ni trop humides. Multiplication par division des touffes, au printemps, ou de semis faits à cette même époque, en planches ou en bordures. Éclaircir le plant et arroser si cela est nécessaire. On peut commencer à récolter deux mois après le semis. Il est nécessaire de renouveler les plantations tous les deux ou trois ans. Les variétés les plus recommandables sont l'*O. de Belleville* et l'*O. Vierge*. Cette dernière est particulièrement propre à former des bordures ; les feuilles en sont grandes, peu acides ; elle est lente à monter à graines.

Panais. — Semer à la volée, en février-mars, et éclaircir après la germination. Plante très rustique, ne craignant nullement le froid,

Le *P. rond* est certainement la meilleure variété à recommander pour les jardins.

Persil. — Semer depuis mars jusqu'en juillet, en bordures et en terre bien meuble. Les graines germent ordinairement au bout d'un mois et l'on peut commencer la récolte trois mois après le semis. Semer à l'automne, le long d'un mur exposé au midi, pour avoir des feuilles au printemps ; pour n'en pas manquer pendant l'hiver, abriter les plantations avec des feuilles sèches ou des paillassons.

Variétés principales. — *P. ordinaire* et *P. frisé*.

La graine conserve sa faculté germinative pendant deux ou trois ans.

Pimprenelle. — On en fait des bordures en semant en

place, au printemps. Plante très rustique, prospérant sans soins.

Pissenlit amélioré. — Plante précieuse pour la consommation d'automne et d'hiver. Semer en mars-avril ; repiquer en mai-juin, en lignes, de manière à ménager un intervalle de 40 centimètres entre les touffes. Sarcler, biner, arroser ; avant l'hiver, couvrir les plates-bandes de terre pour déterminer l'étiolement des feuilles, et récolter successivement.

Poireau. — Le Poireau prospère surtout dans les sols bien meubles, fumés d'avance ou dans lesquels on a mélangé des engrais bien consommés. On le sème habituellement en pépinière, en mars ou en mai, pour récolter à l'entrée de l'hiver. On repique le plant lorsqu'il a acquis la grosseur d'un tuyau de plume, en laissant un intervalle de 15 à 20 centimètres entre les pieds, en choisissant de préférence un temps frais et couvert pour faire cette opération. Pendant l'été, sarcler et arroser lorsque cela est nécessaire.

Il convient de planter les jeunes plants de Poireau au fond de trous d'environ un décimètre de profondeur, qui se comblent peu à peu par la terre que l'eau de pluie et d'arrosage entraîne ; on obtient ainsi une partie blanche plus développée.

Les Poireaux repiqués en mars sont bons à récolter en septembre-octobre ; ceux qui sont semés en mai et repiqués en août sont complètement développés pour l'hiver.

Mettre en jauge avant l'hiver quelques beaux pieds bien choisis qu'on plantera au printemps pour la production des graines.

Variétés recommandées. — *Poireau monstrueux de Carentan ; P. très gros de Rouen ; P. long d'hiver.*

Poirée (Bette). — Le limbe de la feuille peut être consommé comme l'Epinard ; la côte a les mêmes emplois que le Cardon. Culture de la Betterave.

Variété recommandée. — *P. blonde de Lyon.*

Pois. — Les Pois réussissent surtout dans les sols meubles et sains. Une fumure trop abondante les fait pousser vigoureusement au détriment de la production des gousses.

On sème les Pois précoces en novembre et décembre, le long d'un mur exposé au midi, puis en février-mars. Les variétés de seconde saison peuvent être semées successivement de mars en juillet.

Les semis de Pois nains et demi-nains se font en mettant cinq ou six graines dans des trous placés à 35 ou 40 centimètres de distance les uns des autres. Les graines ne doivent pas être enterrées à plus de 5 centimètres de profondeur. Pour les variétés grimpantes, l'espace à ménager entre les touffes est de 50 centimètres.

Les soins pendant la végétation consistent en un binage lorsque les plantes ont atteint environ 25 centimètres de hauteur et en arrosements pendant les grandes sécheresses ; il est aussi nécessaire de ramer les variétés grimpantes. On pince habituellement les tiges des Pois Michaux et autres variétés de taille moyenne, au-dessus du troisième ou du quatrième bouquet de fleurs, afin de donner plus de force aux plantes et d'activer le développement des gousses. Pour les petits jardins on cultivera de préférence les variétés demi-naines, dont la production est la plus prolongée.

En récoltant les Pois, on ménage quelques-uns des plus beaux qu'on laisse se développer complètement pour la production de la semence. On arrache les plantes avec leurs gousses et on les met en bottes pour que les graines achèvent de mûrir ; les Pois conservent leur faculté germinative pendant plusieurs années.

Bonnes variétés. — Pois a écosser a rames : *Pois Prince Albert.* — Le plus précoce de tous, mais un peu délicat et résistant mal lorsque l'hiver est rigoureux. Convient surtout aux premiers semis de printemps.

P. Michaux de Hollande. — Peut se passer de rames lorsqu'il a été pincé. Semer en février-mars. Récolte quatre mois après le semis ; grains arrondis, d'un vert jaunâtre. Variété précoce, productive, rustique.

Pois Michaux ordinaire ou *Sainte Catherine.* — Variété très rustique, convenant bien aux semis de novembre-décembre.

P. d'Auvergne. — Excellente variété remarquable par la qualité de son grain et la durée de sa production. Semer en février-mars. Un peu moins précoce que le Michaux de Hollande.

Pois de Clamart. — Variété tardive propre aux derniers semis qu'on peut faire jusqu'en juillet. Le P. de Clamart est très productif; gousse très pleine, à grains serrés, devenant carrés par la compression, de bonne qualité.

Pois ridé de Knight. — Excellent, très productif. Gros grain, très ridé, sucré. Tardif.

Pois a écosser nains : *Pois nain hâtif.* — Variété demi-naine, précoce, de bonne qualité. Semer en mars-avril.

Pois nain ordinaire. — Nain, productif. Semer en mars-avril.

Pois merveille d'Amérique. — Variété très naine, d'environ 25 centimètres de hauteur; grain ridé, vert. Très précoce et très productif.

Pois ridé très nain, à bordures. — De même taille que le précédent, un peu plus tardif, mais à production plus prolongée.

Pois mange-tout, a rames : *P. Corne de Bélier.* — Excellente variété grimpante, très productive, très vigoureuse. Les cosses, de grandes dimensions, sont tendres et charnues; elles se consomment, comme les Haricots mange-tout, avant qu'elles aient atteint leur complet développement. Semer de mars en mai.

Pour combattre la maladie connue sous le nom de Blanc, voir *5e partie*, Maladies des plantes.

Pomme de terre. — La plantation des Pommes de terre se fait généralement dans le courant du mois d'avril, en choisissant de préférence des tubercules de volume moyen qu'on enterre dans des trous espacés d'environ 50 centimètres et à une profondeur plus ou moins grande suivant que le terrain est sec ou humide, mais de manière que la couche de terre qui les recouvre ne dépasse pas 10 à 15 centimètres d'épaisseur. Lorsque les tiges ont atteint environ 20 centimètres de hauteur, on les butte en ramenant la terre autour des touffes. Les soins à donner pendant la végétation consistent en binages.

Les tubercules destinés à la reproduction doivent être mis à part, en choisissant les plus parfaits comme forme.

On peut planter certaines variétés de Pommes de terre hâtives dès le 15 avril, en les plaçant à bonne exposition, de préférence le long d'un mur ensoleillé. Il est prudent de couvrir les plantations avec de la paille ou du paillis, lorsqu'il survient des gelées.

La récolte des jeunes tubercules (P. de t. nouvelles) a lieu en juin, pour la consommation immédiate.

En faisant développer les germes des Pommes de terre avant de les planter, on avance la récolte d'environ quinze jours. Pour cela, dès la fin du mois d'octobre, on dispose

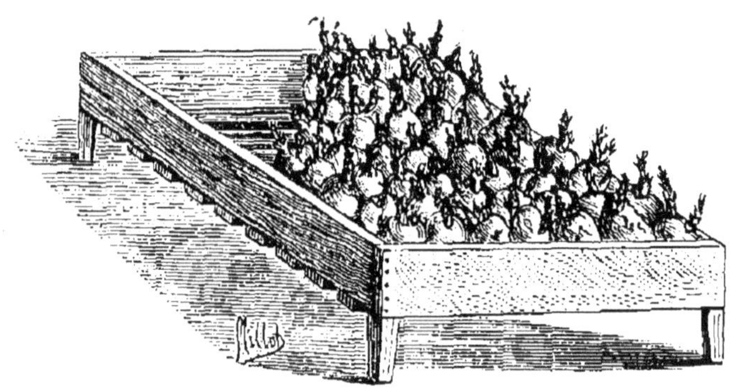

Fig. 206. — Pommes de terre germées.

les tubercules sur des claies ou dans de petites bourriches (fig. 206), qu'on place dans une pièce inhabitée ou dans un endroit sain à l'abri du froid.

Les Pommes de terre que l'on désire conserver pour la consommation pendant l'hiver doivent être récoltées lorsqu'elles ont atteint leur complet développement, par un temps sec, et mises dans un cellier ou une cave, secs, où la gelée ne se fait pas sentir.

Les tubercules qui ont été exposés à la lumière deviennent verdâtres et sont impropres à la consommation ; on a cité des cas d'empoisonnement dus à l'absorption de tubercules verdis, qui contiennent de la *solanine*, alcaloïde dangereux.

Pour les maladies de la Pomme de terre, voy. le chapitre spécial : *Maladies des plantes*.

Bonnes variétés. — *Belle de Fontenay ou Hénaut.* — Tubercule oblong, jaune, lisse. Variété très hâtive, des plus recommandables pour la culture potagère.

Marjolin. — Jaune, allongée. Variété très répandue, très hâtive surtout étant plantée germée. Plantée en avril, on peut la récolter en juin.

Marjolin Tétard. — Moins hâtive que la précédente, mais plus productive et de toute première qualité. L'une des variétés les plus recommandables. Mûrit à la fin de juillet.

Pousse debout. — Tubercule allongé, presque cylindrique, rouge pâle. Productive, de bonne qualité, se gardant bien. Se récolte en septembre.

Quarantaine violette. — Violette, longue ; productive, demi-tardive. Très bonne variété, se conserve très bien jusqu'en mai-juin.

Quarantaine de la Halle. — Productive. Tubercule jaune, oblong, lisse, d'excellente qualité et se conservant bien. Récolter en août.

Royale ou Anglaise hâtive. — Jaune, demi-longue, lisse. A peu près aussi hâtive que la Marjolin, plus productive. Qualité excellente.

Saucisse. — Rouge, grosse, oblongue, chair très farineuse, tardive. L'une de celles qui se conservent le plus longtemps pendant l'hiver.

Schaw ou Chave. — Tubercule excellent, rond, jaune, farineux. Variété très productive. Planter en avril. Récolter en août.

Victor. — A cultiver comme variété très hâtive, devançant même la Pomme de terre Marjolin. Tubercule jaune, oblong, aplati.

Potiron. — Voy. Courge.

Pourpier. — Semer à la volée, de mai en août, en recouvrant à peine la graine. Il en existe plusieurs variétés : le *P. vert*, le *P. doré*, le *P doré à larges feuilles*.

Radis. — On sème les petits Radis de mars en août, à la volée, en terre meuble et bien fumée ; pendant les chaleurs, semer de préférence à mi-ombre et arroser abondamment. On peut, de juin en août, semer les Radis d'hiver qu'on récolte à la fin de novembre et que l'on conserve à la cave ou dans la serre à légumes.

Pendant la végétation, les soins à donner consistent à sarcler et à éclaircir pour que les racines puissent se développer librement. Les petits Radis sont bons à récolter environ quatre à cinq semaines après le semis.

Variétés recommandables. — Radis d'été : *R. rond rose, R. rond rose à bout blanc, R. rond blanc, R. demi-long rose, R. demi-long écarlate, R. demi-long blanc.*

Radis d'hiver : *R. rose d'hiver de Chine, R. noir long d'hiver.*

Les graines de Radis conservent leur faculté germinative pendant quatre ou cinq ans. On les récolte sur des racines mises en jauge pour l'hiver et replantées au printemps.

Les germinations de Radis sont souvent détruites par l'Altise (voir 5ᵉ partie, Maladies des plantes, animaux nuisibles).

Romaine. – Voy. Laitue Romaine.

Rutabaga. — Voy. Chou-Navet.

Salsifis blanc. — Semer en rayons écartés de 30 centimètres, de mars en mai, en terre meuble, profondément labourée et fumée avec des engrais bien consommés ; arroser en cas de sécheresse afin de favoriser la germination des graines, puis éclaircir si le plant est trop serré (les plants doivent être à 10 cent. les uns des autres, sur les lignes). La récolte a lieu depuis le mois d'octobre jusqu'à la fin de l'hiver. On rentre à la cave ou dans la serre à légumes la provision pour l'hiver. Laisser quelques pieds en place pour la production de la semence, qui ne conserve sa faculté germinative que pendant un an.

Salsifis noir. — Voy. Scorsonère.

Sarriette. — Semer en mai, en terre légère et à bonne exposition. La récolte se fait en pinçant l'extrémité des tiges qui se ramifient et produisent successivement de nouvelles pousses.

Scarole. — Voy. Chicorée Scarole.

Scorsonère ou Salsifis noir. — Même culture que pour le Salsifis.

Tétragone ou Epinard de la Nouvelle-Zélande. — Plante cultivée comme succédané de l'Epinard et qui a l'avantage de donner d'abondantes récoltes pendant les chaleurs de l'été, alors que les Epinards montent à graine. Semer en mai, sur vieille couche ou en pleine terre.

Tomate. — Elle n'est cultivable sous le climat de Paris qu'à la condition d'en faire germer les graines sur couche et sous châssis, en mars-avril, et de conserver le plant à l'abri du froid jusqu'à la fin du mois de mai, époque à laquelle on peut le planter en plein air.

Environ un mois après la germination des graines, on repique juste le nombre de pieds dont on a besoin, afin de ne pas occuper inutilement la place sous le châssis. On plante en pleine terre à la fin de mai, le long d'un mur bien exposé, en espaçant les pieds d'environ 70 centimètres et en leur donnant une abondante fumure. La Tomate exige des arrosements copieux et fréquents pendant les chaleurs de l'été. Habituellement on ne laisse à chaque plante qu'une seule tige que l'on maintient à l'aide d'un tuteur et sur laquelle on supprime successivement la plupart des pousses pour ne lui laisser porter que quatre ou cinq bouquets de fleurs.

La variété de Tomate la plus fréquemment cultivée est la *T. rouge grosse hâtive.*

La graine de Tomate conserve sa faculté germinative pendant quatre ans.

Pour la destruction de la maladie des Tomates, voir 5e partie, Maladies des plantes, article *Maladie des Pommes de terre.*

Topinambour. — Plante vivace à tiges de 2 à 3 mètres de hauteur, produisant des tubercules irréguliers qui, après cuisson, deviennent mous et dont la saveur, un peu sucrée, rappelle vaguement celle du fond d'Artichaut. On cultive parfois le T. à titre de curiosité. On doit planter les tubercules en mars-avril à une distance de 70 centimètres les uns des autres. La récolte se fait à mesure des besoins, car les tubercules gèlent lorsqu'ils sont exposés à l'air et au froid.

On cultive encore dans les jardins potagers un certain nombre de plantes aromatiques telles que la Menthe, la Mélisse, la Sauge, le Thym, la Lavande, etc., dont il est question dans une autre partie de ce livre ; le LAURIER SAUCE, qu'on rencontre partout, ne réussit bien sous notre climat qu'à la condition d'être placé dans un endroit bien abrité, et de le couvrir de paille ou de paillassons pendant les hivers rigoureux.

CHAPITRE XII

L'ALTERNANCE DES CULTURES DANS LE POTAGER

Il ne doit jamais y avoir d'espace vide dans le jardin potager, pendant la belle saison ; dès qu'une plante a donné sa récolte, une autre doit immédiatement prendre sa place. Nous avons dit ailleurs qu'il est nécessaire d'établir dans le jardin des successions de cultures ou assolements, et combien les maraîchers des environs de Paris savent tirer parti du terrain qu'ils cultivent ; le propriétaire qui ne dispose que d'un petit jardin a également de bonnes raisons pour chercher à lui faire rendre des récoltes aussi abondantes que possible.

Voici un petit tableau indiquant l'ordre dans lequel peuvent se succéder certaines cultures :

D. Bois. — *Le Petit jardin*, 3ᵉ édition.   22.

1re saison.	—	Choux printaniers.	1re saison.	—	Laitue ou Romaine.
2e	—	Céleri.	2e	—	Choux pommés.
1re	—	Carotte hâtive.	1re	—	Oignon blanc.
2e	—	Chou-fleur.	2e	—	Chicorée frisée ou Scarole.
1re	—	Chou-fleur.			
2e	—	Epinard.	1re	—	Pommes de terre hâtives.
1re	—	Fèves.	2e	—	Choux d'hiver ou Pois Michaux.
2e	—	Navets.			
1re	—	Radis.	1re	—	Pois nains.
2e	—	Poireaux.	2e	—	Chou-rave ou Chou-navet, etc.
1re	—	Haricots nains.			
2	—	Mâches.			

On peut aussi utiliser l'espace libre dans les nouvelles
plantations jusqu'au moment où les plantes acquièrent leur
volume normal. C'est ainsi qu'on peut semer des Radis,
planter des Laitues et des Choux entre les Pommes de terre ;
planter des Laitues et des Chicorées frisées, semer des Radis
et des Epinards entre les Choux ; planter des Choux dans
les Artichauts, etc.

QUATRIÈME PARTIE

LES TRAVAUX A EFFECTUER CHAQUE MOIS DANS LE PETIT JARDIN

Janvier. — Jardin d'agrément. — Lorsque le temps est beau, enlever les paillassons qui couvrent les châssis afin que les plantes qu'ils abritent reçoivent la lumière et ne s'étiolent pas en restant plongées dans l'obscurité pendant toute la mauvaise saison. Donner un peu d'air lorsque cela est possible et enlever les parties gâtées des plantes qui engendreraient la pourriture. Donner les mêmes soins aux plantes abritées dans les remises, sous-sols, pièces inhabitées, caves. Ne pas oublier de remettre les paillassons sur les châssis avant le coucher du soleil.

Labourer lorsque le temps permet de le faire, planter les bordures de Buis. Arracher les arbrisseaux morts. Planter les arbrisseaux à feuilles caduques.

Couvrir de litière les plantations de Jacinthes, mais surtout ne pas employer de fumier, qui ferait pourrir les bulbes.

Commencer à tailler les arbrisseaux dont la floraison a lieu pendant l'été : *Hibiscus syriacus*, *Ceanothus*, etc..

Jardin fruitier. — Gratter les écorces des arbres et les brosser avec de l'eau pour détruire les parasites, puis les badigeonner avec de la bouillie bordelaise nicotinée (voir p. 325). Dépalisser les branches fruitières des espaliers. Étendre du fumier au pied des arbres sans l'enterrer.

Si le temps n'est pas très froid, tailler les Poiriers et les Pommiers. Surveiller le fruitier, enlever avec soin les fruits qui se gâtent pour qu'ils ne contaminent pas les autres.

Jardin potager. — Recharger les Asperges avec la terre enlevée en novembre, au moment de la fumure.

Découvrir les Artichauts pendant les heures les plus

douces de la journée pour qu'ils ne pourrissent pas sous les couvertures ; les recouvrir chaque jour avant le coucher du soleil.

Surveiller les légumes abrités pour la consommation d'hiver.

Février. — JARDIN D'AGRÉMENT. — Mêmes travaux que dans le mois précédent.

Tailler les arbrisseaux, sauf ceux qui fleurissent sur le bois de l'année précédente, comme les Lilas (Voy. *Syringa*), *Forsythia*, Pêcher à fleurs doubles (Voy. *Persica*), *Deutzia*, *Weigela* (Voy. *Diervilla*), Aubépines (Voy. *Cratægus*), Groseilliers d'ornement (Voy. *Ribes*), etc., qu'il ne faut tailler qu'après la floraison.

Vers la fin du mois, semer : Coquelicots (*Papaver*), Pavots, Pieds-d'alouettes annuels (*Delphinium*).

Planter les bordures de Buis.

JARDIN FRUITIER. — Effectuer les plantations lorsque le temps le permet.

Continuer la taille des Poiriers et des Pommiers ; commencer celle des Pruniers, Cerisiers, Groseilliers. Framboisiers, Vignes. Après la taille. procéder aux labours.

Surveiller le fruitier.

JARDIN POTAGER. — Planter les Fraisiers si l'on n'a pas pu le faire à l'automne.

Dès que le temps s'adoucit, planter des Choux et des Romaines. Semer des Epinards entre les premiers et des Radis entre les secondes.

Dans les terres légères et sur côtières, le long des murs exposés au midi, commencer à semer des Pois hâtifs. Semer également : Carottes courtes et demi-longues, Cerfeuil, Ciboule, Chicorée sauvage, Choux, Laitue, Oignon, Panais, Persil, Poireaux, Romaine, Radis, Salsifis, Scorsonère.

Mars. — JARDIN D'AGRÉMENT. — Terminer les labours qui restent à faire et enterrer les engrais répandus sur le sol les mois précédents.

Par les temps froids et les hâles, abriter les semis et les jeunes plantes avec du paillis ou des cloches.

Echeniller.

Donner de l'air aux plantes sous les châssis chaque fois que le temps le permet. Ratisser, sabler les allées, nettoyer les gazons.

Combler les vides dans les corbeilles de Pensées, Myosotis, Silènes, Giroflées jaunes, et autres plantes mises en place à l'automne. Tasser le sol au pied de celles qui seraient déchaussées.

Diviser et replanter les plantes vivaces. Semer les gazons.

Semer Pied-d'alouette (*Delphinium*), Giroflée de Mahon (*Hesperis*), Pavots annuels, etc.

Semer sur couche : Agératum, Chrysanthème à carène, Cobéa, Giroflée Quarantaine, Lobélia, Pétunia, Phlox de Drummond, Ricin, Tabac, Verveines hybrides, Zinnia, etc.

Tailler les Rosiers hybrides remontants ; pour les variétés délicates : Thés, Bengales, Noisettes, Bourbons, attendre que les temps froids soient passés pour les découvrir et les tailler à leur tour.

En cas de besoin, abriter les Anémones, Jacinthes, Renoncules, Tulipes.

Jardin fruitier. — Terminer la taille des arbres à fruits à pépin, continuer celle des arbres à fruit à noyau et de la Vigne.

Faire les plantations que le mauvais temps aurait empêché de faire plus tôt, en ayant soin de couvrir le sol d'un bon paillis.

Abriter les Pêchers et les Abricotiers avec des claies ou des toiles pour que les fleurs ne soient pas endommagées par les gelées tardives.

Jardin potager. — Semer à bonne exposition : Carottes, Ciboule, Oignon, Pois, Poireau, Radis.

Semer sur couche et sous châssis les Tomates.

Semer en plein jardin : Chicorée sauvage, Persil, Pimprenelle, Salsifis.

Arroser le matin seulement.

Planter sur côtières, à bonne exposition : Choux pommés,

Laitue, Romaine. Planter l'Ail, l'Échalote, l'Estragon, le Crosne, les Asperges. Finir de planter les Fraisiers.

Découvrir les plantations d'Artichauts et labourer.

Replanter les bordures de Thym, d'Oseille, de Civette.

Mettre en place les plantes conservées comme *porte-graines* : Betteraves, Carottes, Céleri, Navets, Oignons, Poireaux, etc.

Avril. — JARDIN D'AGRÉMENT. — Terminer les labours et l'enfouissement des engrais.

Surveiller les semis, éclaircir, arroser en cas de besoin, mais seulement le matin ; les abriter avec du paillis ou des paillassons si le temps est froid. Écheniller. Planter les arbrisseaux à feuilles persistantes.

Finir les plantations de plantes vivaces et la division des touffes.

Semer en pleine terre : Barkhausia, Belle-de-Jour (*Convolvulus*), Belle-de-Nuit (*Mirabilis*), Clarkia, Collinsia, Capucine, Coréopsis, Eschsholtzia, Giroflée de Mahon (*Hesperis*), Giroflée quarantaine (*Matthiola*), Haricot d'Espagne (*Phaseolus*), Lin à fleurs rouges, Némophiles, Nigelles, OEillet de Chine (*Dianthus*), OEillet d'Inde (*Tagetes*), Phacelia, Phlox de Drummond, Pois de Senteur (*Lathyrus*), Reine-Marguerite (*Callistephus*), Réséda, Ricin, Rose d'Inde (*Tagetes*), Salpiglossis, Scabieuse, Silènes, Schizanthus, Soucis (*Calendula*), Téraspic (*Iberis*), Volubilis (*Ipomæa*), Zinnia, et un grand nombre d'autres plantes annuelles.

Semer sur couche : Balsamines, Cobéa, Crête de Coq, (*Celosia*), Lobélia, Mimule, Pétunia, Verveines hybrides, etc.

A la fin du mois, commencer la plantation des Glaïeuls. Faire les repiquages nécessaires. Bouturer les Chrysanthèmes d'automne.

JARDIN FRUITIER. — Terminer la taille des Pêchers.

Greffer en fente : Cerisiers, Poiriers, Pommiers, Pruniers.

Abriter les Abricotiers et les Pêchers.

Ne pas labourer au pied des arbres en fleurs.

Couper et brûter les feuilles de Pêcher atteintes de la Cloque.

JARDIN POTAGER. — Pratiquer l'œilletonnage des Artichauts, combler les vides ou faire de nouvelles plantations.

Semer en pleine terre : Betterave, Carotte, Céleri, Cerfeuil, Chou de Bruxelles, Chou-fleur demi-dur, Choux pommés, Épinard, Laitue, Navet, Oignon, Panais, Persil, Pissenlit, Poireau, Poirée, Radis, Romaine, Salsifis, Scorsonère.

Planter : Ciboule, Chicorée frisée, Laitue, Oseille, Pommes de terre hâtives.

Semer sur couche les Cornichons, Courges et le Melon vert grimpant.

Donner un bons paillis aux Fraisiers.

Mai. — JARDIN D'AGRÉMENT. — Continuer à ne faire les arrosements que le matin, les nuits étant encore froides.

Continuer les semis de plantés annuelles.

Repiquer les jeunes plantes obtenues des semis précédents : Agératum, Balsamines, Coréopsis, Œillet de Chine, Œillet d'Inde, Pétunias, Reine-Marguerite, etc.

A la fin du mois, commencer les plantations de corbeilles et de massifs pour l'été, surtout dans les terres légères.

Mettre en végétation, sur vieille couche, les Dahlias et les Cannas.

Dans la première quinzaine du mois, bouturer ou *éclater* les Chrysanthèmes d'automne.

Cesser la plantation des arbrisseaux à feuilles caduques ; continuer celle des arbrisseaux à feuilles persistantes en ayant soin d'arracher les plantes avec de bonnes mottes.

Supprimer les bourgeons gourmands qui se développent sur les Rosiers.

Abriter les Pivoines en arbre, dont les boutons à fleur pourraient être détruits par les gelées tardives.

A la fin du mois, tailler les arbrisseaux qui ont déjà fleuri : Chimonanthus, Cytises, Forsythias, Groseilliers d'ornement, Lilas, Spirées.

Jardin fruitier. — Ébourgeonner ; commencer le pincement en vert ; palisser.

Détruire avec soin les Escargots et les Limaces qui dévoreraient les jeunes fruits.

Jardin potager. — Semer : Carotte, Céleri, Chicorée frisée, Ciboule, Chou-fleur demi-dur, Chou de Milan, Chou-navet, Chou-rave, Épinard, Fèves, Haricots, Laitues d'été et Romaines, Navets, Poireaux, Pois tardifs, Radis.

Repiquer le Céleri-rave.

Planter les dernières Pommes de terre, l'Estragon, et à bonne exposition les Tomates.

Le repiquage des légumes tendres, les salades par exemple, doit être fait de préférence dans la soirée.

Juin. — Jardin d'agrément. — Continuer les semis de plantes annuelles, afin d'avoir des fleurs jusqu'à la mauvaise saison.

Semer : Campanule carillon, Giroflée jaune, OEillet de poète, Rose trémière et autres plantes bisannuelles.

Dans la première quinzaine du mois, garnir les corbeilles et les massifs avec les plantes conservées pendant l'hiver ou obtenues depuis le printemps : Bégonias, Chrysanthèmes frutescents, Géraniums, Fuchsias, Lobélias, Niérembergias, Pétunias, Verveines. Après la plantation, couvrir le sol d'une bonne couche de paillis.

Planter les Cannas et les Dahlias.

Arroser et tondre les gazons.

Jardin fruitier. — Continuer les pincements et la taille en vert. Palisser le Pêcher et la Vigne.

Enlever les fruits surabondants sur les Abricotiers et les Pêchers.

Soufrer les Vignes pour les préserver de l'Oïdium.

Ramasser les fruits véreux qui tombent sous les arbres et les brûler afin de détruire les larves qu'ils renferment.

Jardin potager. — Arroser abondamment. Semer presque tous les légumes indiqués pour le mois précédent : Chicorée frisée, Choux, Chou-fleur dur, Chou-rave, Ciboule,

Haricots pour cueillir en vert, Laitues, Navets, Poireaux, Pois à écosser en vert, Romaines, Radis, Scaroles.

Semer à l'ombre : Cerfeuil, Cresson alénois, Épinards.

Planter : Betteraves, Choux-fleurs, Choux-navets, Concombres, Courges, Laitues, Melons, Romaines, Tomates.

Récolter les graines qui commencent à mûrir.

Juillet. — JARDIN D'AGRÉMENT. — Arroser abondamment. Tondre les pelouses. Récolter les graines qui mûrissent.

Les corbeilles et les massifs doivent être tous garnis. Mettre des tuteurs aux plantes qui en ont besoin.

Arracher les plantes bulbeuses à floraison printanière dont la végétation est terminée et les mettre dans un endroit sec où elles resteront jusqu'au moment de la plantation.

Continuer la mise en place des plantes annuelles semées ou repiquées en pépinière.

A la fin du mois, semer des Pensées qui fleuriront au printemps suivant.

Supprimer les fleurs fanées sur les Rosiers afin d'empêcher la fructification qui fatiguerait inutilement les plantes au détriment de la floraison automnale, en veillant à ne pas endommager les yeux situés immédiatement au-dessous du pédoncule ou *queue* de la Rose.

JARDIN FRUITIER. — Vers la fin du mois, découvrir les fruits sur les Pêchers en enlevant quelques-unes des feuilles qui les masquent, afin que le soleil puisse les colorer et achever leur maturité.

Continuer les pincements et le palissage.

Ciseler les grappes de Raisin lorsque le grain a atteint la grosseur d'un grain de Chènevis.

JARDIN POTAGER. — Donner des arrosements copieux.

Semer : Haricots pour récolter en vert, Mâche, Navets, Poireaux, Radis. Planter les derniers Céleris.

Tailler les Tomates et les maintenir à l'aide de tuteurs.

Planter en pépinière les coulants de Fraisiers destinés à être mis en place à l'automne.

Commencer à récolter l'Ail et l'Echalote.

Août. — JARDIN D'AGRÉMENT. — Mettre en place les plantes annuelles obtenues des semis des mois précédents. Mettre des tuteurs aux plantes qui en ont besoin.

Bouturer les Fuchsias, Pélargoniums, Rosiers, etc.

Marcotter les OEillets.

Diviser les touffes de Narcisses, de Lis, d'OEillets. Repiquer les Pensées.

Greffer les Rosiers en écusson à œil dormant.

Autres travaux comme le mois précédent.

JARDIN FRUITIER. — Epamprer les Vignes pour que le raisin puisse se colorer au moment de sa maturité.

Cueillir les fruits qui mûrissent, en ayant soin de ne pas endommager les branches fruitières des arbres.

Continuer les pincements et la taille en vert.

Combattre préventivement le Mildiou en projetant sur les Vignes une solution de sulfate de cuivre (Voy. le chapitre *Maladies des plantes*, p. 410).

JARDIN POTAGER. — Semer : Carottes hâtives, Choux printaniers pour la saison suivante, Epinards, Mâches, Navets, Oignon blanc pour le printemps.

Repiquer les Poireaux semés en mai.

Planter les dernières Chicorées frisées et Scaroles.

Récolter les Oignons rouges et jaunes, les Échalotes et les Pommes de terre hâtives.

Septembre. — JARDIN D'AGRÉMENT. — Dans les sols légers, planter les arbrisseaux à feuilles persistantes.

Semer du gazon dans les parties vides ou usées des pelouses.

Sevrer les marcottes d'OEillets pour pouvoir les rempoter plus tard et les abriter.

Semer : Barkhausia, Collinsia, Myosotis des Alpes, Pensée, Silène pendant, qui, plantés avant l'hiver dans les corbeilles, orneront le parterre au printemps.

Diviser les touffes d'Aubriétia, Pâquerettes, Pivoines et autres plantes à floraison printanière.

Finir de greffer les Rosiers.

Jardin fruitier. — Détruire avec soin les insectes nuisibles.

Épamprer et exposer les grappes de raisin au soleil pour qu'elles prennent une teinte dorée. Mettre les plus belles grappes dans des sacs de crin pour les soustraire aux attaques des insectes, afin de les conserver plus longtemps.

Récolter les fruits mûrs.

Jardin potager. — Semer : Cerfeuil, Choux de printemps, Cresson alénois, Épinard, Laitues d'hiver, Mâche, Oignon blanc, Panais, Poireaux, Romaine d'hiver.

Récolter l'Oignon jaune et rouge et les Pommes de terre demi-hâtives.

Planter les Fraisiers, l'Oseille.

Butter le Céleri, commencer à lier quelques Cardons.

Octobre. — Jardin d'agrément. — Commencer les labours d'hiver, surtout dans les terres fortes que cette opération a l'avantage de rendre plus meubles.

Continuer la division des plantes vivaces à floraison printanière.

Relever de pleine terre et rempoter les plantes frileuses qui doivent être abritées pendant l'hiver : Aralia, Fuchsias, Pélargoniums, Véronique frutescente, etc.

Terminer la plantation des arbrisseaux à feuilles persistantes ; commencer celle des arbrisseaux à feuilles caduques.

Continuer les semis de plantes annuelles destinées à garnir le parterre au printemps.

Mettre dans les corbeilles, à la place des Pélargoniums et autres plantes composant la garniture d'été, des Chrysanthèmes d'automne dont la floraison ne sera arrêtée que par les grands froids.

Arracher les Glaïeuls et mettre leurs bulbes dans un lieu sec pour l'hiver.

Commencer la plantation des Jacinthes, Tulipes, Safrans printaniers, Iris d'Angleterre et d'Espagne, Renoncules. Faire de petites corbeilles avec des Helléborines, Perce-

Neige, Safrans printaniers, Scilles de Sibérie, dont la floraison a lieu en février-mars.

Ramasser les feuilles mortes qui tombent et qui serviront à abriter les plantes pendant l'hiver.

JARDIN FRUITIER. — Continuer la récolte des fruits et mettre au fruitier les variétés à maturité tardive.

Faire les trous pour les plantations d'arbres.

Enlever les branches mortes, gratter et nettoyer les vieilles écorces.

JARDIN POTAGER. — Jusqu'au 20, faire sous cloche les semis de Laitues et Romaines pour le printemps, qu'on repiquera sur ados et à bonne exposition.

Repiquer les Choux d'York et Cœur de bœuf, en pépinière, à 15 centimètres de distance les uns des autres.

Repiquer l'Oignon blanc. Achever de butter le Céleri pour le faire blanchir. Butter les Artichauts et les fumer.

Novembre. — JARDIN D'AGRÉMENT. — Planter les arbrisseaux à feuilles caduques dans les terres légères ; ne faire cette opération qu'au printemps dans les sols compacts et humides.

Abriter avec de la litière ou des feuilles mortes les plantes délicates : Gynérium, etc.

Commencer l'élagage et la taille des arbres et arbrisseaux en laissant de côté ceux qui ne doivent être taillés qu'après la floraison. Entourer de fumier, de feuilles ou de terre les châssis dans lesquels on a abrité des plantes.

Finir la plantation des Jacinthes, Tulipes, Anémones, Iris bulbeux, Renoncules, Safrans printaniers.

Planter les corbeilles et les massifs avec les Myosotis, Silènes, Pensées, Pâquerettes, Primevères, Saxifrages de Sibérie, Aubriétia, Corbeille d'or, Arabette des Alpes, etc., qui fleurissent au printemps ; couvrir les plantations de feuilles sèches ou de paillis pour éviter le déchaussement.

Arracher les Cannas et les Dahlias pour abriter les tubercules.

Nettoyer les pelouses ; les terreauter.

Continuer les labours d'hiver.

Jardin fruitier. — Faire les plantations dans les terres légères ; attendre le printemps pour faire cette opération dans les terres fortes. Avoir soin de renouveler la terre lorsqu'on veut faire une plantation sur l'emplacement d'un arbre mort.

Abriter les Figuiers en les enveloppant de paille ou en couchant les branches pour les couvrir de terre.

Commencer la taille des Poiriers et des Pommiers.

Jardin potager. — Repiquer les Laitues et Romaines semées le mois précédent.

Vers la fin du mois, semer à bonne exposition des Pois Michaux dits de Sainte-Catherine.

Planter des Choux d'York et Cœur de Bœuf sur côtières et à bonne exposition.

Lier les Chicorées frisées et les Scaroles ; les couvrir de litière ou de feuilles sèches pour les garantir du froid. Couvrir de même le Céleri.

Arracher le Céleri-rave et le mettre en jauge ou dans la serre à légumes.

Couper les Choux-fleurs pour les conserver dans la serre à légumes.

Rentrer également comme provisions d'hiver : Carottes, Betteraves, Navets, Radis rose d'hiver de Chine, Radis noir.

Débutter et déchausser les Asperges ; les couvrir de fumier.

Décembre. — Jardin d'agrément. — Continuer les labours d'hiver dans les terres compactes. Transporter le fumier sur l'emplacement où il doit être employé ; l'étendre sur le sol.

Finir les plantations d'arbrisseaux à feuilles caduques, dans les terres légères.

Élaguer et tailler lorsqu'il ne gèle pas.

Lorsque cela est possible, aérer les plantes sous châssis ou abritées dans les remises.

Abriter les Rosiers délicats : Bengales, Thés, Noisettes, soit en les buttant avec de la terre, soit en les couvrant de litière ou de feuilles sèches.

Jardin fruitier. — Surveiller avec soin le fruitier et jeter les fruits gâtés qui contamineraient les autres.

Lorsque le temps le permet, continuer la taille des Poiriers et des Pommiers.

Jardin potager. — Terminer les plantations de Choux d'York, Cœur de bœuf et Pain de sucre.

Couvrir de litière les planches de Cerfeuil, Persil, Oseille, Epinards, Mâche, et donner de l'air chaque fois que le temps n'est pas trop rigoureux.

Surveiller les légumes mis à la cave ou dans la serre à légumes. Veiller à ce que la pourriture ne s'y mette pas.

CINQUIÈME PARTIE

LES MALADIES DES PLANTES ET LES ANIMAUX NUISIBLES

Altise. *Puce de terre, Tiquet.* — Petils insectes appartenant à l'ordre des Coléoptères. L'Altise potagère (*Altica oleracea*), l'A. du Chou (*Altica brassicæ*) et l'A. des bois (*Altica nemorum*) attaquent les plantes appartenant à la famille des Crucifères : Choux, Navets, Radis, etc., et en détruisent quelquefois complètement les semis. Ces insectes attaquent aussi certaines plantes ornementales : Myosotis, Réséda, OEillets, etc. Il est difficile d'en débarrasser les cultures. Un des moyens qui paraissent réussir le mieux consiste à bassiner les semis de Crucifères avec de l'eau additionnée de nicotine (Voir article *Pucerons*).

Anthomyie. *Mouche de l'Oignon (Anthomyia ceparum).* —Mouche dont les larves vivent sur les Oignons, Poireaux, Echalotes, Ail, Ciboule, qui jaunissent et sont rapidement détruits. Il convient d'arracher les plantes attaquées et de les brûler avant que l'insecte ait eu le temps de se multiplier.

Anthonome (*Anthonomus pomorum*). — Petits Charançons (Coléoptères) dont les larves vivent dans le bouton à fleur des Pommiers et des Poiriers où elles dévorent les étamines et l'ovaire. On ne connaît d'autre moyen de se débarrasser de l'Anthonome que de secouer les branches des arbres au printemps, en étendant des toiles sur lesquelles les insectes tombent et qu'on ramasse pour les brûler.

Anthracnose. *Charbon, Carie, Variole de la Vigne.* — Cette maladie est causée par un champignon parasite, le *Glœosporium ampelophagum*. La Vigne peut être atteinte dans toutes ses parties aériennes herbacées. Le bois aoûté est à l'abri de ses attaques. Rameaux herbacés, feuilles, grappes, se couvrent de taches noires constituant de petits ulcères qui rongent les tissus. Traiter les Vignes malades pour prévenir la réapparition de la maladie l'année suivante. A cet effet, badigeonner toute la plante, souche et rameaux, 15 jours ou trois semaines avant l'entrée en végétation, avec la solution suivante : sulfate de fer, 5 kilogr. ; acide sulfurique à 53° B, 1 décilitre ; eau, 10 litres.

Black-rot. — Maladie de la Vigne due à un Champignon, le *Guignardia Bidwellii,* qui se présente sous forme de taches brunes avec points noirs sur les feuilles et qui attaque ensuite les Raisins. Le traitement de cette maladie est le même que celui que nous indiquons pour le Mildiou.

Blanc. — Sous ce nom, on comprend un certain nombre de Champignons microscopiques qui vivent en parasites sur les feuilles et sur les jeunes bourgeons des plantes, qui semblent alors couverts de poussière blanche. Ces Champignons appartiennent généralement au genre *Erysiphe ;* ils se propagent avec une très grande rapidité et occasionnent souvent de grands dommages. L'*Erysiphe communis* (Blanc des Pois) dévaste quelquefois les cultures de Pois. Il suffit d'un soufrage appliqué dès le début de l'invasion du parasite pour sauver la récolte.

Le Rosier est fréquemment atteint par l'*E. pannosa* (*Sphærotheca pannosa*), qui vit aussi sur le Pêcher, dont il arrête le développement des fruits.

Le *Blanc* ou *Meunier des Laitues* est dû au *Peronospora gangliiformis*.

On a proposé un grand nombre de remèdes pour combattre ces maladies ; l'un des meilleurs consiste à asperger les plantes atteintes avec de la *Bouillie bordelaise* (voir Mildiou) et à renouveler le traitement en cas de besoin.

Blanc des racines. *Pourridié.* — Cette affection est occasionnée par les vieilles racines ou par les fragments de tiges abandonnés dans le sol, où ils pourrissent et servent d'aliment à des végétations cryptogamiques qui, de là, se

répandent sur les racines des plantes environnantes dont
elles déterminent le dépérissement. Pour éviter cette maladie, il est nécessaire d'arracher avec soin toutes les racines
des arbres morts et de ne jamais enterrer de débris de bois
en faisant les labours.

Brunissure. — Maladie due à un Champignon parasite,
le *Pseudocommis vitis*, dont le plasmode pénètre les mem-
branes des tissus végétaux pour s'assimiler les matières pro-
téiques de ces tissus. Il produit des taches brunâtres ou
roussâtres. Les tissus mortifiés sont attaqués ensuite par
des moisissures diverses. Cette maladie est fréquente sur un
grand nombre de végétaux.

Carpocapsa. — Voy. **Chenilles.**

Carie. — Voir Anthracnose.

Cécydomyie du Poirier (*Cecydomyia nigra*). — Mouche
dont les larves vivent dans les jeunes Poires qu'elles dé-
forment et dont elles arrêtent le développement. Les fruits
attaqués (*Poires calebassées*) doivent être récoltés avec soin
et brûlés avant que les larves en soient sorties.

Chancre des arbres fruitiers. — Se déclare souvent à
la suite de blessures ; il attaque surtout les Pommiers plantés dans des sols froids et humides à l'excès. Il est nécessaire de supprimer avec soin les parties malades en les amputant à l'aide d'un instrument bien tranchant. On lave
ensuite les plaies avec un pinceau ou un chiffon imbibé de
solution concentrée de sulfate de fer et on les enduit de
coaltar ou de mastic à greffer.

Charbon de la Vigne. — Voy. Anthracnose.

Chématobie. — Voy. **Chenilles.**

Chenilles. — Les Chenilles causent de graves dégâts
dans les jardins. Une loi rend l'échenillage obligatoire ; malheureusement, soit par négligence, soit par apathie, bien
des personnes laissent les Chenilles se multiplier sans son-
ger qu'elles peuvent à un moment donné détruire une partie de leurs récoltes.

Il est facile de détruire les Chenilles qui se réunissent
dans des toiles pour y passer l'hiver, ainsi que celles dont

les œufs sont déposés en forme d'anneaux sur les rameaux des arbres et qui, jeunes, se réunissent également dans des toiles pour y dormir ou pour s'y abriter.

Certains *Bombyx* dévorent les feuilles des arbres fruitiers.

La Chématobie (*Cheimatobia brumata*) vit sur les arbres fruitiers, au printemps, et cause parfois des dégâts considérables en rongeant les jeunes feuilles et les boutons à fruits. On la détruit en enduisant, au mois d'octobre, le pied des arbres avec du goudron ou de la glu pour empêcher les femelles de grimper le long du tronc pour aller s'accoupler.

La *Piéride des Choux* et la *Noctuelle du Chou* sont des Chenilles vertes qui font de grands ravages dans les plantations. Il leur faut faire une guerre acharnée, surtout le soir, alors que les feuilles en sont quelquefois couvertes.

Les fruits véreux (Poires et Pommes), si répugnants, qui tombent avant d'être arrivés à maturité et parfois si nombreux que le sol en est jonché, sont attaqués non pas par un ver, mais par les chenilles du *Carpocapsa pomonana* (Ver des fruits; Pyrale des fruits), qui s'introduisent dans les jeunes fruits et y vivent jusqu'au moment où ceux-ci se détachent de l'arbre; elles en sortent alors, s'entourent d'un cocon et passent l'hiver, soit à la surface du sol, abritées entre les mottes de terre, soit sous les écorces des arbres.

On doit donc, pour détruire en partie ces insectes, enlever avec soin les fruits, au fur et à mesure qu'ils tombent, avant que les chenilles n'aient eu le temps d'en sortir, et les brûler, puis nettoyer les vieilles écorces des arbres et les badigeonner en hiver avec de la bouillie bordelaise additionnée de Nicotine (voy. p. 325). Il convient aussi de détruire le plus possible les papillons et de protéger les oiseaux insectivores.

Chlorose. — Maladie caractérisée par la teinte jaune que prennent les plantes sous son action et dont les causes sont encore mal connues; elle attaque surtout les plantes cultivées en sols calcaires à sous-sol imperméable.

Cloque du Pêcher. — Cette maladie est occasionnée par

un petit Champignon nommé *Exoascus deformans* qui se développe sur les feuilles du Pêcher, lesquelles deviennent boursouflées et crispées. Pour en empêcher la propagation, il faut enlever avec soin les feuilles atteintes et les brûler. Une application de bouillie bordelaise avant l'épanouissement des boutons à fleurs donne de bons résultats (voir *Mildiou*).

Courtilière ou *Taupe-Grillon*. — Cet insecte appartient à l'ordre des Orthoptères; il cause surtout des dégâts dans les cultures faites sur couche, en creusant des galeries souterraines et en coupant les racines des plantes qui se trouvent sur son passage.

On le détruit en enterrant du fumier bien frais à proximité des endroits infestés : la chaleur l'attire et l'on peut en prendre ainsi un bon nombre. On peut aussi verser à l'orifice des galeries de l'eau chargée d'huile; l'insecte se trouvant englué vient respirer à la surface du sol où on le prend pour l'écraser.

Erinose. — Voy. **Mildiou**.

Escargots. — Voy. **Limaces**.

Etiolement. — Maladie occasionnée par insuffisance de lumière, sans laquelle la matière verte des plantes ou *Chlorophylle* ne peut se former. Les plantes étiolées sont jaunes, grêles et pourrissent avec la plus grande facilité. Pour éviter l'étiolement, il faut placer les plantes de manière que l'air et la lumière circulent facilement autour d'elles. Pour cela, on éclaircira avec soin les semis trop serrés, on supprimera une partie des tiges des plantes cultivées en touffes, etc.

Il y a dans certains cas avantage à mettre les plantes dans des conditions particulières, afin de provoquer l'étiolement de certaines parties qui deviennent alors plus propres à être consommées, l'étiolement les rendant plus tendres et de saveur plus douce. C'est pour cela qu'on lie les Romaines et les Scaroles, qu'on fait pousser dans l'obscurité la Barbe de Capucin et le Pissenlit, qu'on butte l'Asperge, etc.

Forficule ou **Perce-Oreille.** — Orthoptère nuisible qui attaque les boutons à fleurs, les fruits mûrs et les jeunes pousses de certaines plantes. On les prend en disposant le soir, dans les endroits où ils sont en grand nombre, des petits paquets de paille humide. Ces insectes font leurs ravages pendant la nuit et viennent au point du jour se réfugier dans ces pièges que l'on brûle.

Fourmis. — On détruit les fourmilières en versant dessus de l'eau bouillante additionnée d'une petite quantité d'huile à brûler ou mieux en employant des capsules de sulfure de carbone. Cette opération doit être faite de préférence le soir, alors que toutes les fourmis sont rentrées ; il va sans dire qu'on ne peut l'appliquer que lorsque la fourmilière est située à une certaine distance des plantes, de manière que celles-ci ne puissent être atteintes par l'eau bouillante. On peut aussi attirer les Fourmis dans des éponges imbibées d'eau sucrée, placées près des fourmilières, puis plonger ces éponges dans l'eau bouillante.

Fumagine. *Suie.* — Petit Champignon appartenant au genre *Fumago*, qui se développe sur les feuilles enduites de *miellat* ou liqueur sucrée secrétée par les pucerons (Voy. *Pucerons*).

Gomme. — Maladie qui attaque les arbres à fruits à noyaux plantés dans un sol argileux et trop humide, surtout ceux qui ont des plaies non fermées ou qui sont soumis à une taille excessive. Il est nécessaire de supprimer jusqu'au bois sain les parties malades ; sans cela, la maladie peut s'étendre et déterminer la mort de branches entières.

Grise. — Maladie produite par des Acariens, notamment par le *Tétranyque tisserand*, et qu'on observe sur un grand nombre de plantes, surtout pendant les sécheresses prolongées. La nicotine étendue de 20 à 25 fois son volume d'eau (voy. p. 413) permet de combattre sa propagation.

Guêpes. — Elles font surtout des dégâts au moment de la maturité des Pêches et du Raisin. Elles attaquent ces fruits et occasionnent d'assez grands dommages, si l'on n'a pas le soin de les garantir, en tendant une toile claire devant les espaliers. On peut en détruire un bon nombre en suspendant de place en place, le long des murs, des fioles enduites de miel à l'intérieur et contenant de l'eau dans laquelle elles se noient. Il faut de temps en temps remplacer l'eau et enlever les guêpes mortes.

Hanneton. — Voy. **Ver blanc.**

Jaunisse. — Cette maladie s'observe surtout sur les plantes cultivées dans un sol stérile ou trop humide. Lorsqu'un arbre languit et que ses feuilles jaunissent, il n'y a qu'un moyen de le rétablir, c'est de donner au sol dans lequel il est planté les engrais nécessaires ou de provoquer l'écoulement de l'eau surabondante par des drainages pratiqués autour de lui.

Kermès. — Hémiptère souvent désigné sous le nom de *Pou* par les horticulteurs. La larve vit sur un grand nombre de plantes, notamment sur les arbres fruitiers. Elle est abritée par une petite carapace, sorte de coquille collée sur l'écorce ou sur les feuilles. Pour la détruire il faut gratter les écorces afin de détacher les carapaces protectrices, puis badigeonner avec une solution de 1 litre de pétrole, et 500 grammes de savon noir pour 10 litres d'eau (1).

Limaces et Escargots. — On doit leur faire une chasse incessante, surtout après la pluie et la rosée. On prend un grand nombre de limaces en mettant le soir, de place en place sur les plates-bandes, des feuilles de Chou posées à plat, sous lesquelles elles viennent s'abriter pendant la nuit et où on les trouve réunies le matin. On peut aussi en détruire en répandant sur le sol de la chaux vive pulvérisée qui s'attache à leur corps et les fait périr.

Maladie de la Pomme de terre. — Maladie qui fait beaucoup de ravages et qui est due à un Champignon nommé *Phytophthora infestans.* Certaines variétés résistent mieux que d'autres aux atteintes du parasite, surtout celles à peau épaisse et de couleur rouge. Les variétés très hâtives sont

---

(1) Faire dissoudre le savon noir dans un peu d'eau chauffée à 100 degrés. Laisser refroidir le mélange à la température d'environ 40°, ajouter le pétrole par petites quantités à la fois en battant le tout avec des brindilles de bois.

moins éprouvées parce qu'on peut les récolter avant l'époque habituelle de l'apparition du Champignon, qui se montre d'abord sur les feuilles avant de pénétrer dans les tubercules. On doit faire les plantations en terre fumée de l'année précédente, en choisissant des tubercules parfaitement sains. Les traitements par les sels de cuivre employés pour combattre le Mildiou sont efficaces pour la maladie de la Pomme de terre.

Le *Phytophthora infestans* attaque aussi la Tomate, détruisant parfois toute la récolte. Comme pour la Pomme de terre le traitement à la bouillie bordelaise permet de le combattre avec succès.

Meunier. — Voy. **Blanc des Laitues.**

Mildiou. — Maladie de la Vigne malheureusement très répandue, qui cause de grands ravages lorsqu'on ne fait rien pour la combattre. Elle est due à un petit Champignon nommé *Peronospora viticola*, qui vit dans le tissu des feuilles qu'il désorganise et dont il détermine rapidement la mort. Les ceps privés de leurs feuilles dépérissent promptement, le raisin ne se développe pas ou ne renferme qu'une faible quantité de sucre.

C'est généralement vers le mois de septembre, après les pluies d'orage, que le Champignon se montre en formant à la face inférieure des feuilles des taches constituées par une sorte d'efflorescence cristalline d'abord blanche, mais qui. change de couleur en vieillissant, devient gris sale et enfin noire. Ces taches ne sont autre chose que la fructification du parasite.

On combat efficacement le Mildiou en aspergeant les feuilles des Vignes avec une solution cuprique, en commençant le traitement dès que les pousses ont atteint 20 centimètres de longueur et en le répétant tous les vingt-cinq jours pour cesser environ quinze jours avant la maturité des Raisins. Le *Verdet*, constitué par de l'acétate de cuivre dissous dans de l'eau, dans la proportion de 1 à 2 p. 100, est un remède très peu coûteux et facile à appliquer. Les aspersions se font à l'aide de pulvérisateurs ou de seringues de jardinier (en cuivre). Il est important de ne pas mettre une dose trop forte de sulfate de cuivre.

La bouillie bordelaise n'est autre chose qu'une dissolution de sulfate de cuivre (1 à 3 p. 100) à laquelle on ajoute 1 à 2 p. 100 de chaux éteinte. Dans la *bouillie bourguignonne* la chaux est remplacée par 2 à 4 p. 100 de cristaux de carbonate de soude. Ces bouillies sont d'un emploi général.

La préparation de ces solutions doit se faire dans des récipients en terre, en bois ou en cuivre (le sulfate de cuivre attaque les autres métaux). Faire dissoudre le sulfate de cuivre dans 10 litres d'eau en le plaçant dans un sac en toile claire que l'on plonge dans le liquide ; d'autre part délayer la chaux éteinte ou faire dissoudre le carbonate de soude également dans 10 litres d'eau. Mélanger les deux solutions et ajouter 80 litres d'eau pour compléter les 100 litres.

Pour l'emploi des solutions cupriques, il est nécessaire de s'assurer qu'elles ne sont pas trop acides ou trop cencentrées afin de ne pas brûler les plantes sur lesquelles elles doivent être appliquées. A cet effet, il est prudent de se livrer à des essais sur quelques plantes avant le traitement général. On s'assure de leur neutralité en plongeant dans le liquide du papier bleu de Tournesol qui rougit si la solution est trop acide. Il convient, dans ce cas, d'ajouter de la chaux ou du carbonate de soude jusqu'à ce que le papier reste bleu.

Les feuilles tombées doivent être ramassées et brûlées.

Il ne faut pas confondre avec le Mildiou les taches que l'on voit souvent sur les feuilles de la Vigne, lesquelles, quoique ayant beaucoup d'analogie avec lui, s'en distinguent en ce que, dans le premier cas, les feuilles restent planes, alors qu'elles deviennent cloquées dans le second. Cette affection bénigne, nommée *Erinose*, est déterminée par la piqûre d'un acarien, le *Phytoptus vitis*.

Mousses et Lichens. — Il est nécessaire, pour la santé

des arbres, de détruire avec soin les Mousses et Lichens qui se développent sur leur tronc. Le nettoyage et le chaulage des arbres, déjà indiqués plus haut pour détruire les insectes qui se réfugient dans les écorces afin d'y passer l'hiver, auront également pour but de détruire toute végétation pouvant nuire à leur développement. Un badigeonnage avec du sulfate de fer dissous dans de l'eau à la dose de 25 à 30 p. 100 donne d'excellents résultats.

Oïdium de la Vigne. — Maladie occasionnée par un Champignon, *Uncinula americana* (*Erysiphe Tuckeri*). Il vit sur les sarments, les feuilles et les grappes, et détermine le durcissement et la pourriture des grains. On combat avec succès ce parasite par le *soufrage*, qui consiste à saupoudrer de fleur de soufre les Vignes atteintes. On fait un premier soufrage au moment de l'apparition des feuilles, puis à l'époque de la floraison, et enfin lorsque les grappes sont développées, si cela est nécessaire.

Oiseaux nuisibles. — Les moineaux et autres oiseaux granivores causent souvent de véritables ravages en détruisant les graines ainsi que certains fruits, surtout les Cerises. On ne peut guère recommander les épouvantails (mannequins, etc.), auxquels ils s'habituent vite ; le seul moyen de préserver les récoltes est de les couvrir de filets, lorsqu'elles en valent la peine, ou d'effrayer les pilleurs en tirant quelques coups de fusil.

Papillons. — Voy. **Chenilles.**

Perce-oreille. — Voy. **Forficule.**

Phylloxera. — Le Phylloxera (Ph. vastatrix) est un insecte de la famille des Hémiptères qui vit sur la Vigne et qui cause des dégâts considérables (1).

Ses ravages dans les vignobles sont bien connus. Les radicelles des Vignes se couvrent de nodosités ; les grosses racines deviennent raboteuses ; la végétation est arrêtée ; les feuilles jaunissent et tombent.

Le traitement le plus employé consiste à injecter le sol,

____

(1) Voy. Dussuc, *Les Ennemis de la Vigne.*

dans le voisinage des racines, de doses plus ou moins fortes de sulfate de carbone, à l'aide du pal-injecteur.

La résistance des plants américains aux attaques du phylloxera ayant été nettement établie, l'on s'en sert pour greffer nos cépages indigènes.

Plaies des arbres. — Lorsqu'on ampute des arbres ou des arbrisseaux, il est indispensable de faire une section bien nette et aussi verticale que possible, afin d'éviter que les insectes, les spores de Champignons puissent s'y déposer et déterminer la *Carie* ; on les enduit de coaltar.

Pou. — Voy. Kermès.

Pourridié. — Voy. **Blanc des racines**.

Puce de terre. — Voy. **Altise**.

Pucerons. — Les pucerons verts et noirs existent quelquefois en très grande abondance sur les jeunes pousses de Rosiers, les Fèves et quelques autres plantes. On les détruit en lavant les plantes avec du jus de Tabac (Nicotine) suffisamment étendu d'eau pour qu'il n'endommage pas les plantes (1).

Le *Puceron lanigère*, qui attaque le Pommier, est certainement le plus redoutable, car sa présence sur les arbres détermine des plaies souvent mortelles. On le combat en hiver, lorsqu'il descend au pied des arbres pour s'y abriter, en badigeonnant avec du savon noir et du pétrole additionnés d'eau (2). Pendant la végétation, il est aussi nécessaire de badigeonner les vieilles écorces et toutes les parties pouvant lui donner asile.

Pyrale des arbres fruitiers. — Voy. **Chenilles**.

Rouilles. — Maladies occasionnées par des Champignons

---

(1) On peut se procurer le jus de tabac dans les manufactures de l'État. La dose généralement employée est de 1 litre à 15 degrés pour 30 à 40 litres d'eau ; elle varie suivant que les plantes à traiter ont des tissus plus ou moins délicats. Il est prudent, dans tous les cas, d'essayer l'insecticide avant d'en faire l'application complète

(2) Une émulsion de 1 litre de pétrole rectifié avec 8 litres d'eau; des badigeonnages à l'alcool ou au jus de tabac donnent aussi de bons résultats.

du groupe des Urédinées, lesquels vivent sur les parties vertes des plantes, où ils forment des taches jaunes et brunes.

La principale est : la Rouille des Poiriers (*Gymnosporangium Sabinæ* [*Podisoma Sabinæ, Rœstelia cancellata*]), espèce à générations alternantes, dont l'un des états vit sur le Sabine (Genévrier Sabine), pour passer de là sur les feuilles, les rameaux et les jeunes fruits du Poirier. Cette maladie cause de grands dégâts ; pour l'éviter, ne pas cultiver de Sabines dans le voisinage des jardins fruitiers et brûler les parties attaquées par le parasite.

La Rouille des Mauves et des Roses trémières (*Puccinia*) appartient à cette même catégorie de maladies parasitaires, qui se développent le plus souvent dans les années humides. On les combat par des aspersions de bouillie bordelaise (voy. p. 410).

Taupe-grillon. — Voy. **Courtilière.**

Tavelure des Poires. — Maladie causée par un Champignon, le *Fusicladium pyrinum*, qui vit sur les Poires et qu'on observe surtout sur certaines variétés, le *Doyenné d'hiver* notamment. La Tavelure des Pommes est causée par un Champignon du même genre : le F. *dendriticum*. Le parasite vit aussi sur les feuilles et sur les jeunes branches. Le traitement à la bouillie bordelaise (voy. p. 410) fait dès le mois de mars, en couvrant arbres et murs de cette solution cuprique, donne d'excellents résultats. Répéter le traitement si la maladie réapparaît.

Teignes. — Voy. **Chenilles.**

Tenthrède. — Les *Tenthrèdes* sont des insectes de la famille des Hyménoptères qui sont particulièrement nuisibles aux Rosiers et aux arbres fruitiers. L'insecte parfait est une petite mouche de couleur jaune ou noire, selon les espèces.

La larve (fausse-chenille), bien connue sous le nom de *ver-limace* est verte ou noirâtre, souvent gluante, et a l'aspect d'une petite sangsue. Certaines espèces attaquent les feuilles des arbres fruitiers : Poirier, Pommier, Prunier,

Abricotier, Cerisier, dont elles dévorent le parenchyme en laissant intactes les nervures qui forment alors une sorte de dentelle. Une espèce particulière attaque les *Groseilliers* et certaines autres les Rosiers.

Prendre à la main les larves ou fausses-chenilles pour les écraser ou bien projeter sur les feuillles qui les portent une solution de nicotine à raison de 1 litre à 15° B. pour 30 à 40 litres d'eau (voir la note *Pucerons*).

Tigre (*Tingis pyri*). — Insecte de la famille des Hémiptères. Cette petite punaise vit à la face inférieure des feuilles du poirier dont elle soutire la sève par de nombreuses piqûres qui produisent des petites taches brunes sur les deux faces. L'arbre souffre beaucoup de la présence de ce parasite et les fruits qu'il porte sont arrêtés dans leur développement, sinon complètement perdus.

On détruit les *Tigres* assez facilement lorsqu'ils sont à l'état de larves (fin juillet), en aspergeant le dessous des feuilles où ils se sont établis, avec une solution de savon noir à la dose de 20 grammes pour un litre d'eau ou à l'aide de nicotine étendue d'eau (voir p. 413).

Lorsque les insectes sont adultes, on ne peut que couper les feuilles qui les portent pour les brûler ; mais cette opération doit être faite le matin, à la première heure, alors que les insectes sont encore engourdis par la fraîcheur de la nuit ; ils sont extrêmement agiles pendant le jour.

Tiquet. — Voy. **Altise.**

Ver-limace. — Voy. **Tenthrèdes.**

Yponomeutes ou Teignes. — Voy. **Chenilles.**

Variole de la Vigne. — Voy. **Anthracnose.**

Ver blanc. — Larve du Hanneton, Coléoptère dont on ne saurait trop recommander la destruction, car c'est l'un des plus grands ennemis des jardins. La larve du Hanneton vit trois ans dans le sol avant de subir la transformation par laquelle elle devient insecte parfait, dévorant les racines des plantes qui dépérissent et meurent sans raison apparente. On doit arracher avec soin les plantes qui se trouvent dans ces conditions, fouiller les racines et écraser les vers blancs qui s'y seraient installés. Le ver blanc affectionne particulièrement les Fraisiers et les Laitues ; on met cette particularité à profit en plantant des Laitues dans les parties du jardin qui sont infestées ; on les arrache dès qu'on les voit jaunir, et l'on écrase les larves.

Ver des fruits. — Voy. Chenilles.

TABLE DES MATIÈRES

DIJON, IMPRIMERIE DARANTIERE.

Le Petit jardin, *Manuel pratique d'horticulture*, par D. BOIS,
assistant de la chaire de culture au Muséum, 2ᵉ *édition*. 1899, 1 vol.
in-16 de 360 pages, avec 200 figures, cartonné.............. 4 fr.

La première partie de ce manuel est consacrée à la *création* et à *l'entretien du petit jardin*. On y passe en revue : la constitution du sol ; les opérations culturales : multiplication des plantes, plantations, taille des arbres et arbrisseaux, etc.

Dans la deuxième partie on traite du *jardin d'agrément*, en indiquant la culture et les emplois des plantes et arbrisseaux le plus généralement cultivés.

Le *Potager-Fruitier* est le sujet de la troisième partie. On y traite tour à tour : d,
la création du potager-fruitier ; de la taille et de la culture des diverses sortes d'arbres
et des principales formes auxquelles on peut les soumettre. On y trouvera également un
choix des variétés les plus recommandables classées par ordre de maturité. Les légumes
usuels font l'objet d'un chapitre étendu.

La quatrième partie énumère les travaux à exécuter chaque mois de l'année. Enfin,
dans la cinquième, on traite des *maladies des plantes* et des *animaux nuisibles*.

Cette seconde édition présente de nombreuses modifications. Le texte a été refondu.
Le nombre des figures a été sensiblement augmenté.

Les Plantes d'appartement et les plantes de fenêtres, par D. BOIS, 1891, 1 vol. in-16 de 388 pages,
avec 169 figures, cartonné.................................. 4 fr.

Principes de culture appliqués aux plantes d'appartement et de fenêtres : caisses et pots
à fleurs, plantations, arrosage, lavage des plantes, rempotage, multiplication, maladies.
Règles à observer dans l'achat des plantes d'appartement.

Les palmiers, les fougères, les orchidées, les plantes aquatiques ; les corbeilles et les
bouquets ; les plantes de fenêtres ; le jardin d'hiver ; culture en pots ; conservation des
plantes en hiver ; choix des plantes et arbrisseaux d'ornement suivant leur destination,
leur exposition à l'ombre et au soleil ; ornementation des fenêtres et des appartements.

Les Orchidées, *Manuel de l'amateur*, par D. BOIS, 1893,
1 vol. in-16, de 323 pages, avec 119 figures, cartonné........ 4 fr.

Caractères botaniques. — Distribution géographique. — Les orchidées ornementales.
— La Vanille et les orchidées utiles. — Culture des orchidées. — Serres à orchidées. —
Multiplication des orchidées. — Orchidées hybrides.

Le livre de M. Bois contient un choix des Orchidées les plus ornementales. Un tableau
synoptique, accompagné de figures explicatives, des descriptions claires et précises, permettront d'arriver à en trouver les noms corrects, ainsi que l'indication de leur origine
et le genre de culture qui leur est favorable. L'amateur d'Orchidées trouvera dans ce
livre les notions qui lui sont indispensables pour suivre la culture de ses collections et
se rendre compte des procédés de plantation, d'arrosage et de multiplication.

Les Arbres fruitiers, par G. BELLAIR, jardinier en
chef de l'Orangerie de Versailles, 1891, 1 vol. in-16, de 318 pages,
avec 132 figures, cartonné.................................. 4 fr.

Arboriculture générale : Le matériel et les procédés de cultures : l'arbre fruitier, ses
organes, leur fonctionnement, le sol et les engrais ; les outils de culture ; aménagement
du jardin fruitier ; ameublissement du sol ; multiplication des arbres ; plantation ; taille
et direction ; principales formes données aux arbres. Cultures spéciales ; la vigne ; les
groseilliers ; le poirier ; le pommier ; le cognassier ; le néflier ; le pêcher ; le prunier ;
l'abricotier ; le cerisier ; l'amandier ; le noyer ; le framboisier ; le figuier ; le châtaignier ;
le noisetier. Description des espèces et variétés. Culture. Maladies. Insectes nuisibles ;
restauration des arbres fruitiers ; conservation des fruits.

Manuel du Jardinier, travaux mensuels pour la multiplication des plantes, par J. RUDOLPH. 1904, 1 vol. in-16 de 380 pages, cartonné.. 4 fr.

Ouvrage couronné par la Société d'horticulture

Parmi toutes les opérations horticoles, celle de la multiplication peut être considérée comme l'une des plus essentielles, car c'est d'elle que dépend l'avenir d'une plante.

Les vrais jardiniers savent cela, et ils notent en leur mémoire ou sur un cahier que tel semis ou tel bouturage effectué à une époque donnée leur a procuré un bon résultat pour semer ou bouturer à la même date l'année suivante.

Mais, si ce travail est aisé lorsqu'on n'a qu'un nombre restreint de végétaux à multiplier, il devient presque impossible si l'on doit mener de front la propagation des plantes de serre, de plein air et des légumes. Un livre devient nécessaire pour consigner les végétaux à multiplier et les procédés que l'on peut mettre en œuvre pour réussir.

M. Rudolph indique comment et à quelle époque on peut multiplier les plantes qu'un amateur, un jardinier ou un horticulteur sont à même de propager. Il procède par mois.

Les douze mois constituent autant de chapitres spéciaux qui sont eux-mêmes divisés en trois parties ; *Jardin d'agrément, Jardin potager, Serres.* Chacune de ces parties aborde successivement le semis, le bouturage, le marcottage, le greffage, lorsque cela a lieu.

Bien que ce *Manuel du Jardinier* ait été écrit spécialement pour des praticiens, l'auteur a tenu à le mettre à la portée de tous et à expliquer chaque multiplication importante. C'est pourquoi il a décrit les principales opérations, celles surtout qui pouvaient servir d'exemple pour des végétaux à reproduction similaire.

On trouvera dans ce volume tous les renseignements nécessaires pour multiplier la plus grande partie des végétaux cultivés en France, en serre ou en plein air.

M. Rudolph donne ensuite le *tableau des familles botaniques et des affinités multiplicatives*. Ce n'est pas une simple énumération des genres de plantes, et les indications générales données sont aussi nettes que possible sur de tels sujets. Après la liste des principaux genres horticoles de chaque famille, on trouvera les opérations auxquelles on peut les soumettre.

Les Plantes potagères et la Culture maraîchère, par E. BERGER, chef des cultures de la ville de Bordeaux. 1893, 1 vol. in-16 de 408 pages, avec 64 figures, cartonné.. 4 fr.

Ce travail, conçu sur un plan nouveau, peut aussi bien être consulté par l'amateur que le jardinier : chacun y trouvera des renseignements qui l'intéresseront. L'auteur n'a fait ressortir que le côté pratique des cultures, ce qu'il est nécessaire de connaître pour arriver à bien faire. Après avoir donné des idées générales sur la création et l'installation à peu de frais, d'un jardin maraîcher, il donne pour chaque plante :

1° *L'Origine* ; 2° la *Culture de pleine terre* et la *Culture de primeurs* sur couches et sous châssis, appropriée aux différents climats; 3° la description des meilleures *variétés* à cultiver; 4° les *Graines*, les moyens pratiques de les récolter, de les conserver, leur durée germinative; 5° les *Maladies* et *Animaux nuisibles*, les meilleurs moyens pour les détruire; 6° les *Usages* et les *Propriétés économiques* et *alimentaires* des plantes.

Une dernière partie comprend un calendrier des semis et plantations à faire pendant les douze mois de l'année.

Manuel de Culture fourragère, par DENAIFFE 1896, 1 vol. in-16 de 384 pages, avec 108 figures, cartonné.... 4 fr.

Création des prairies. — Influence des climats et des sols. — Flore des différents terrains. — Fumure, semis, irrigation et soins d'entretien des prairies. — Récolte, conservation, utilisation et valeur alimentaire des fourrages. — Graminées. — Légumineuses. — Plantes fourragères diverses. — Plantes nuisibles des prairies. Ensilage. — Sidération — Fourragères supplémentaires. — Fourrages à consommer en vert.

Manuel de Floriculture, par Ph. de VILMORIN. 1900,

1 vol. in-16 de 324 pages, avec 208 figures, cartonné......... 4 fr.

Le développement prodigieux pris par le goût des fleurs a amené une révolution dans leur culture et leur commerce. D'où viennent toutes ces fleurs? qui les cultive, les reçoit, les distribue? quelle est la meilleure manière de les utiliser? Ce sont toutes ces questions d'utilité pratique que M. de Vilmorin étudie. Il décrit la vente aux Halles, dans les marchés aux fleurs et dans les boutiques des fleuristes. Puis il énumère les principales plantes qui font l'objet des soins du producteur et, signalant les mérites des diverses espèces en même temps que leur culture, il traite des plantes annuelles, bisannuelles, vivaces, bulbeuses, de pleine terre, des orchidées et des plantes de serre, des arbres et arbustes fleurissant, de rosiers en particulier, enfin des plantes spéciales aux cultures du Midi et des accessoires des bouquets, verdures diverses, mousses et fougères.

Les Cultures sur le littoral de la Méditerranée (Provence, Ligurie, Algérie), par M. SAUVAIGO,

directeur du Muséum d'histoire naturelle de Nice. Introduction de Ch. NAUDIN, de l'Institut. 1894, 1 vol. in-16 de 318 pages, avec 115 figures, cartonné................................. 4 fr.

Ce livre est le guide indispensable du botaniste, de l'amateur de jardin et de l'horticulteur, dans cette région privilégiée du Midi.

La culture des primeurs a pris un développement considérable dans ces dernières années ; celle des fleurs continue à embellir et à enrichir le littoral méditerranéen ; enfin les oliviers, les orangers, les caroubiers, les figuiers concourent encore à la prospérité de la côte d'Azur.

L'Algérie n'est pas moins favorable au développement de toutes ces cultures ; les plantations d'orangers, de mandariniers et de palmiers augmentent chaque année ; les eucalyptus, les bananiers, les goyaviers fructifient avantageusement.

L'auteur décrit les plantes décoratives et commerciales des jardins du littoral méditérranéen, indique les types les plus répandus, leur emploi et leur mode de culture ordinaire et intensive, les plantes à fruits exotiques, les plantes à parfums, les plantes potagères et les arbres fruitiers. Il passe en revue la constitution du sol, les opérations culturales, les meilleures variétés de plantes, les insectes nuisibles, les maladies les plus redoutables.

Les Fleurs du Midi, par M. GRANGER, directeur du

Jardin botanique de la Marine à Toulon. 1902, 1 vol. in-16 de 371 pages, avec 158 figures, cartonné...... .... 4 fr.

C'est par milliers que les végétaux de tous les coins du globe ont été entassés dans cet espace relativement restreint compris entre la mer et les pieds des rochers que forment les derniers contreforts des Alpes. A la flore indigène déjà si riche est venue s'ajouter une flore nouvelle que toutes les contrées de la terre ont contribué à fournir et qui a fait de ce coin de notre pays le plus beau jardin de l'Europe.

La première partie du volume de M. Granger est consacrée aux généralités : Climatologie méridionale. — Les abris. — Etablissement des cultures. — Les engrais. — Insecticides et préservatifs contre les parasites végétaux. — Cueillette, emballage et expédition des fleurs.

La deuxième partie est une revue, par ordre alphabétique, des plantes à cultiver pour la production hivernale de fleurs sur le littoral méditerranéen. Pour chaque fleur, l'auteur étudie ses variétés, sa culture et la cueillette. La troisième partie est consacrée aux arbres, arbustes et arbrisseaux à floraison hivernale ; la quatrième, aux feuillages et verdures.

Atlas colorié des Fleurs de Jardins. Origina

affinités et variétés, description, culture, époque de floraison et utilisation des plus belles plantes d'ornements, par HESDORFFER et
GRIGNAN. 1902, 1 vol. in-4 avec 48 planches coloriées...... 20 fr.

Les superbes aquarelles de M. W. Müller ont le mérite, si rare en fait de reproductions
de fleurs, d'être à la fois artistiques et scrupuleusement exactes; M. Grignan a eu soin
d'adapter le texte au goût, aux usages et aussi au climat de notre pays. Il parle naturellement plutôt à ses lecteurs des plantes qu'ils connaissent, qu'ils peuvent admirer autour
d'eux, tout en leur signalant aussi les variétés obtenues à l'étranger lorsqu'elles se distinguent par un mérite exceptionnel.

En second lieu, il a donné une place plus grande aux indications de culture et à
l'utilisation des fleurs décrites; il a indiqué, dans chaque cas, l'époque de floraison, qui
a souvent une grande importance, et aussi la classification botanique.

Les Fleurs de pleine terre, par VILMORIN-ANDRIEUX. 4e *édition*,

1894, 1 vol. gr. in-8 de 1 347 p., avec 1 690 fig. et pl. col..... 16 fr.

La Rose, Histoire et culture, 500 variétés de rosiers, par J. BEL.

1 vol. in-16 de 160 pages, avec 41 figures...................... 2 fr.

On trouvera rassemblé et condensé, dans ce livre, tout ce qui a trait à la Rose, son
histoire, puis la description des variétés qui font l'ornement de nos jardins (Rosiers Thé,
Bengale, Noisette, Ile Bourbon, hybrides remontants, perpétuels, cent-feuilles, grimpants, rosiers de Provins, etc.). Le côté pratique devait nécessairement avoir sa part.
Plusieurs chapitres lui ont été réservés et résument tout ce qu'il importe de savoir sur
la culture, la multiplication, le greffage, la taille et l'entretien du rosier, sur les insectes
et les plantes qui lui sont nuisibles.

Les Roses, par GEMEN et BOURG. 1898, in-8.................... 1 fr.

Histoire des Roses indigènes de la Sarthe, par GENTIL. 1897,

gr. in-8, 119 pages.. 3 fr. 50

Calendrier du Rosiériste, par PETIT-COQ. 1895, in-18, 93 p. 1 fr.

La Mosaïculture pratique, par A. MAUMENÉ. 5e *édition*. 1904,

1 vol. in-18 de 431 pages, avec 116 figures et 2 pl. coloriées.... 3 fr.

Nos Primevères, par R. HUBERT. 1899, in-8, 27 pages...... 2 fr.

Guide pratique de la Culture des Orchidées, par L. DUVAL,

vice-président de la Société nationale d'horticulture. 1905. 1 vol.
in-18 de 182 pages avec 72 figures........................ 2 fr. 50

L'Art floral à travers les Siècles, par A. MAUMENÉ. 1900, 1 vol.

in-12, avec figures et planches.............................. 4 fr.

Les Plantes de Montagne dans les Jardins, acclimatation et

culture, par G. MAGNE. 1 vol. in-16 de 288 pages, avec 124 figures et
8 planches coloriées.. 4 fr.

Traité d'Arboriculture fruitière, comprenant :

la *Greffe*, la *Pépinière*, le *Jardin fruitier*, la *Taille*, les *Espèces fruitières*, par PIERRE PASSY, maître de conférences à l'Ecole nationale de Grignon.

I. — La Greffe, la Pépinière, le Jardin fruitier, la Taille des arbres. 208 p., 95 fig.. 2 fr. »

II. — Poirier et Pommier, Cognassier, Néflier, Cormier. 176 p., 77 fig... 2 fr. »

III. — Pêcher, Abricotier, Prunier. Cerisier, Amandier, Vigne, Groseiller, Figuier, Noisetier, Châtaignier. 248 p., 103 fig. 2 fr. »

Les trois volumes ensemble, 632 pages, avec 375 figures, cartonnés...... 7 fr. 50

M. Passy s'est proposé d'offrir à tous les amateurs de jardins un *Traité d'arboriculture* essentiellement pratique.

Chargé depuis six ans de conférences d'arboriculture à l'Ecole de Grignon, M. Passy était familiarisé avec l'enseignement qui fait l'objet de ce livre et, par suite, tout à fait compétent au point de vue théorique. Dirigeant en même temps aux environs de Paris une grande exploitation dans laquelle il s'occupe personnellement surtout d'arboriculture, il n'était pas moins compétent au point de vue pratique.

Les Maladies du Pommier et du Poirier, par DANGEARD. 1892, gr. in-8, 84 pages, avec 10 planches.................... 8 fr.

Les Légumes et les Fruits, par J. DE BRÉVANS.

Préface par M. A. MUNTZ, professeur à l'Institut national agronomique. 1893, 1 vol. in-16 de 324 pages, avec 132 figures, cart. 4 fr.

Les Légumes. — La Pomme de terre. — La Carotte. — La Betterave. — Les Radis. — L'Oignon. — Le Haricot. — Le Pois. — Le Chou. — L'Asperge. — Les Salades. — Les Champignons, etc. — *Les Fruits.* — La Cerise. — La Fraise. — La Groseille. — La Framboise. — La Noix. — L'Orange. — La Prune. — La Poire. — La Pomme. — Le Raisin, etc. — Origine, culture, variétés, composition, usages, Conservation. Analyse. Altérations et Falsifications. Statistique de la Production.

La Culture potagère de Primeurs et de plein air, par C. POTRAT. 1903, 1 vol. in-18 de 815 pages, avec 283 figures........ 7 fr.

Les Plantes potagères, par VILMORIN-ANDRIEUX. 3ᵉ *édition*, 1904, 1 vol. gr. in-8 de 804 p., avec de très nombreuses grav., cart. 12 fr.

Mémoire sur la Culture industrielle de la Pomme de terre, par P. LAVALLÉE. 1900, gr in-8, 100 pages.............. 2 fr. 50

Les Pois potagers, par DENAIFFE. 1906, in-8, 200 pages, avec 96 figures.. 2 fr. »

Le Cresson, par G.-A. CHATIN, membre de l'Académie des sciences 1866, 1 vol. in-12 de 128 pages...................... 2 fr. »

Un coin horticole du Midi Antibes, par J. GREC. 1902, gr. in-8 128 pages, avec gravures.......................... 2 fr. »

Monographie agricole de la commune de Vence (Alpes-Maritimes) 1905, gr. in-8, 69 pages, avec figures................ 1 fr. 50